应用型人才培养系列教材

电子信息工程基础

主编 吕岗 汤晓燕 徐竞

西安电子科技大学出版社

内 容 简 介

本书主要介绍电子信息工程专业基础知识，目的是为后续专业课程的学习打下坚实的理论基础。全书分为信息获取(第 1～7 章)和信息传输(第 8～14 章)两部分。在信息获取部分，主要介绍了测量原理，测量系统以及温度、力、位移、物位四种信息的获取方式等；在信息传输部分，主要介绍了有线信道和无线信道、模拟信号的传输、数字信号的传输和网络等。

本书可作为本科电子信息类专业"电子信息工程基础"课程的配套教材，也可供对电子信息工程学科感兴趣、想快速了解本专业知识体系结构的读者阅读和参考。

图书在版编目(CIP)数据

电子信息工程基础/吕岗，汤晓燕，徐竞主编. —西安：西安电子科技大学出版社，2021.8
(2022.8 重印)

ISBN 978 - 7 - 5606 - 6086 - 8

Ⅰ. ①电…　Ⅱ. ①吕…　②汤…　③徐…　Ⅲ. ①电子信息—信息工程—高等学校—教材
Ⅳ. ① G203

中国版本图书馆 CIP 数据核字(2021)第 123247 号

策　　划　陈　婷
责任编辑　于文平
出版发行　西安电子科技大学出版社(西安市太白南路 2 号)
电　　话　(029)88202421　88201467　　邮　　编　710071
网　　址　www. xduph. com　　　　电子邮箱　xdupfxb001@163.com
经　　销　新华书店
印刷单位　陕西日报社
版　　次　2021 年 8 月第 1 版　2022 年 8 月第 2 次印刷
开　　本　787 毫米×1092 毫米　1/16　印张 15.5
字　　数　365 千字
印　　数　501～2500 册
定　　价　37.00 元
ISBN 978 - 7 - 5606 - 6086 - 8/G

XDUP　6388001 - 2

＊ ＊ ＊ 如有印装问题可调换 ＊ ＊ ＊

前　　言

电子信息工程是一门应用计算机等现代化技术进行电子信息控制和信息处理的学科，是计算机、电子科学与技术、信息与通信工程的交叉学科。由于它涉及的知识内容庞杂，为了让学生了解各知识点之间的联系，从全局上掌握知识体系结构，我们借鉴英国先进的教育理念，开设了一门新课程——"电子信息工程基础"。

"电子信息工程基础"课程内容涵盖了电路分析、模拟电路、数字电路、高频电路、信号与系统、通信原理、计算机网络、传感器、检测技术、概率论、积分变换等多门专业课程的基础知识。该课程的特点是：首先，与"导论"课侧重于介绍专业的宏观体系不同，"电子信息工程基础"课程的教学侧重点是电子信息工程专业课程的基础知识，力求深入浅出，通俗易懂；其次，围绕信息从信源到信宿的获取、处理和传输过程这条主线，将各专业基本知识点串起来，环环相扣，让学生明白它们之间的关联性，为后续课程的学习打好基础。

本书是根据学生的学习效果反馈，对课程讲义反复删改整理的成果。全书分为信息获取和信息传输两大部分：信息获取部分共有七章，介绍了什么是信息和信息工程测量原理、测量系统，并以温度、力、位移、物位这四个物理量为例，阐述了信息获取的方法，该部分内容的学时数为 24 学时；信息传输部分共有七章，主要介绍了信息传输模型、信道、模拟信号的调制传输、数字信号的基带传输、数字信号的调制传输、数字信号的编码和网络，该部分内容的学时数为 32 学时。

本书由常熟理工学院的吕岗、汤晓燕、徐竞编写，朱业成、吴忌、吴昊天参与完成了部分章节的插图绘制和习题编写工作。本书在编写过程中得到了学院领导的大力支持和帮助，在此一并表示感谢。

由于本书涉及知识面广泛，限于编者的知识水平，书中难免存在不妥之处，恳请广大读者批评指正，编者邮箱：lvgang@cslg.edu.cn。

编　者
2021 年 2 月

目　录

第1章　概　　述

1.1　电子、信息与工程

1.1.1　电子系统与电子技术

1. 电子系统

利用各种电子元器件(如电阻、电容、电感、二极管、三极管、变压器、集成电路等)的特性，设计、构建出的物理网络称为电路。将若干相互连接、相互作用的基本电路组成的能够产生、传输、采集、处理电信号及信息的客观实体称为电子系统。

从物理实现的角度看，电子系统可以划分为器件层、电路板层和系统层。它的大小千差万别，小到只有拇指面积大小的计算机处理芯片，大到有线电视网、电话网、Internet网，这些都是电子系统。从处理信号的角度看，电子系统可划分为模拟系统和数字系统，模拟系统对模拟信号进行处理，数字系统对离散的数字逻辑信号进行处理。

2. 电子技术

电子学是研究电子元器件、电路和电子系统的特性和行为的物理学科，它是在早期的电磁学和电工学的基础上发展起来的。电子技术则是根据电子学的原理，研究运用电子元器件设计、构造具有某种特定功能的电子系统的方法和手段，它包括电力电子技术和信息电子技术两大领域。电力电子技术属于强电范畴，信息电子技术则包括模拟电子技术和数字电子技术，属于弱电范畴。

1.1.2　信息与信息技术

1. 数据和信息

数据是事实或观察的结果，是对客观事物的逻辑归纳，是用于表示客观事物的未经加工的原始素材。数据是信息的表现形式和载体，它可以是符号、文字、数字、语音、图像、视频等。

数据和信息是不可分离的，数据是信息的表达，信息是数据的内涵。数据本身没有意义，只有对实体行为产生影响时才成为信息。

数据按照性质可进行如下分类：

(1) 定位数据，反映事物的空间位置，如经度、纬度、三维坐标等。

(2) 定性数据，反映事物的属性，如性别、国籍、民族等。

（3）定量数据，反映事物的数量特征，如长度、面积、体积等几何量或重量、速度等物理量。

（4）定时数据，反映事物的时间特性，如年、月、日、时、分、秒等。

数据按表现形式可进行如下分类：

（1）模拟数据：由连续函数组成，是指在某个区间连续变化的物理量，又可以分为图形数据（如点、线、面等）、符号数据、文字数据和图像数据等，如声音的大小和温度的变化等。

（2）数字数据：又称为数字量，相对于模拟数据而言，指取值范围是离散的变量或者数值，如电视台传送的高清电视节目、手机上网数据等。

2. 信息技术

信息技术是在信息科学的基本原理和方法的指导下，扩展人类信息处理功能的技术，是指利用计算机、网络、广播电视等各种硬件设备及软件工具与科学方法，对图文声像等各种信息进行获取、加工、存储、传输与使用的技术之和。

信息技术主要包括传感技术、通信技术和计算机技术。传感技术是模拟人的感知器官，通过各种高精度传感器获取物理世界的信息；通信技术是模拟人的神经系统，通过各种信道传递传感器获取的信息；计算机技术是模拟人的大脑，完成信息的加工处理。

1.1.3 工程与电子信息工程

1. 工程

工程是科学的某种应用，通过这个应用，使自然界的物质和能源的特性能够通过各种结构、机器、产品、系统和过程，以最短的时间和最少的人力、物力做出高效、可靠且对人类有用的东西。

工程的主要依据是数学、物理学、化学、材料科学、固体力学、流体力学、热力学、输运过程和系统分析等。依照工程和科学的关系，工程的所有分支领域都有如下主要职能：

（1）研究：应用科学的概念、原理、实验技术等，探求新的工作原理和方法。

（2）开发：解决把研究成果应用于实际过程中所遇到的各种问题。

（3）设计：选择不同的方法、特定的材料并确定符合技术要求和性能规格的设计方案，以满足结构或产品的要求。

（4）施工：包括准备场地、存放材料、选定既经济又安全并能达到质量要求的工作步骤，以及人员的组织和设备利用。

（5）生产：在考虑人和经济因素的情况下，选择工厂布局、生产设备、工具、材料、元件和工艺流程，进行产品的试验和检查。

（6）操作：管理机器、设备以及动力供应、运输和通信，使各类设备经济可靠地运行。

2. 电子信息工程

电子信息工程是一门利用电子技术和信息技术，研究信息的获取与处理，进行电子设备与信息系统的设计、开发、应用和集成的重要学科。

电子信息工程专业是集信息技术、通信技术和现代电子技术于一体的专业。如图 1-1

所示，它是以电路与电子学(主要包括电路分析、模拟电子技术、数字电子技术、高频电子技术等)、信号与信息处理(主要包括信号与系统、数字信号处理、电子测量技术、传感器等)、通信与电磁场(主要包括通信原理、电磁波与电磁场、微波技术基础、现代无线通信技术等)、计算机与嵌入式系统(主要包括微机原理与技术、单片机原理与应用、C语言程序设计、嵌入式系统与应用等)知识为基础，系统研究各种信号(如语音、文字、图像等)信息的获取、处理、传输的专业。

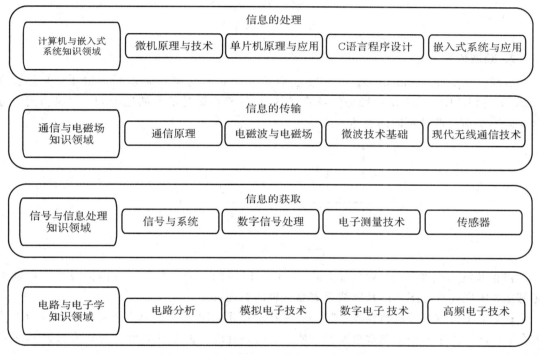

图 1-1 电子信息工程专业基础知识体系

本书根据图 1-1 所示的电子信息工程专业知识体系结构，对信息获取和信息传输环节所涉及课程的基础知识进行简明阐述，为今后专业课程的学习打下一个扎实的基础。

1.2 信   号

信息在传递过程中，一定要依靠某种载体，如报纸上的文章、电台的广播、电视台的节目等。这些载有信息的语言、文字、图像被称为消息。为使信息能远距离传播，必须把它转化为光、电等物理信号，因此，信号是信息传递的形式。

1.2.1 时域信号和频域信号

1. 时域信号

时域(time domain)描述物理信号和时间的关系。例如，一个信号的时域波形可以表达信号随时间的变化。时域是真实世界，是唯一实际存在的域。人类的经历都是在时域中发展和验证的，人们已习惯于事件按时间的先后顺序发生。图 1-2 是信号 $\sin 2\pi ft$ 的时域图，其横坐标轴是信号流逝的时间 t，纵坐标轴是信号的幅度 U。

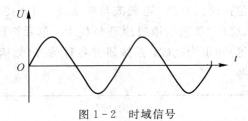

图 1-2　时域信号

2. 频域信号

频域(frequency domain)是一个数学构造，它不是真实存在的域。图 1-3 是信号 $\sin 2\pi ft$ 的频域图。其横坐标轴是信号的频率 f，纵坐标轴是信号的幅度 U。时域和频域可看成同一个信号两种不同的表达方式。

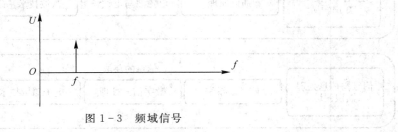

图 1-3　频域信号

当正弦波的幅度不变，频率增大时，体现在时域图上的是单位长度内的波形变得越来越密集，体现在频域图上的是竖线沿着频率轴向右侧移动。

这里，正弦波可理解为频域中"唯一"存在的波形，因为频域中的任何波形都可用正弦波合成。这是正弦波一个非常重要的性质。正弦波有以下四个性质使它可以有效地描述其他任意波形：

（1）频域中的任何波形都可以由正弦波的组合完全且唯一地描述。

（2）任何两个频率不同的正弦波都是正交的。若将两个正弦波相乘并在整个时间轴上求积分，则积分值为零。这说明可以将不同的频率分量相互分离开。

（3）正弦波有精确的数学定义。

（4）正弦波及其微分值处处存在，没有上下边界。

例如，一个周期方波信号 $x(t)$，假定它的幅度是 1，频率是 f，如图 1-4 所示（图中只画了一个周期）。

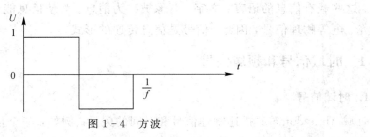

图 1-4　方波

先画一个正弦波，幅度是 $\frac{4}{\pi}$，频率也是 f，如图 1-5 所示。从图中可以直观地知道：$x(t) = \frac{4}{\pi}\sin 2\pi ft$。

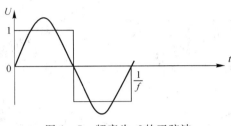

图 1-5 频率为 f 的正弦波

现在添加一个正弦波，它的幅度是 $\frac{4}{3\pi}$，频率是 $3f$。把它和第一个正弦波相加，得到如图 1-6 所示的合成波。虽然合成波和方波还存在较大误差，但要比图 1-5 接近方波。

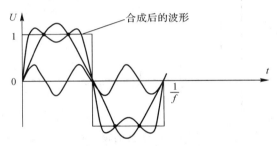

图 1-6 正弦波与它的三次谐波的合成波

如果继续添加一个正弦波，它的幅度是 $\frac{4}{5\pi}$，频率是 $5f$。把它和合成波再相加，得到的时域波形会比图 1-6 更逼近方波。

通过不断地这样添加正弦波，最终一定会得到一个无限逼近方波的图形。前述过程可用如下公式表述：

$$x(t) = \frac{4}{\pi}\left(\sin 2\pi ft + \frac{1}{3}\sin 6\pi ft + \frac{1}{5}\sin 10\pi ft + \cdots\right) = \frac{4}{\pi}\sum_{k=1}^{\infty}\frac{\sin 2\pi(2k-1)ft}{2k-1}$$

$$(1-1)$$

这里，f 称为基频，$3f$、$5f$ 等均是 f 的整数倍。这些大于基频且是基频整数倍的各次分量称为"谐波"。这样就能初步理解周期信号可以表示为一系列成"谐波关系"的正弦信号的叠加了。

进一步地，可以把信号空间展开成三维空间，如图 1-7 所示，三维空间的 x 轴是时间轴，y 轴是频率轴，z 轴是幅度轴。图中左侧线就是所有正弦波叠加而成的总和，也就是无限逼近方波，紧跟的各正弦波就是组合为方波的各个分量。这些正弦波按照频率从低到高排列，且不同频率正弦波的振幅是不同的。因此，它们向频率轴的投影就是一组等间隔的高低不同的线段组合，如图 1-8 所示。

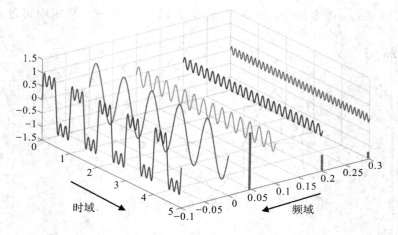

图 1-7 信号的三维空间

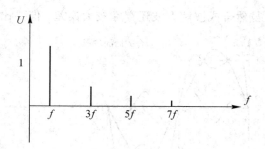

图 1-8 方波的频谱图

这样，一个时域周期信号通过分解投影就变成了频域上的一组离散点。频域每个离散点的横坐标代表一个谐波频率，而其纵坐标则代表该频率的谐波所对应的振动幅度。

将某个时域信号转化成频域信号是为了方便分析和处理信号。例如，在上述例子中，要在时域信号中添加或者删除一个 $\sin 6\pi ft$ 的信号是件很困难的事情，但在频域信号中添加或者删除一个 $\sin 6\pi ft$ 的信号仅仅是增加或者删除一根竖线而已。

1.2.2 周期信号和非周期信号

1. 周期信号

若连续信号 $f(t)$ 满足：

$$f(t) = f(t + mT), m = \cdots, -1, 0, 1, \cdots \tag{1-2}$$

则称该信号是周期信号。

周期信号具有如下性质：

(1) 任意两个及以上周期信号的组合不一定是周期信号。

(2) 若两个及以上的周期信号的周期具有公倍数，则它们的和或差构成的信号仍然是周期信号，且其周期为两个及以上原信号的最小公倍数。

(3) 周期信号的频谱是离散的。

2. 非周期信号

不具有周期性的信号称为非周期信号。

语音就是一个典型的非周期信号。图 1-9 显示的是一段采样时长为 1.6 s 的语音信号，时域图中没有出现信号的重复，其频谱图也与图 1-8 不同，具有连续性，这是非周期信号的特点。

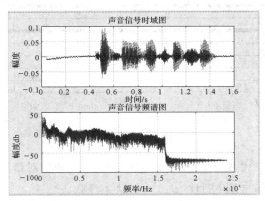

图 1-9 语音信号时域图和频谱图

从图 1-9 中还可以看出，信号在 0~16 kHz 范围内占据了绝大部分能量，超过 16 kHz 后，信号能量迅速衰减。也就是说，0~16 kHz 的信号可以近似等效原信号，0~16 kHz 就是该信号的有效带宽。

[例 1-1] 判断下列各信号是否为周期信号。若是，其周期是多少？

(1) $f(t) = \cos 2t + \sin 3t$

(2) $f(t) = e^{2t}\left(\cos 2\pi t + \dfrac{\pi}{6}\right)$

解 (1) $f(t)$ 为两个子信号 $f_1(t) = \cos 2t$ 与 $f_2(t) = \sin 3t$ 的和，子信号 $f_1(t)$ 的周期为 π，子信号 $f_2(t)$ 的周期为 $\dfrac{2}{3}\pi$。根据周期信号的性质(2)，它们的和构成的信号仍然是周期信号，其周期为两个子信号的最小公倍数 2π。

(2) 因 $f(t)$ 的振幅是随时间按指数规律变化的，故 $f(t)$ 不是周期信号。

3. 带宽

带宽是指电磁波频带的宽度。如图 1-10 所示，图中梯形线是某非周期信号的频谱，通常在纵坐标上，取频谱幅度最大值的 0.707 倍处画一根和 x 轴平行的线，该线和频谱包络有两个交点，这两个交点的横坐标值对应着两个频率，频率值高的称为上限截止频率 f_H，频率值低的称为下限截止频率 f_L。两者的差值称为绝对带宽，简称带宽，记作 $BW_{0.707}$，即

$$BW_{0.707} = f_H - f_L \tag{1-3}$$

如果取频谱幅度最大值的 0.5 倍处画一根和 x 轴平行的线，该线和频谱包络有两个交点，这两个交点横坐标值的差就写作 $BW_{0.5}$。显然，$BW_{0.5} > BW_{0.707}$。

和绝对带宽对应的是相对带宽。先定义中心频率 f_c：

$$f_c = \frac{f_H + f_L}{2} \tag{1-4}$$

则相对带宽为

$$\%BW_{0.707} = \frac{BW_{0.707}}{f_c} \times 100\% \qquad (1-5)$$

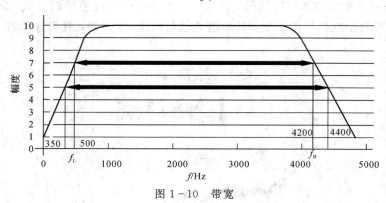

图 1 - 10　带宽

[**例 1 - 2**]　求图 1 - 10 所示频谱的绝对带宽 $BW_{0.707}$ 和相对带宽 $\%BW_{0.707}$。

解　从图中可知，$f_H = 4200$ Hz，$f_L = 500$ Hz。则

$$BW_{0.707} = f_H - f_L = 4200 - 500 = 3700 \text{ Hz}$$

$$f_c = \frac{f_H + f_L}{2} = 2350 \text{ Hz}$$

从而

$$\%BW_{0.707} = \frac{3700}{2350} \times 100\% = 157\%$$

4. 滤波

滤波是将信号中特定波段频率滤除的操作，是抑制和防止干扰的一项重要措施。滤波器的种类有高通、低通、带通和带阻四种，如图 1 - 11 所示。

（1）当允许信号中较低频率的成分通过滤波器时，这种滤波器叫作低通滤波器。

（2）当允许信号中较高频率的成分通过滤波器时，这种滤波器叫作高通滤波器。

设低频段的截止频率为 f_{p1}，高频段的截止频率为 f_{p2}：

（3）频率在 f_{p1} 与 f_{p2} 之间的信号能通过，其他频率的信号被衰减的滤波器叫作带通滤波器。

（4）频率在 f_{p1} 到 f_{p2} 的范围之间的信号被衰减，范围之外的信号能通过的滤波器叫作带阻滤波器。

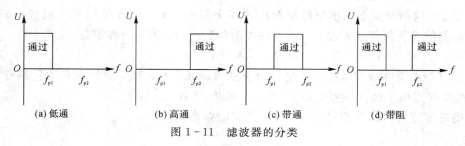

图 1 - 11　滤波器的分类

图 1 - 12 是没有采用滤波获得的心电图，由于工频干扰，从图中仅能看出 P-QRS-T 波的大致周期，QRS 波的细节都被干扰信号"淹没"了，因此无法从该心电图信号中得出正确的诊断结果。

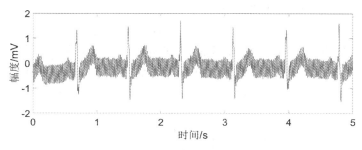

图 1 - 12　滤波前的心电图信号

图 1 - 13 是采用低通滤波器滤波后的心电图信号，从图中可以清楚地看出 P-QRS-T 波的细节信号，这样方便医生做出正确的诊断。

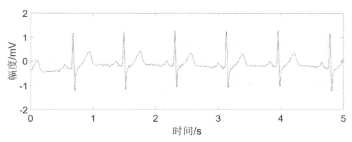

图 1 - 13　滤波后的心电图信号

1.2.3　模拟信号和数字信号

1. 模拟信号

模拟信号是指用连续变化的物理量所表达的信息，如温度、湿度、压力、长度、电流、电压等。通常模拟信号又称为连续信号，因为它在一定的时间范围内可以有无限多个不同的取值。在时域中，模拟信号是时间轴和幅度轴均连续的信号，如图 1 - 14 中曲线所示。

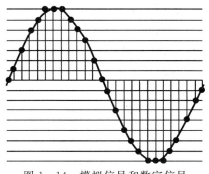

图 1 - 14　模拟信号和数字信号

实际生活中的各种物理量，如照相机取景框里的图像，播音员播出的声音，工厂中央控制室监测的流速、压力、转速、温湿度等都是模拟信号。

在通信领域，无论是有线相连的电话，还是无线发送的广播电视，早期都采用模拟信号来传递信息。理论上收到的模拟信号应该与发送的原始信号在波形上"一模一样"，具有很好的传播效果。然而事实恰恰相反，打电话时常常听到"沙沙"背景音，导致无法听清楚对方的讲话内容；收音机里播放出来的贝多芬交响乐，与现场乐队的演奏效果相比，有云泥之别；看电视时，图像常常出现雪花点闪烁和重影现象。这些都是由于信号在传输过程中经过了转录、转发，而转录、转发设备会产生噪音和内部干扰的缘故。此外，采用有线传输时，传输线附近的电气设备也会产生电磁干扰。采用无线传送时，空中更有各种各样的干扰，这些外部干扰也会带来噪声，引起信号失真。随着传送距离的增加，内外干扰引起的失真和噪声累积起来会严重影响通信质量。人们最初想到的办法是采取各种抗干扰措施，例如，提高信息处理设备的质量，减少它产生的内部干扰；给传输线添加屏蔽层，减少它产生的外部干扰等。但是抗干扰措施不能从根本上解决问题，因此人们在不断探索中摸索出的另一种办法，就是采用数字信号。

2. 数字信号

数字信号是在模拟信号的基础上经过采样、量化和编码而形成的。具体地说，采样就是把输入的模拟信号按一定的时间间隔得到各个时刻的样本值，量化是把经采样测得的各个时刻的值用二进制码来表示，编码则是把量化生成的二进制数排列在一起形成顺序脉冲序列。在时域中，数字信号是时间轴和幅度轴均不连续的信号，如图1-14中的散点就是数字信号。

数字信号是用一组特殊的状态来描述的信号。典型的就是用二进制数字来表示信号，此时电路只有0、1两个状态，取值是通过阈值来判断的，小于阈值定义为0，大于阈值定义为1。因此，即使混入了其他干扰信号，只要干扰信号的值不超过阈值范围，也可以重现原始信号。即使因干扰信号的值超过阈值范围而出现了误码，只要采用特定的编码技术也能去除该误码。所以数字信号抵抗材料自身干扰和环境干扰的能力都比模拟信号强，这从根本上解决了模拟信号抗干扰能力差的问题。其次，使用数字信号可以方便地将计算机与通信结合起来，将计算机处理信息的优势用于通信事业。如电话通信中采用了程控数字交换机，用计算机来代替接线员的工作，不仅接线迅速准确，而且占地小、效率高，省去了不少人工和设备，使电话通信产生了一个质的飞跃。此外，数字通信还可以兼容电话、电报、数据和图像等多媒体信息的传送，能在同一条线路上传送话音、有线电视、多媒体等多种信息。最后，数字信号便于存储、加密和纠错，具有很强的保密性和可靠性。正因为数字信号具有上述突出的优点，所以它在现代信息社会获得了广泛的应用。

习　　题

1-1　简述信息、消息、信号之间的区别。

1-2　简述电子技术、信息技术、电子信息技术、电子信息工程间的关系。

1-3　已知一时域周期信号如图1-15所示，将其分解成正弦波的合成形式，画出频谱图。

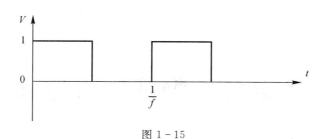

图 1-15

1-4 判断下列各信号是否为周期信号。若是，其周期是多少？

(1) $f(t)=2\cos\left(3t+\dfrac{\pi}{4}\right)$

(2) $f(t)=2\,\mathrm{e}^{\mathrm{j}\left(t+\frac{\pi}{4}\right)}$

(3) $f(t)=\left[\sin\left(t-\dfrac{\pi}{4}\right)\right]^{2}$

1-5 求信号 $f(t)=2\cos(10t+1)-\sin(4t-1)$ 的周期。

1-6 求图 1-10 中的绝对带宽$\mathrm{BW}_{0.5}$和相对带宽$\%\mathrm{BW}_{0.5}$。

1-7 一示波器探笔悬空(未接任何信号端)，但示波器屏幕上却显示出 50 Hz 正弦波信号，请解释产生这种现象的原因，并给出消除该现象的方法。

第2章　测量技术基础

2.1　测　　量

电子信息工程的三大支柱是信息的获取(测量技术)、信息的传输(通信技术)和信息的处理(计算机技术)。其中，测量技术是首要的，是电子信息工程的基础，因为如果不能获取信息，信息的传输和处理也就无从谈起。

2.1.1　测量的定义

测量是按照某种规律，用数据来描述观察到的现象，即对事物做出量化描述。在量化过程中，人们借助专门的设备，把被测对象直接或间接地与同类已知量进行对比，取得用数值和单位共同表示的测量结果。所以测量是对非量化实物的量化过程。

从狭义的角度说，测量是量值的测量，是一种定量测量，追求的是测量的精确程度，需要进行误差分析。从广义的角度看，测量除了量值外，还包括属性的测量，它是一种定性的测量。例如，食品是否掺入了非法添加剂，轮胎的胎压是否正常等。它对数值是一种粗略的测量，通常不进行误差分析。

一般来说，测量结果既可以是数字的，也可以是表格、图形或某种信号。但不论以何种形式表示，测量结果中都包含一定的数值和单位两个部分。

2.1.2　测量的构成

对于一个被测对象，对其进行测量的基本要素主要包括以下4个方面。

1. 测量对象

测量对象是指各种被测量，主要指几何量，包括长度、面积、形状、高程、角度、表面粗糙度以及形位误差等。例如：

电量：电压、电流、功率、振幅、频率、波形等。

机械量：力、扭矩、位移、速度、加速度、角度、转速、振动等。

流量：温度、压力、流速、液位等。

化学量：pH值、含氧量、含氮量等。

2. 计量单位

计量单位是为定量表示同种量的大小而约定的定义和采用的特定量。各种物理量都有它们的量度单位，并以选定的物质在规定条件显示的数量作为基本量度单位的标准。

计量单位分为国际标准单位和衍生单位。表 2－1 列举了长度、质量、电流、时间、热力学温度、物质的量、发光强度这 7 个基本物理量，它们的单位名称依次为：米、千克、安（培）、秒、开（尔文）、摩（尔）、坎（德拉），称为基本单位。表 2－2 列举了一些衍生单位。

表 2－1　基本单位

物理量	基本单位	符号
长度	米	m
质量	千克	kg
电流	安（培）	A
时间	秒	s
热力学温度	开（尔文）	K
物质的量	摩（尔）	mol
发光强度	坎（德拉）	cd

表 2－2　衍生单位

物理量	基本单位	符号
力	牛（顿）	N
能（量）	焦（耳）	J
压强	帕（斯卡）	Pa

3．测量方法

测量方法是指在进行测量时所用的，按类叙述的一组操作逻辑次序。对几何量的测量而言，则是根据被测参数的特点，如公差值、大小、轻重、材质、数量等，分析研究该参数与其他参数的关系，最后确定对该参数如何进行测量的操作方法。

4．测量准确度

测量准确度是指测量结果与真值的一致程度。由于任何测量过程不可避免地会出现测量误差，误差越大，说明测量结果离真值越远，准确度越低。因此，准确度和误差是两个相对的概念。由于存在测量误差，任何测量结果都是用一个近似值来表示。

2.1.3　测量的标准

测量标准是为了定义、实现、保存或复现量的单位或一个或多个量值，而用作参考的实物量具、测量仪器、参考物质或测量系统。

测量标准是衡量系统的基本参考，所有其他测量设备都与之进行比较。以下是国际基本单位的标准。

1．"米"的标准

早在 150 多年前就出现了量度长度的"米尺"的标准，这就是至今保存在法国巴黎国际计量局的"米原器"，也叫"米原尺"。它是用铂铱合金制成的，上面有两条刻线，刻线之间的距离是"1 米"，它几乎不受温度的影响。各国使用的米尺都以这把"米原尺"为标准进行校准。显然靠这样校准出来的米尺准确性不会很高。随着科学技术的发展，现代科技和工业、军事领域对长度测量的精度要求越来越高，采用"米原尺"校准的方法已经完全不能适应生产和科研的需要，必须寻找米的新标准。

新标准应当满足精度高、准确性好、稳定性好、便于测量等要求。科学家们考虑到一些原子发出的光波波长的数值不仅很精确，而且极稳定，所以在 1960 年第 11 届国际计量大会上作出规定，以氪-86（一种惰性气体）原子发射的波长来定义，规定 1 米的长度等于这个波长的 1 650 763.73 倍。这就大大提高了"米尺"的计量精度，其偏差只有 0.02 nm。

随着科学技术的发展，人们对"米"的精度要求越来越高，1983 年第 17 届国际计量大会又通过了精确度更高、稳定性更好的长度"米"的新定义，即"米是 1/299 792 458 s 的时间内光在真空中行程的长度"。

2. "秒"的标准

人们最早是利用地球自转运动来计量时间的，基本单位是平太阳日。19 世纪末，将一个平太阳日的 1/86 400 作为 1 s，称作世界时秒。由于地球的自转运动存在着不规则变化，并有长期减慢的趋势，世界时秒也逐年变化，不能保持恒定。因此，按此定义复现秒的准确度只能达到一亿分之一秒。

1960 年，国际计量大会决定采用以地球公转运动为基础的历书时秒作为时间单位，即将 1900 年初，太阳的几何平黄经为 279°41′48″.04 的瞬间作为 1900 年 1 月 0 日 12 时整，从该时刻起算的回归年的 1/31 556 925.974 7 作为 1 s。按此定义复现秒的准确度可达到十亿分之一秒。

1967 年，国际计量大会决定采用原子秒定义。即将铯-133 原子基态的两个超精细结构能级之间跃迁相对应辐射周期的 9 192 631 770 倍定义为 1 s。按此定义复现秒的准确度已优于十万亿分之一秒。

3. "千克"的标准

1795 年 4 月 7 日，克在法国被规定为"容量相等于边长为 1 cm 的立方体的水在冰熔温度时的绝对重量"。因为用水为标准的质量既不方便又不稳定，所以法国科学院决定制造出实化原器。但因为当时工艺和测量技术所限，用铂铱合金只制作出了质量是克的 1000 倍的标准器，这也是国际单位制中质量单位是千克而不是克的原因。

1889 年，"千克"这一质量是由放在法国巴黎国际计量局的一个铂铱合金圆筒定义的，该圆筒的高和直径都是 39 mm，于 1879 年制成，并在 10 年后被采纳成为国际千克原器。

在七个国际单位中，质量是唯一一个以物体来定义的国际单位。用物体来定义质量单位的缺点就是物体的质量会随着时间的流逝而改变。到 1992 年，国际千克原器的质量变化了约 50 μg，这一变化可能是由于国际千克原器失去了表面原子或结合了污染物。因此，需要重新定义质量的标准。

2018 年，国际计量大会通过决议，1 千克被定义为"对应普朗克常数为 6.626 070 15×10^{-34} J·s 时的质量单位。"

4. "安（培）"的标准

1908 年，在伦敦举行的国际电学大会上，定义 1 s 时间间隔内从硝酸银溶液中能电解出 0.001 118 00 克银的恒定电流为 1 安（培）。

1946 年，国际计量委员会批准了新的安（培）定义。即在真空中，截面积可忽略的两根相距 1 米的平行且无限长的圆直导线内，通以等量恒定电流，导线间相互作用力在 1 米长度上为 2×10^{-7} N 时，每根导线中的电流即为 1 安（培）。

2018 年，国际计量大会通过决议，1 安（培）被定义为"1 s 内通过导体某一横截面的 $1/1.602\ 176\ 634 \times 10^{19}$ 个电荷移动所产生的电流。"

5. "开（尔文）"的标准

1954 年，国际计量大会第 3 号决议给出了开（尔文）的定义：水的三相点热力学温度为 273.15 K。"开（尔文）"的温度间隔与"摄氏度"的温度间隔相等。开氏温标的零度（0 K）是摄氏温标的零下 273.15 度（-273.15℃）。

2018 年，国际计量大会通过决议，1 开（尔文）被定义为：对应玻尔兹曼常数为 $1.380\ 649 \times 10^{-23}$ J·K^{-1} 的热力学温度。将一个气体分子的平均动能与其绝对温度联系起来会提高对极端低温和极端高温的测量精度。

6. "摩（尔）"的标准

2018 年，国际计量大会给出的摩（尔）的最新定义是"精确包含 $6.022\ 140\ 76 \times 10^{23}$ 个原子或分子等基本单元的系统的物质的量。"其中，$6.022\ 140\ 76 \times 10^{23}$ 称为阿伏伽德罗常数。

7. "坎（德拉）"的标准

发光强度的单位最初是用蜡烛来定义的，单位为烛光。1948 年第九届国际计量大会上决定采用处于铂凝固点温度的黑体作为发光强度的基准，同时定名为坎（德拉）。1967 年第十三届国际计量大会又对坎（德拉）做了更加严密的定义，即"一个光源在给定方向上的发光强度，该光源发出频率为 5.4×10^{12} Hz 的单色辐射，且在此方向上的辐射强度为 $\dfrac{1}{683}$ W·sr^{-1}。"

2.2　测　量　误　差

测量是为了获得被测量量而进行的实验过程。在实际的被测对象中，被测量的真值是在一定的条件下、一定的空间中客观存在、本身固有的。但在实际测量中，由于人对客观规律认识的局限性和测量手段的不完善，往往无法得到真值。因此对任何一次测量，测量值和真值之间总是存在误差，这个误差就是测量误差。误差是不可避免的。

2.2.1　测量误差的表示方法

测量误差的表示方法有如下几种。

1. 绝对误差

绝对误差是示值与被测量真值之间的差值。设被测量的真值为 A_0，示值为 x，则绝对

误差为

$$\Delta x = x - A_0 \tag{2-1}$$

由于真值是无法测得的，因此，在实际测量中常用一个非常接近被测量真值的实际值 A 来代替真值 A_0。实际值也称为约定值，它是更高一级的标准计量器具的示值。x 和 A 的差称为测量器具的示值误差，记为

$$\Delta x = x - A \tag{2-2}$$

被测对象的测量值是在一定的测量条件下得到的量值，它总是与被测量的真值之间存在误差，这种误差不但在数值上有大有小，而且在符号上有正有负，因此测量值的绝对误差 Δx 既有大小的差别，也有符号的不同。

在实际测量中，为了消除系统误差，常使用修正值。修正值是与绝对误差的大小相等、符号相反的值，用符号 C 表示，即

$$C = A - x = -\Delta x \tag{2-3}$$

修正值与绝对误差具有相同的量纲，利用修正值可以减小由测量仪器本身或其他可知误差造成的影响。修正值给出的形式是多样的，可以是表格、曲线、公式，也可以是程序。

对于测量系统本身的固有误差，利用修正值来减少测量误差的做法更为普遍。

2. 相对误差

相对误差是绝对误差 Δx 与被测量的实际值 A 的比。相对误差有以下几种表现形式。

1）实际相对误差

实际相对误差 γ_A 是用绝对误差 Δx 与被测量的实际值 A 的百分比来表示的相对误差，即为

$$\gamma_A = \frac{\Delta x}{A} \times 100\% \tag{2-4}$$

2）示值相对误差

示值相对误差 γ_x 是用绝对误差 Δx 与被测量的示值 x 的百分比来表示的相对误差，即为

$$\gamma_x = \frac{\Delta x}{x} \times 100\% \tag{2-5}$$

相对误差是两个相同量纲的比值，因此它只有大小，没有量差。

[例 2-1] 用卷尺量一间教室的长度，卷尺的读数值为 9.6 m，再用标准米尺测量教室长度，测量值是 10 m，求测量的绝对误差、实际相对误差 γ_A 和示值相对误差 γ_x。

解 测量结果的绝对误差是

$$\Delta x = x - A_0 = 9.6 - 10 = -0.4 \text{ m}$$

实际相对误差为

$$\gamma_A = \frac{\Delta x}{A} \times 100\% = \frac{-0.4}{10} \times 100\% = -4\%$$

示值相对误差为

$$\gamma_x = \frac{\Delta x}{x} \times 100\% = \frac{-0.4}{9.6} \times 100\% = -4.17\%$$

2.2.2　测量误差的分类

测量误差根据性质和特点分为系统误差、随机误差和粗大误差三种。

1. 系统误差

对同一被测量进行多次重复测量时，若误差按照一定的规律出现，则把这种误差称为系统误差。例如，仪表刻度的不准确、标准量值的不准确所引起的误差。

通常系统误差是随测量条件变化而变化的，其特点可能是简单周期性变化的，也可能是按某种复杂规律变化的，这些特点可以用解析式、数据表格、曲线来表达，这种误差称为变值系统误差。不随测量条件变化而变化的系统误差称为恒值系统误差。

系统误差的来源有很多，归纳起来主要有以下几个方面：

（1）测量仪器的因素。包括仪器设计原理的局限，仪器结构设计的缺陷，仪器制造和安装的瑕疵，以及仪器所用元器件的性能不稳定等因素。

（2）测量方法的因素。包括采用等效公式计算产生的近似误差，采用的测量方法不合理等。

（3）测量环境的因素。在测量过程中，实际测量环境条件（温湿度、压力等）与理想环境条件不一致，造成元器件性能漂移导致的误差。

（4）测量人员的因素。这是指测量中的人为因素，如观测时所处的位置造成读数不准确等而产生的误差。

系统误差是一种固有误差，它表明一个测量结果偏离实际值的程度。因此，在测量结果中用准确度来描述系统误差的大小。系统误差越小，则测量结果的准确度越高，表明测量值与实际值就越接近。

系统误差对测量结果有一定的影响，为了提高测量准确度，在测量过程中可以通过以下几种方法来减小系统误差：

（1）从系统误差产生的根源上减小系统误差。例如，对测量仪器进行校准来保证其精确度；保持理想的测量环境，如恒温、恒湿、恒压等；对操作人员进行技术培训，提高个人能力，减小或消除因其主观因素产生的系统误差。

（2）修正值法。通过数据表格、误差曲线对测量结果进行修正，也可以通过编程来消除测量结果中包含的系统误差。

（3）比对法。对同一个检测对象，采用不同的测量方法测量，获得两组测量结果，将结果互相对照，并通过适当的数据处理，对测量结果进行修改。

2. 随机误差

对同一被测量进行多次重复测量时，其测量结果不可预知地随机变化，但与真值之间的误差仍具有一定的统计规律性，称该误差为随机误差。

随机误差具有如下特点：

（1）有界性。在多次测量中随机误差的绝对值虽然是变化的，但总体不会超过一定的边界。

（2）对称性。在多次测量中随机误差的绝对值相等，且正负误差出现的概率相同。

（3）抵偿性。在多次测量中随机误差的正负误差相互抵偿。这是随机误差的重要性质，正是运用这一性质才可以采用多次测量并取平均值的方式来减小随机误差。

随机误差表示测量结果与实际值的离散程度，因此在测量结果中用精确度来描述随机误差的大小。随机误差越小，则测量结果的精确度越高，表明测量值的波动范围越小。

3. 粗大误差

在规定的测量条件下，测量值超出预期值的误差称为粗大误差，也称为粗差或寄生误差。粗大误差产生的原因如下：

（1）测量操作人员疏忽和失误。

（2）测量方法不当或错误。

（3）测量环境突然发生变化。

在实际测量中，如果发现某次测量结果所对应的误差特别大或者特别小，应判断是否属于粗大误差，如属于粗大误差，此值应删除。

2.3 测量统计学

在三种误差中，随机误差是由大量的内部或外部没有确定规律的因素引起的误差，其出现的时间、符号和幅值都是不确定的，没有规律可言。但根据随机误差的特点可知，在多次测量之后，随机误差还是服从统计规律的。本节介绍统计学的一些基本概念。

2.3.1 均值和中值

1. 均值

均值是统计中的一个重要概念。对某量做等精度测量，得到一系列不同的测量值 $x_1, x_2, \cdots, x_n$，将这组数据中所有数据之和再除以这组数据的个数得到的结果定义为均值，记为 $\bar{x}$。均值是一个虚拟的数，它是小于最大值、大于最小值的数，即

$$\bar{x} = \frac{x_1 + x_2 + \cdots + x_n}{n} \tag{2-6}$$

2. 中值

将测量值 $x_1, x_2, \cdots, x_n$ 按大小顺序重新排列，形成一个数列，处于变量数列中间位置的变量值就是中值，又称为中位数，用 x_{median} 表示。当变量值的个数为奇数时，处于中间位置的变量值即为中位数，即

$$x_{\text{median}} = x_{\frac{n+1}{2}} \tag{2-7}$$

当变量值的个数为偶数时，中位数则为处于中间位置的 2 个变量值的平均数，即

$$x_{\text{median}} = \frac{x_{\frac{n}{2}} + x_{\left(\frac{n}{2}+1\right)}}{2} \tag{2-8}$$

[例 2-2] 多名观察者测量钢筋的长度，首先得到测量值集 A(398, 420, 394, 416, 404, 408, 400, 420, 396, 413, 430)（单位：mm）。然后使用精度更高的测量工具再次小心翼翼地测量，得到测量值集 B(409, 406, 402, 407, 405, 404, 407, 404, 407, 407, 408)。

最后邀请了更多的观测者来测量，得到测量值集 C（409，406，402，407，405，404，407，404，407，407，408，406，410，406，405，408，406，409，406，405，409，406，407）。计算三次测量的中值和均值。

解 对于测量值集 A：

$$\overline{x} = 409 \text{ mm}, \quad x_{\text{median}} = 408 \text{ mm}$$

对于测量值集 B：

$$\overline{x} = 406 \text{ mm}, \quad x_{\text{median}} = 407 \text{ mm}$$

对于测量值集 C：

$$\overline{x} = 406.5 \text{ mm}, \quad x_{\text{median}} = 406 \text{ mm}$$

2.3.2 方差和标准差

1. 方差

由于随机误差的存在等，等精度测量列中的各个测量值一般不相同，它们围绕着该测量列的真值有一定的分散，此分散度说明了测量列中单次测量值的不可靠性，这里用方差作为其不可靠性的评定标准。由于真值无法获得，因此用均值替代。

假设测量值是 $x_1, x_2, \cdots, x_n$，均值是 $\overline{x}$，定义

$$d_i = x_i - \overline{x}$$

则方差为

$$D(x) = \frac{d_1^2 + d_2^2 + \cdots + d_n^2}{n} \tag{2-9}$$

式（2-9）称为有偏估计，因为测量值的数量是有限的。而只有当数据趋向无穷时，均值 $\overline{x}$ 才等于真值。用有限数据的均值取代真值会产生误差。为消除该误差，可采用贝赛尔修正公式实现无偏估计：

$$S^2 = \frac{d_1^2 + d_2^2 + \cdots + d_n^2}{n-1} \tag{2-10}$$

2. 标准差

对式（2-9）的方差进行开根号运算就得到了有偏估计的标准差：

$$\sigma = \sqrt{D(x)} \tag{2-11}$$

对式（2-10）的方差进行开根号运算就得到了无偏估计的标准差：

$$S = \sqrt{S^2} \tag{2-12}$$

标准差和方差都是描述一组数据离散程度的统计量，样本数据的离散程度越大，方差、标准差就越大。但标准差与方差的不同之处是，标准差和统计量的单位相同，而方差和统计量的单位不同。例如，一个班级男生的平均身高是 170 cm，标准差是 10 cm，那么方差就是 100 cm²。采用标准差可以简便地描述该班男生的身高分布是(170±10) cm，采用方差就无法清晰表达。因此很多时候在进行数据分析时，使用率高的还是标准差。

在微软的 Excel 软件中，公式（2-11）的函数是 $f(x) = \text{STDEVP}(\quad)$，公式（2-12）的函数是 $f(x) = \text{STDEV}(\quad)$。

[**例 2 - 3**]　在确定某金属合金凝固点的测量中，得到如下测量数据源(519.5，521.7，518.9，520.3，521.4，520.1，519.8，520.2，518.6，521.5)(单位：K)。计算该金属合金凝固点的均值、无偏估计标准差、有偏估计标准差。

解　均值 $\bar{x} = 520.2$ K

测量值	519.5	521.7	518.9	520.3	521.4	520.1	519.8	520.2	518.6	521.5
d_i	−0.7	1.5	−1.3	0.1	1.2	−0.1	−0.4	0	−1.6	1.3
d_i^2	0.49	2.25	1.69	0.01	1.44	0.01	0.16	0	2.56	1.69

有偏估计标准差：$\sigma = \sqrt{\dfrac{\sum d_i^2}{10}} = 1.01$ K

无偏估计标准差：$S = \sqrt{\dfrac{\sum d_i^2}{10-1}} = 1.07$ K

3. 准确度和精确度

在描述测量误差时，系统误差用准确度描述，随机误差用精确度描述。这里从统计学的角度进一步区分两者。

若测量均值与真值相等或相近，则称测量的准确性高。准确度是指测定值与真实值符合的程度，表示测量的正确性。

若测量方差等于或者接近于 0，则称测量的精确性高。精确度是指用相同方法对同一试样进行多次测定，各测量值彼此接近的程度。精确度越高表示测量的重复性和再现性越好。

准确度高的前提是精确度高，但精确度高的不一定准确度高，如图 2-1 所示。精确度不高，准确度就不可靠，好的测量值应该准确度和精确度都要高。

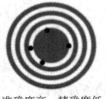

准确度高、精确度低　　　　　　准确度低、精确度高

图 2-1　准确性和精确性对比示意

2.3.3　正态分布

1. 正态分布的概念

"正态分布"也叫"常态分布"，但这两个名字都不太直观，如果各取一字变为"正常分布"就容易理解了，而这正是"正态分布"的本质含义。

正态分布基本上能描述日常生活中的事物和现象，比如人的身高、体重，学生的考试成绩，家庭收入水平等数据都会呈现一种中间密集、两边稀疏的特征，如图 2-2 所示。这种曲线就称为正态分布的概率密度曲线。

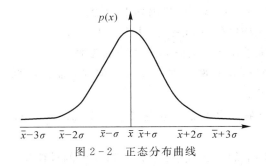

图 2 - 2　正态分布曲线

图 2 - 2 中，$\bar{x}$ 是样本数据的均值，σ 是标准差，$p(x)$ 是概率密度函数。

2. 概率密度函数

连续型随机变量的概率密度函数是一个描述这个随机变量的输出值在某个确定的取值点附近的可能性的函数。

随机变量 x 在概率密度函数的某个区间(如 (a,b))出现的概率，就是概率密度曲线在这个区间下的面积，数学上的表达就是密度函数在区间 (a,b) 上的积分。因此，概率的大小就是"概率密度函数曲线下的面积"的大小。

如图 2 - 3 所示，x 在概率密度函数 $p(x)$ 的 (a,b) 区间出现的概率是曲线下的面积，即

$$P(a < x < b) = \int_a^b p(x)\mathrm{d}x$$

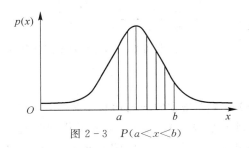

图 2 - 3　$P(a < x < b)$

如图 2 - 4 所示，x 在概率密度函数 $p(x)$ 的 $(-\infty, c)$ 区间出现的概率也是曲线下的面积，即

$$P(x < c) = \int_{-\infty}^c p(x)\mathrm{d}x$$

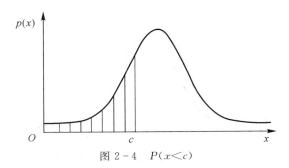

图 2 - 4　$P(x < c)$

分析图 2-2~图 2-4 的曲线,可得出如下结论:

(1) 概率密度曲线在均值处达到最大,并且对称。

(2) 一旦均值和标准差确定,正态分布曲线也就确定。

(3) 当 x 的取值向横轴左右两个方向无限延伸时,曲线的两个尾端也无限渐近横轴,理论上永远不会与之相交。

(4) 正态随机变量在特定区间上的取值概率由正态曲线下的面积给出,而且其曲线下的总面积等于 1。

(5) 均值可取实数轴上的任意数值,决定正态曲线的具体位置。标准差决定曲线的"陡峭"或"扁平"程度:标准差越大,正态曲线越扁平;标准差越小,正态曲线越陡峭。这是因为标准差越小,意味着大多数变量值离均值的距离越短,因此大多数值都紧密地聚集在均值周围,曲线图形所能覆盖的变量值就少些,于是都挤在一块,曲线图形呈现"瘦高型"。相反,标准差越大,数据跨度就越大,分散程度大,所覆盖的变量值就越多,曲线图形呈现"矮胖型"。图 2-5 显示了两条概率密度曲线,均值的大小决定了曲线的位置,标准差的大小决定了曲线的"胖瘦"。从图中可知,$\sigma_1 < \sigma_2$。

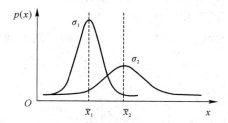

图 2-5 均值、标准差不同的两条正态分布曲线

3. 标准化

图 2-5 所示的正态分布概率密度曲线的形状不统一,不方便对比观察,所以要进行标准化。所谓标准化就是将所有服从一般正态分布的随机变量都变成服从均值为 0、标准差为 1 的标准正态分布。服从标准正态分布的随机变量用 z 表示,如图 2-6 所示。

$$z = \frac{x - \bar{x}}{\sigma} \tag{2-13}$$

对比图 2-2 和图 2-6,经过标准化后,原来的曲线的形状没有发生变化,只是中心轴位置从原来的 $\bar{x}$ 处平移到了 0 处。

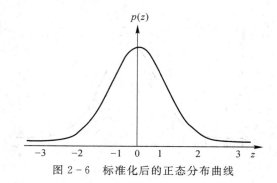

图 2-6 标准化后的正态分布曲线

通过标准化，可利用变换后的 z 值，采用查表的方式获取随机变量 x 的概率值。具体操作过程可查阅相关资料，这里不再赘述。

4. 68－95－99.7 法则

理论上正态随机变量可以取无数个值，但实际上在[−1,1]区间就包含了它可以取的 68% 的值，[−2,2]区间包含了 95% 的值，[−3,3]包含了 99.7% 的值。如图 2－7 所示，这里的 1、2、3 分别代表 1 个、2 个和 3 个标准差（标准正态分布的均值为 0，标准差为 1）。可以推断，一个服从标准正态分布的变量，它的取值超过 3 的可能性只有 0.3%，这个概率几乎可以忽略不计了。

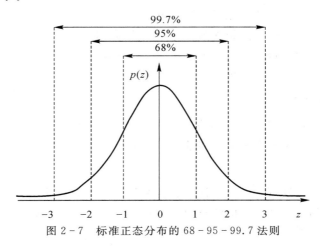

图 2－7　标准正态分布的 68－95－99.7 法则

68－95－99.7 法则把研究的范围从[−∞，+∞]缩小到了[−3,3]区间，由此极大地提升了对数据的掌握程度。

68－95－99.7 法则对普通的正态分布变量也是适用的。只是均值和标准差不再是 0 和 1，而是具体数据分布的均值和标准差。例如，某小学学生身高的平均值和标准差分别为 1.4 m 和 0.15 m，由于身高是服从正态分布的，因此根据 68－95－99.7 法则，可以推知这所学校有 68% 的学生身高在 1.25 m～1.55 m，有 95% 的学生身高在 1.1 m～1.7 m。

[例 2－4]　数据来自例 2－3，计算金属合金凝固点温度值落在 68%、95%、99.7% 的概率区间值。

解　由于
$$x = \bar{x} \pm \sigma = 520.2 \pm 1.01$$
故金属合金凝固点温度值 68% 的概率区间为 [519.19　521.21]。

由于
$$x = \bar{x} \pm 2\sigma = 520.2 \pm 2.02$$
故金属合金凝固点温度值 95% 的概率区间为 [518.18　522.22]。

由于
$$x = \bar{x} \pm 3\sigma = 520.2 \pm 3.03$$
故金属合金凝固点温度值 99.7% 的概率区间为 [517.17　523.23]。

2.4 测量误差的判断

2.4.1 系统误差的判断

由于系统误差产生的原因很多,因此发现和判断它的方法也很多,下面介绍几种常用的方法。

1. 实验对比法

实验对比法是通过改变测量条件、测量方法或测量仪器来发现系统误差的。例如,若要知道某一测量仪器是否存在系统误差,先用该仪器测量被测对象,然后用高一级的仪器对该被测对象进行再次测量,通过两次测量结果的对比,就可知道该测量仪器是否存在系统误差。该判断方法只适用于发现恒值系统误差。

2. 残余误差观察法

残余误差观察法是根据测量得到的各个残余误差的大小和符号变化规律,直接由误差数据或误差曲线图形判断其有无系统误差。该判别方法适用于发现变值系统误差。

3. 马尔科夫法

马尔科夫法适用于发现线性系统误差。首先对某一被测对象进行 n 次等精度测量,按照测量先后顺序得到一系列不同的测量值 $x_1, x_2, \cdots, x_n$ 和相应的残差 $d_1, d_2, \cdots, d_n$,然后将这些残差分为前后两部分求和,再求其差值 Δ:

$$\Delta = \begin{cases} \sum\limits_{i=1}^{\frac{n}{2}} d_i - \sum\limits_{i=\frac{n}{2}+1}^{n} d_i, & \text{当 } n \text{ 为偶数} \\ \sum\limits_{i=1}^{\frac{n+1}{2}} d_i - \sum\limits_{i=\frac{n+3}{2}}^{n} d_i, & \text{当 } n \text{ 为奇数} \end{cases} \tag{2-14}$$

若 Δ 的绝对值大于最大的 d_i,则认为存在线性系统误差;若 $\Delta \approx 0$,则认为不存在线性系统误差。

4. 阿贝－赫尔默特法

阿贝－赫尔默特法适用于发现周期性系统误差。首先对某一被测对象进行 n 次等精度测量,按照测量先后顺序得到一系列不同的测量值 $x_1, x_2, \cdots, x_n$,相应的残差 $d_1, d_2, \cdots, d_n$ 和标准差 σ,然后将前后残差两两相乘,再取和的绝对值,若下式成立,则认为存在周期性系统误差:

$$\left| \sum_{i=1}^{n-1} d_i \cdot d_{i+1} \right| > \sqrt{n-1}\, \sigma^2 \tag{2-15}$$

2.4.2 粗大误差的判断

在无系统误差的情况下,测量中出现较大误差的概率是很小的,因此当一个测量结果中出现较大误差时,就应当考虑该测量数据中是否存在粗大误差。下面给出常用的粗大误差判定方法。

1. 莱特检验法

假定一系列等精度测量结果 $x_i(i=1,2,\cdots,n)$，其测量值的残差是 $d_i(i=1,2,\cdots,n)$，标准差是 σ，若

$$|d_i| > 3\sigma \tag{2-16}$$

则认为与 d_i 对应的测量值 x_i 存在粗大误差。

莱特检验法简单、方便，适用于测量次数足够多 $(n>10)$ 的情况。若测量次数少于 10 次，可采用下面的格拉布斯检验法。

2. 格拉布斯检验法

假定一系列等精度测量结果 $x_i(i=1,2,\cdots,n)$，其测量值的残差是 $d_i(i=1,2,\cdots,n)$，标准差是 σ，若

$$|d_i| > G\sigma \tag{2-17}$$

则认为与 d_i 对应的测量值 x_i 存在粗大误差。式中：G 是格拉布斯系数，其值可通过查表 2-3 获得。

表 2-3 格拉布斯系数

n	G	
	$P=95\%$	$P=99.7\%$
3	1.15	1.16
4	1.46	1.49
5	1.67	1.75
6	1.82	1.94
7	1.94	2.10
8	2.03	2.22
9	2.11	2.31
10	2.18	2.41

习　题

2-1　国际标准单位有哪些？它们的定义和符号是什么？

2-2　误差的分类有哪些？每种误差产生的原因和减小的方法是什么？

2-3　为什么要对测量数据获得的正态分布概率密度曲线进行标准化？标准化的具体步骤是什么？

2-4　某次长度测量获得如下数据（28.5 mm，28.7 mm，25.3 mm，28.6 mm，28.8 mm，28.5 mm，28.2 mm，29.0 mm，28.4 mm），求其均值、中值、无偏标准差。

2-5　求以下数据（48.3 N，48.2 N，47.7 N，47.2 N，48.1 N，48.0 N，47.9 N，48.1 N，48.2 N，47.8 N）的均值、中值、无偏标准差和 95% 的置信区间。

2-6　某次测量获得如下数据（1.52，1.46，1.61，1.54，1.55，1.49，1.68，1.46，1.83，1.50，1.56），试判断是否存在粗大误差。

第3章 测量系统和信号处理方法

3.1 测量系统

在工程实际中，测量系统是由多个环节按照特定的检测目的组合而成的复杂系统。随着计算机技术和信息处理技术的发展，测量系统的内容也在不断地完善和充实。

3.1.1 早期测量系统

早期，一个典型的测量系统由传感器、信号调理单元、信号处理单元和显示记录单元四部分组成，如图 3-1 所示。

图 3-1 早期测量系统构成

1. 传感器

传感器是一种检测装置，能感受到被测量的信息，并能将感受到的信息按一定的规律变换成为电信号或其他所需形式的信号输出，以满足信息的传输、处理、存储、显示、记录和控制等要求。

2. 信号调理

信号调理就是指将传感器检测到的各种信号经过滤波、放大并转换为标准电平信号。例如，将传感器检测到的各种信号转换成 4～20 mA 的电流信号或者是 0～5 V 的电压信号。信号调理主要包括信号测量电路和信号变换电路。

3. 信号处理

信号处理是对调理后的电信号按各种预期的目的及要求进行提取、变换、分析等处理过程的统称。对模拟信号的处理称为模拟信号处理，对数字信号的处理称为数字信号处理。

4. 显示记录

显示记录单元就是将获取到的信号用图或表的形式显现出来，便于使用者直观理解。

3.1.2 现代测量系统

随着计算机的普及，对获取到的数据都需要送入计算机进行处理分析，所以图 3-1 中最后一个显示记录单元变化为数据获取单元。

数据获取单元由将模拟信号转化成数字信号的 AD 转换单元、处理数字信号的微型处理器和数字存储的计算机处理单元，以及数字记录显示单元组成，如图 3-2 所示。

图 3-2　数据获取单元

3.2　传　感　器

3.2.1　传感器的分类

传感器的种类繁多，一个被测量可以用不同的传感器来测量，而基于同一原理的传感器又可以测量多种类型，因此传感器的划分方法很多，目前广泛采用的分类方法有以下几种：

（1）按照传感器的工作原理，可分为物理型、化学型和生物型。

（2）按照传感器的构成原理，可分为物性型和结构型两大类。物性型传感器是利用物质定律构成的，如欧姆定理等。物性型传感器的性能随材料的不同而异，如光电管、半导体传感器等。结构型传感器是利用物理学中场的定律构成的，包括力场的运动定律、电磁场的电磁定律等，这类传感器的特点是传感器的性能与它的结构材料没有多大关系，如差动变压器等。

（3）按照传感器的能量转换情况，可分为能量转换型和能量控制型两大类。能量转换型传感器主要由能量变换元件构成，它不需要外电源，如基于压电效应、光电效应、热电效应、霍尔效应等原理构成的传感器。在信息变化过程中，能量控制型传感器的能量需要外部电源供给，如电阻、电容，电感等电路参量传感器。

（4）按照物理原理，可分为电参量型传感器（如电阻式、电容式、电感式等）、磁电式传感器（如磁电感应式、霍尔式、磁栅式等）、压电式传感器、光电式传感器、气电式传感器、波式传感器、射线式传感器、半导体式传感器等。

（5）按照被测对象，可分为温度传感器、压力传感器、振动传感器、位移传感器、物位传感器等。

3.2.2　传感器的静态特性

静态特性反映的是传感器在被测量输入量处于稳定状态下的输出与输入的关系，它可以用数学方程来描述。

静态特性的主要技术指标有测量范围、量程、线性度、灵敏度、分辨力、阈值、稳定性、漂移、迟滞等。

1. 测量范围

传感器所能测量到的最小输入量与最大输入量之间的范围称为传感器的测量范围。测量范围包括输入测量范围和输出测量范围。

例如，一个温度传感器将检测到的温度转换成电流信号输出，若它的输入范围标识是 $-50 \sim 200\ ℃$，说明它能检测的最低温度为 $-50℃$，最高温度是 $200\ ℃$，低于最低温度和高于最高温度的测量都是超出测量范围的，测量结果是不可靠的。同理，输出范围标识是 $4 \sim 20\ mA$，说明了它的输出量程范围，最小是 $4\ mA$，最大是 $20\ mA$。需要注意的是，输入、输出测量范围的单位是不同的。

2. 量程

将传感器测量范围的上限值减去下限值，得到的结果称为量程。量程包括输入量程和输出量程。

例如，前例中的温度传感器，它的输入量程等于 $200-(-50) = 250\ ℃$，输出量程等于 $20-4 = 16\ mA$。测量范围是一个区间，量程是一个数值，注意两者的区别。

3. 线性度

理想传感器的输入、输出关系应为线性关系，但实际应用中的传感器，其输入、输出关系是非线性的，如图 3-3 所示。

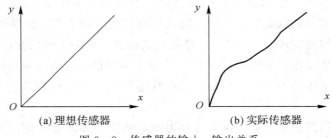

图 3-3　传感器的输入、输出关系

为了方便标定和进行数据处理，需要对非线性曲线进行线性化拟合，如图 3-4 所示，拟合的方法有很多种，如端点连线法、最小二乘法等，图中采用的是端点连线法。

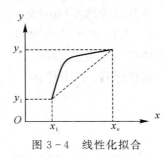

图 3-4　线性化拟合

端点连线法用测量输入值的两个端点的测定值直接连线获得拟合直线，即

$$y = kx + c \tag{3-1}$$

这里，k 是拟合直线的斜率：

$$k = \frac{y_n - y_1}{x_n - x_1} \tag{3-2}$$

线性度就是指传感器输入与输出曲线和获得的拟合直线之间的偏离程度。首先，定义测量值与拟合值之差的绝对值为非线性误差：

$$e_n(x) = |y_n(x) - y_L(x)| \qquad (3-3)$$

其次，再定义非线性误差数组中的最大值为最大非线性误差：

$$e_{n\max} = \max_x \{e_n(x)\} \qquad (3-4)$$

最后，用最大非线性误差除以输出满量程值就得到线性度，用符号 γ_L 表示：

$$\gamma_L = \frac{e_{n\max}}{y_L(x_n) - y_L(x_1)} \times 100\% \qquad (3-5)$$

[例 3 - 1]　用一位移传感器进行一组测量，记录输入和输出数据列于下表。采用端点法进行线性化拟合，确定传感器的线性方程，计算线性度。

输入位移 x /cm	0.0	0.5	1.0	1.5	2.0	2.5	3.0
输出电压 y /mV	0.4	11.3	19.8	30.0	42.5	49.3	58.0

解　由题意可知

$$k = \frac{y_n - y_1}{x_n - x_1} = \frac{58.0 - 0.4}{3.0 - 0.0} = 19.2$$

$$c = y - kx = 0.4 - 19.2 \times 0.0 = 0.4$$

故传感器的拟合线性方程为

$$y = 19.2x + 0.4$$

根据拟合方程求非线性误差，列表如下：

输入位移 x /cm	0.0	0.5	1.0	1.5	2.0	2.5	3.0
输出电压 y /mV	0.4	11.3	19.8	30.0	42.5	49.3	58.0
拟合电压 y^* /mV	0.4	10	19.6	29.2	38.8	48.4	58.0
非线性误差 $e(x)$	0	1.3	0.2	0.8	3.7	0.9	0

从上表可知，最大非线性误差 $e_{n\max} = 3.7$ mV，因此，传感器的线性度为

$$\gamma_L = \frac{e_{n\max}}{y_L(x_n) - y_L(x_1)} \times 100\% = \frac{3.7}{58 - 0.4} \times 100\% = 6.4\%$$

4. 灵敏度

灵敏度是传感器静态特性的一个重要指标。其定义为输出量增量 Δy 与引起该增量的相应输入量增量 Δx 之比，其表达式为

$$k = \frac{\Delta y}{\Delta x} \qquad (3-6)$$

灵敏度表征传感器对输入量变化的反应能力。在图形中，它就是特性曲线的斜率。对于线性传感器，斜率处处相等，灵敏度为一常数。而非线性传感器的灵敏度不是常数，用特性曲线的导数 $\dfrac{dy}{dx}$ 表示。一般希望传感器的灵敏度高，且在满量程范围内恒定不变。

5. 分辨力

在规定的测量范围内，传感器能检测到输入量的最小变化量的能力称为分辨力。对于

某些传感器，如电位器式传感器，当输入量连续变化时，输出量只做阶梯变化，则分辨力就是输出量的每个"阶梯"所对应的输入量值。对于数字式仪表，分辨力就是仪表指示值的最后一位数字所代表的值。当被测量的变化量小于分辨力时，数字式仪表的最后一位数不变，仍指示原值。

分辨力的大小等于输出的最小变化量 $\Delta y_{\min}$ 与灵敏度之比，即

$$\Delta x_{\min} = \frac{\Delta y_{\min}}{k} \qquad (3-7)$$

分辨力与对应的输入量程之比的百分数称为分辨率。

[**例 3-2**] 一线性弹簧力传感器，输入是力，输出是位移。已知该传感器的灵敏度是 $k = 0.002 \, \text{m/N}$，若输出最小刻度是 $1 \, \text{mm}$，求该传感器的分辨力。

解 由题意可知：

$$\Delta x_{\min} = \frac{\Delta y_{\min}}{k} = \frac{0.001}{0.002} = 0.5 \, \text{N}$$

6. 阈值

阈值是指能使传感器的输出端产生可测变化量的最小被测输入量值，即零点附近的分辨力。有的传感器在零位附近有严重的非线性，形成所谓"死区"，则将死区的大小作为阈值；更多情况下，阈值主要取决于传感器噪声的大小。

7. 稳定性

稳定性表示传感器在一个较长的时间内保持其性能参数的能力。理想的情况是不论什么时候，传感器的特性参数都不随时间变化。但实际上，随着时间的推移，大多数传感器的特性会发生改变。这是因为敏感元件构成的传感器部件，其特性会随时间发生变化，从而影响了传感器的稳定性。

稳定性一般以室温条件下经过一段规定的时间间隔后，传感器的输出与起始标定时的输出之间的差异来表示，称为稳定性误差。稳定性误差可用相对误差来表示，也可用绝对误差来表示。

8. 漂移

漂移是指传感器在一定的时间间隔内，其输出量存在着与被测输入量无关的、不必要的变化。漂移可分为零点漂移和灵敏度漂移，还可以分为时间漂移和温度漂移。时间漂移表示在规定的条件下，零点和灵敏度随时间变化而变化，温度漂移是指零点和灵敏度随温度的变化而变化。产生漂移的原因有：传感器自身结构参数的老化，测量过程中环境参数的变化等。

9. 迟滞

在相同的工作条件下，传感器在正向（输入量增大）和反向（输入量减小）工作期间，输出输入特性曲线不重合的现象称为迟滞，如图 3-5 所示。

也就是说，对于同一大小的输入信号，传感器的正反向行程输出信号大小不相等。产生迟滞的主要原因是传感器材料的物理性质和机械零件的缺陷，如压力传感器中弹簧的弹性滞后、滑动变阻器部件的摩擦等。

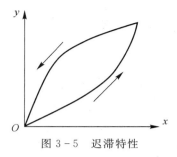

图 3 - 5　迟滞特性

3.2.3　传感器的动态特性

传感器的动态特性反映的是传感器随时间变化的输入量的响应特性,一个动态性能好的传感器,它的输出量随时间变化的关系与输入量随时间变化的关系应该是一致的。但实际上两者之间是有区别的,这种差异称为动态误差。

动态误差包括两个方面:一是输出量达到稳定状态后与理想输出量之间的差别,二是当输入量发生跃变时,输出量在由一个稳态到另一个稳态之间的过渡状态中的误差。由于实际测试时输入量具有多样性,为研究方便,通常以阶跃信号作为输入信号进行研究,以获得动态性能指标。

1.动态模型

传感器的动态模型有微分方程和传递函数两种形式。

1)微分方程

微分方程为

$$a_n \frac{\mathrm{d}^n y}{\mathrm{d} t^n} + a_{n-1} \frac{\mathrm{d}^{n-1} y}{\mathrm{d} t^{n-1}} + \cdots + a_0 y = b_m \frac{\mathrm{d}^m x}{\mathrm{d} t^m} + b_{m-1} \frac{\mathrm{d}^{m-1} x}{\mathrm{d} t^{m-1}} + \cdots + b_0 x \qquad (3-8)$$

式中:x——传感器的输入量;

　　　y——传感器的输出量;

　　　$a_0, a_1, \cdots, a_n$ 和 $b_0, b_1, \cdots, b_n$ 是取决于传感器参数的常数。

该模型的优点是通过求解微分方程容易分清暂态响应和稳态响应;缺点是对于高阶系统,求解微分方程很困难。

2)传递函数

在线性常系数系统中,传递函数是当初始条件为零时,系统输出量的拉普拉斯变换和输入量的拉普拉斯变换之比,即

$$H(s) = \frac{Y(s)}{X(s)} = \frac{b_m s^m + \cdots + b_1 s + b_0}{a_n s^n + \cdots + a_1 s + a_0} \qquad (3-9)$$

传递函数克服了微分方程求解困难的缺点。对于由多个串、并联环节组成的传感器,容易看清各个环节对系统的影响,便于改进系统。当传感器构成比较复杂或基本参数未知时,可以通过实验直接求得传递函数。

2.阶跃响应

对于一阶系统,由式(3-9)可知

$$H(s) = \frac{Y(s)}{X(s)} = \frac{1}{\tau s + 1} \qquad (3-10)$$

式中：τ 为时间常数。

当输入一个单位阶跃信号

$$f(t) = \begin{cases} 0, & t < 0 \\ 1, & t \geqslant 0 \end{cases} \qquad (3-11)$$

时，其响应曲线如图 3-6 所示。

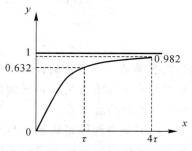

图 3-6 一阶传感器单位阶跃响应

由图 3-6 可知，传感器输出的初始上升斜率为 $\frac{1}{\tau}$，若能保持该响应速度不变，则传感器会在 τ 时刻输出达到稳态值 1。但实际上，传感器的响应速度随着时间的增加而变小。这样理论上，传感器的响应要在 t 趋于无穷时才达到稳态值 1。观测图 3-6，在 $t=4\tau$ 时，传感器的输出已达到稳态值的 98.2%，可近似认为其已达到稳态。综上所述，τ 越小，响应曲线越能较快地接近输入阶跃信号，因此一阶传感器的时间常数 τ 越小越好。

对于二阶系统，由式(3-9)可知

$$H(s) = \frac{Y(s)}{X(s)} = \frac{\omega_n^2}{s^2 + 2\xi\omega_n s + \omega_n^2} \qquad (3-12)$$

式中：ω_n 为传感器的固有频率，ξ 为传感器的阻尼比。阻尼比直接影响信号的超调量和振荡次数。$\xi=0$ 为临界阻尼，超调量为 100%，产生等幅振荡，系统不稳定；$\xi>1$ 为过阻尼，无超调，也无振荡，但响应速率慢，达到稳态所需要的时间长；$0<\xi<1$ 为欠阻尼，衰减振荡，ξ 取得越小，超调量越大，达到稳态所需要的时间也越长。在实际使用中，为了兼顾满足超调量小和快速达到稳态两项指标，ξ 一般取为 0.6～0.8。图 3-7 是欠阻尼情况下，系统对阶跃输入信号的响应曲线。

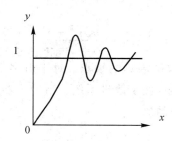

图 3-7 二阶传感器单位阶跃响应

3.3　信号测量电路

3.3.1　信号放大电路

从传感器所获得的信号通常是微小信号，且含有较大的噪声，所以需要先对信号进行足够的放大，并抑制噪声，才能送入后续的信号转换电路进行下一步处理。通常的信号放大电路有同相比例放大器、反向比例放大器、差分比例放大器等。

1. 同相比例放大器

同相比例放大器电路如图 3-8 所示，同相比例放大器的特征是信号从同相端（"＋"端）输入，输出信号反馈到反相端（"－"端）。

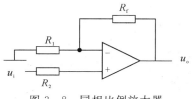

图 3-8　同相比例放大器

规定用电路的输出电压除以输入电压，就得到了衡量电路电压放大能力的性能指标——电压放大倍数，用 A_u 表示。

$$A_u = \frac{u_i}{u_o} \tag{3-13}$$

图 3-8 所示的同相比例放大器的电压放大倍数是

$$A_u = 1 + \frac{R_f}{R_1} \tag{3-14}$$

2. 反相比例放大器

反相比例放大器电路如图 3-9 所示，反相比例放大器的特征是信号从反相端（"－"端）输入，输出信号也反馈到反相端（"－"端）。

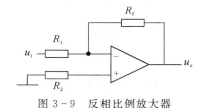

图 3-9　反相比例放大器

反相比例放大器的电压放大倍数是

$$A_u = -\frac{R_f}{R_1} \tag{3-15}$$

3. 差分比例放大器

差分比例放大器电路如图 3-10 所示，差分比例放大器的特征是信号在同相端（"＋"

端)和反相端("一"端)均有输入,输出信号反馈到反相端("一"端)。

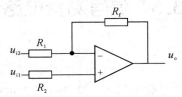

图 3 - 10 差分比例放大器

当电路满足线性关系时,差分比例放大器的输出结果可以看成是同相比例放大器输出结果和反相比例放大器输出结果的和,即

$$u_o = u_{o1} + u_{o2} = \left(1 + \frac{R_f}{R_1}\right)u_{i1} - \frac{R_f}{R_1}u_{i2} \tag{3-16}$$

4. 仪用差动放大器

仪用差动放大器电路如图 3 - 11 所示。

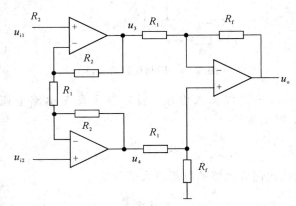

图 3 - 11 仪用差动放大器

由于

$$u_{R_1} = u_{i1} - u_{i2}$$

$$\frac{u_{R_1}}{R_1} = \frac{u_3 - u_4}{2R_2 + R_1}$$

$$u_o = -\frac{R_f}{R_1}(u_3 - u_4)$$

则

$$u_o = -\frac{R_f}{R_1}\left(\frac{2R_2 + R_1}{R_1}\right)(u_{i1} - u_{i2})$$

故有

$$A_u = \frac{u_o}{u_{i1} - u_{i2}} = \frac{R_f}{R_1}\left(1 + \frac{2R_2}{R_1}\right) \tag{3-17}$$

3.3.2 电桥测量电路

电桥测量电路可将元器件参数变化转化成电流或电压的变化,因此,它常用于电子元

器件值(如电阻、电容、电感等)和元件参数(如频率等)的精密测量。

最简单的电桥测量电路是由四个支路组成的电路,因为各支路称为电桥的"臂",所以电桥测量电路又称为四臂电桥。图 3-12 就是大名鼎鼎的惠斯顿电桥。

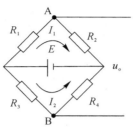

图 3-12　惠斯顿电桥

由图可知

$$I_1 = \frac{E}{R_1 + R_2}$$

$$I_2 = \frac{E}{R_3 + R_4}$$

$$u_A = I_1 R_2 = \frac{R_2 E}{R_1 + R_2}$$

$$u_B = I_2 R_4 = \frac{R_4 E}{R_3 + R_4}$$

所以

$$u_o = u_A - u_B = \left(\frac{R_2}{R_1 + R_2} - \frac{R_4}{R_3 + R_4} \right) E \tag{3-18}$$

当 $\frac{R_1}{R_2} = \frac{R_3}{R_4}$ 时,惠斯顿电桥处于平衡状态,输出电压为 0,称之为平衡电桥。它常用在已知三个标准电阻阻值,通过调节输出电压达到平衡来获得未知的第四个电阻的阻值的场合。

[例 3-3]　用惠斯顿电桥来准确测量铂电阻温度计的电阻。电路图如图 3-12 所示,已知 R_2 为可调电阻,其余三臂是固定电阻,其阻值分别为 $R_4 = 98.3\ \Omega$ 和 $R_3 = 102.2\ \Omega$。温度计以 R_1 的形式接入电桥。调整 R_2 的阻值直到电桥输出电压为零。在这个平衡点上,R_2 的值是 95.7 Ω。求铂电阻温度计的阻值。

解　根据公式(3-18)可知,当电桥处于平衡点时,有

$$R_1 = \frac{R_3 R_2}{R_4} = \frac{102.2 \times 95.7}{98.3} = 99.5\ \Omega$$

所以铂电阻温度计的阻值是 99.5 Ω。

若电桥四臂阻值发生变化,使得输出电压不为 0,则称之为不平衡电桥。它常用于将阻值的变化转化成电压的变化。不平衡电桥有单臂等臂电桥、半差动等臂电桥、全差动等臂电桥三种接法。

1. 单臂等臂电桥

如图 3-13 所示单臂等臂电桥电路,已知 $R_2 = R + \Delta R$,$R_1 = R_3 = R_4 = R$,则

$$u_\circ = \left(\frac{R+\Delta R}{2R+\Delta R} - \frac{R}{2R}\right)E = \frac{\Delta R}{2(2R+\Delta R)}E = \frac{E}{4R} \times \frac{\Delta R}{1+\dfrac{\Delta R}{2R}}$$

通常 $R \gg \Delta R$，所以

$$u_\circ = \frac{E}{4R} \times \Delta R \qquad\qquad (3-19)$$

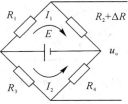

图 3-13 单臂等臂电桥

[例 3-4] 一特种压强传感器，测量范围是 0～10 Pa，该传感器由一个带有应变计的膜片组成，应变片的额定电阻为 120 Ω，构成惠斯顿电桥电路的一个臂，其他三个臂的电阻均为 120 Ω。为了限制仪器的发热，最大允许工作电流为 30 mA，计算电桥电源电压的最大值。如果应变片的灵敏度为 338 mΩ/Pa，则测量压强是 10 Pa 时，电桥的输出电压是多少？

解 由于

$$I_1 = \frac{E}{R_1 + R_2}$$

则

$$E = I_1(R_1 + R_2) = 0.03 \times (120 + 120) = 7.2 \text{ V}$$

如果应变片的灵敏度为 338 mΩ/Pa，则在压强是 10 Pa 时，对应的电阻值是 3.38 Ω，则

$$u_{\text{out}} = \frac{E}{4R} \times \Delta R = \frac{7.2}{480} \times 3.38 = 50 \text{ mV}$$

2. 半差动等臂电桥

如图 3-14 所示半差动等臂电桥电路，已知 $R_1 = R - \Delta R$，$R_2 = R + \Delta R$，$R_3 = R_4 = R$，则

$$u_\circ = \left(\frac{R+\Delta R}{2R} - \frac{R}{2R}\right)E = \frac{E}{2R} \times \Delta R \qquad\qquad (3-20)$$

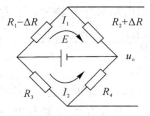

图 3-14 半差动等臂电桥

3. 全差动等臂电桥

如图 3-15 所示全差动等臂电桥电路，已知 $R_1 = R_4 = R - \Delta R$，$R_2 = R_3 = R + \Delta R$，则

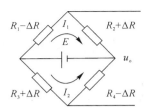

图 3-15　全差动等臂电桥

$$u_o = \left(\frac{R + \Delta R}{2R} - \frac{R - \Delta R}{2R}\right)E = \frac{E}{2R} \times 2\Delta R = \frac{E}{R} \times \Delta R \tag{3-21}$$

对比公式(3-19)~式(3-21)可知，在电阻变化率一致的前提下，全差动等臂电桥电路的输出电压是半差动等臂电桥电路输出电压的 2 倍，是单臂等臂电桥电路输出电压的 4 倍。

3.3.3　基本运算电路

1. 求和电路

求和电路如图 3-16 所示，它是两个反相比例放大器的结合，则有

$$u_o = -\frac{R_f}{R_1}u_{i1} - \frac{R_f}{R_2}u_{i2} = -\left(\frac{R_f}{R_1}u_{i1} + \frac{R_f}{R_2}u_{i2}\right) \tag{3-22}$$

图 3-16　求和电路

当然，用两个同相比例放大器结合也可以得到另一种求和电路(读者可以自行推导并比较两者的区别)。

2. 求差电路

如前所述，差分比例放大器就是一个求差电路，满足：

$$u_o = u_{o1} + u_{o2} = \left(1 + \frac{R_f}{R_1}\right)u_{i1} - \frac{R_f}{R_1}u_{i2} \tag{3-23}$$

除了用单运算放大器构成求差电路外，采用两个运算放大器也能构成求差电路，如图 3-17 所示。

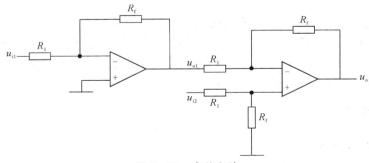

图 3-17　求差电路

因为

$$u_{o1} = -\frac{R_f}{R_1}u_{i1}$$

所以

$$u_o = -\left(\frac{R_f}{R_1}u_{o1} + \frac{R_f}{R_1}u_{i2}\right) = \frac{R_f{}^2}{R_1{}^2}u_{i1} - \frac{R_f}{R_1}u_{i2} \qquad (3-24)$$

3. 积分电路

积分电路如图 3-18 所示。

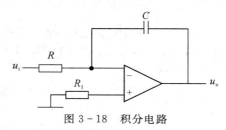

图 3-18　积分电路

积分电路的电压输出为

$$u_o = -\frac{1}{RC}\int_0^T u_i(t)\,\mathrm{d}t \qquad (3-25)$$

4. 微分电路

微分电路如图 3-19 所示。

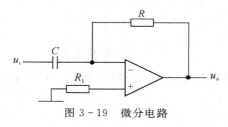

图 3-19　微分电路

微分电路的电压输出为

$$u_o = -RC\frac{\mathrm{d}u_i}{\mathrm{d}t} \qquad (3-26)$$

3.4　信号变换电路

　　信号变换电路是指将一种电量参数转化成另一种电量参数的电路，主要包括交直流变换电路、电压-电流变换电路、电压-频率变换电路等。因为电流信号比电压信号的抗干扰性好，所以在远距离信号测量过程中，需要在发送端把电压信号先转换成电流信号进行传送，再在接收端将电流信号转换成电压信号后送入下一步处理电路单元。

3.4.1　交直流变换电路

1. 直流变交流电路

直流变交流电路原理如图 3-20 所示。

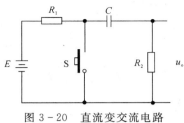

图 3 - 20　直流变交流电路

直流变交流主要通过开关 S 控制。在图 3 - 20 中，当开关 S 断开时，直流信号通过电阻R_1和R_2给电容 C 充电；当开关 S 闭合时，电容 C 上的电压通过电阻R_2放电。如此循环往复，在电阻R_2两端就产生了交流电压u_o。在实际应用中，开关 S 一般用三极管或者场效应管组成的电子开关来实现。

2. 交流变直流电路

交流变直流电路原理如图 3 - 21 所示。

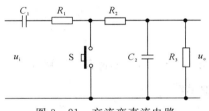

图 3 - 21　交流变直流电路

交流变直流通常采用滤波实现。在图 3 - 21 中，当开关 S 断开时，交流信号通过电阻R_1和R_2给电容C_2充电；当开关 S 闭合时，电容C_2上的电压通过电阻R_3放电。无论是充电还是放电过程，电阻R_3上的电流方向始终不变，所以该电路能实现交流到直流的转变。

3.4.2　电压-电流变换电路

1. 单运放电压-电流变换电路

单运放电压-电流变换电路如图 3 - 22 所示。

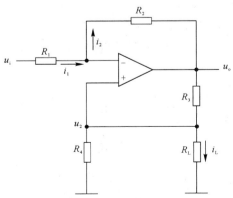

图 3 - 22　单运放电压-电流变换电路

由图 3 - 22 可知

$$u_\mathrm{o} - u_2 = -i_2 R_2 = -i_1 R_2 = -\frac{u_i - u_2}{R_1} R_2$$

$$u_2 = -\frac{R_4 \mathbin{/\mkern-5mu/} R_\mathrm{L}}{R_3 + R_4 \mathbin{/\mkern-5mu/} R_\mathrm{L}} u_\mathrm{o}$$

联合上述方程,消去u_o,整理得

$$u_2 = -\frac{R_2 R_4 R_\mathrm{L}}{R_1 R_3 R_4 + R_1 R_3 R_\mathrm{L} - R_2 R_4 R_\mathrm{L}} u_i$$

则负载上的电流等于

$$i_\mathrm{L} = \frac{u_2}{R_\mathrm{L}} = -\frac{R_2 R_4}{R_1 R_3 R_4 + R_1 R_3 R_\mathrm{L} - R_2 R_4 R_\mathrm{L}} u_i$$

若选取电阻

$$\frac{R_1}{R_2} = \frac{R_4}{R_3}$$

则有

$$i_\mathrm{L} = -\frac{u_i}{R_4} \tag{3-27}$$

为减小信号源电流在R_4上的分流,通常R_4的取值要足够大。

2. 双运放电压-电流变换电路

双运放电压-电流变换电路如图 3 - 23 所示。

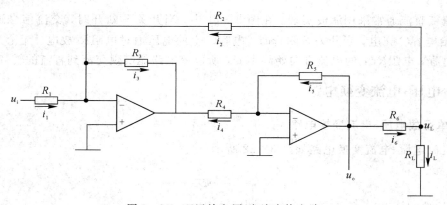

图 3 - 23 双运放电压-电流变换电路

由图 3 - 23 可知

$$i_1 = \frac{u_i}{R_1}$$

$$i_2 = \frac{u_\mathrm{L}}{R_2}$$

$$i_3 = i_1 + i_2 = \frac{u_i}{R_1} + \frac{u_\mathrm{L}}{R_2}$$

$$i_4 = \frac{R_3}{R_4} i_3$$

$$i_5 = i_4 = \frac{R_3}{R_4}\left(\frac{u_i}{R_1} + \frac{u_L}{R_2}\right)$$

$$i_6 = i_L + i_2 = \frac{u_L}{R_L} + \frac{u_L}{R_2}$$

$$i_6 = \frac{u_o - u_L}{R_6} = \frac{i_5 R_5 - u_L}{R_6} = \frac{R_3}{R_4}\frac{R_5}{R_6}\left(\frac{u_i}{R_1} + \frac{u_L}{R_2}\right) - \frac{u_L}{R_6}$$

联合上述方程，整理得

$$u_L = \frac{\dfrac{R_3 R_5 R_L}{R_1 R_4}}{R_6 + R_L\left(1 + \dfrac{R_6}{R_2} - \dfrac{R_3 R_5}{R_2 R_4}\right)} u_i$$

所以

$$i_L = \frac{u_L}{R_L} = \frac{\dfrac{R_3 R_5}{R_1 R_4}}{R_6 + R_L\left(1 + \dfrac{R_6}{R_2} - \dfrac{R_3 R_5}{R_2 R_4}\right)} u_i$$

若令 $1 + \dfrac{R_6}{R_2} = \dfrac{R_3 R_5}{R_2 R_4}$，则有

$$i_L = \frac{R_3 R_5}{R_1 R_4 R_6} u_i$$

进一步，若 $R_1 = R_3 = R_4 = R_5$，则有

$$i_L = \frac{u_i}{R_6} \tag{3-28}$$

3. 电流-电压变换电路

电流信号经过长距离传输后，需要再次转换成电压信号。电流与电压转换原理是欧姆定理，通常用电阻就可以实现。但在高要求的场合，需要用到电流-电压变换电路。图3-24所示的就是电流-电压变换电路。

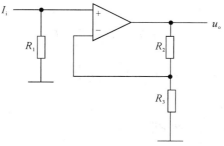

图 3-24　电流-电压变换电路

由图 3-24 可知

$$I_i R_1 = \frac{R_3}{R_2 + R_3} u_o$$

所以

$$u_o = I_i \frac{R_1(R_2 + R_3)}{R_3} \tag{3-29}$$

3.4.3 电压-频率变换电路

1. 电压-频率变换电路

电压-频率变换电路如图 3-25 所示。

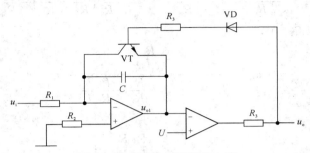

图 3-25　电压-频率变换电路

第一级运放组成的是积分器，其输出电压为

$$u_{o1} = \frac{1}{R_1 C} \int_0^T u_i \mathrm{d}t$$

第二级运放组成的是电压比较器，u_{o1} 和固定电压值 U（负值）进行比较，当 $u_{o1} > U$ 时，第二级运放输出低电平，三极管 VT 截止断开，电容 C 充电，u_{o1} 电位值下降；当 $u_{o1} < U$ 时，第二级运放输出反转，输出高电平，三极管 VT 饱和导通，电容 C 放电，u_{o1} 电位值快速上升。周而复始，电压信号就转换成了频率信号。

在积分周期，有

$$t_1 = \frac{R_1 C}{u_i} u_{o1} = \frac{R_1 C}{u_i} U$$

在放电周期，有

$$t_2 \approx 0$$

所以

$$T = t_1 + t_2 = \frac{R_1 C}{u_i} U$$

$$f = \frac{1}{T} = \frac{u_i}{R_1 C U} \tag{3-30}$$

2. 频率-电压变换电路

频率-电压变换电路如图 3-26 所示。

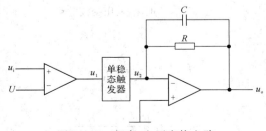

图 3-26　频率-电压变换电路

图 3-26 中第一级运放是电压比较器，当输入信号是正弦信号时，输出 u_1 就转换成了方波信号，之后接一个单稳态触发器，其作用是将宽度不定、波形不稳的方波信号 u_1 整形处理为宽度恒定的方波信号 u_2，最后一级运放是积分器，它将方波信号 u_2 积分成平滑的直流电平。

习　题

3-1　一液位检测传感器，其输入范围为 0～15 cm，输出是电压信号。静态测量时，得到如下数据：

液位/cm	0.0	1.5	3.0	4.5	6.0	7.5	9.0	10.5	12.0	13.5	15.0
输出电压/V	0.00	0.35	1.42	2.40	3.43	4.35	5.61	6.50	7.77	8.85	10.20

求：

(1) 输出测量范围；

(2) 输入量程和输出量程；

(3) 采用端点法确定拟合线性方程；

(4) 最大非线性误差；

(5) 线性度。

3-2　一位移传感器，其输入范围为 0.0～3.0 cm，输出是电压信号。静态测量时，得到如下数据：

位移/cm	0.0	0.5	1.0	1.5	2.0	2.5	3.0
输出电压/mV	0.6	16.5	32.0	47.0	62.5	76.5	91.4

求：

(1) 输出测量范围；

(2) 输入量程和输出量程；

(3) 采用端点法确定拟合线性方程；

(4) 最大非线性误差；

(5) 线性度。

3-3　一位移传感器的输入范围为 0～1 m，输出范围为 0～3.5 mV。信号调理电路能够识别的传感器输出最小范围为 0.001 mV。求该位移传感器的分辨力和分辨率各是多少？

3-4　一用于测量角度的数字光学编码传感器，它可以将 $360°$ 的转角转换成满量程的 16 位二进制值。求该编码传感器的分辨力。

3-5　传感器有哪些静态指标？有哪些动态指标？

3-6　用两个同相比例放大器组合成一种求和电路，画出电路图，写出表达式。

3-7　在工业过程测量控制中，常用到 PID(比例-微分-积分)电路，试画出该电路图。

第4章 温度的测量

4.1 热和温度

4.1.1 热量

热量是指在热力系统与外界之间依靠温差转移的能量，该转化过程称为热交换或热传递。热量可以在物体之间传递，也可以转化为其他形式的能量。热量用符号 Q 表示。

1. 热量和热能

热能是能量的一种形式，是指存在于系统中的内部能量，任何物质都有一定数量的热能，这和组成物质的原子、分子的无序运动有关。热能的宏观表现形式是物体的温度。而热量是物体内能改变的一种量度。当两种不同温度的物质处于热接触时，热量会从温度高的一方向温度低的另一方传递，所传递的能量数便等同于所交换的热量数。通过热能交换，最终双方温度达到一致，即热平衡状态。

热量与热能之间的关系就像做功与机械能之间的关系一样。热量指的是热能的变化，是变化量，而热能是状态量，是系统的状态函数，对应系统的一个状态点。充分了解热量与热能的区别是明白热力学第一定律的关键。

热传递过程中物体之间传递的热量与过程（绝热、等温、等压）相联系，即吸热或放热必在某一过程中进行。物体处于某一状态时不能说它含有多少热量，热量只能说"吸收""释放"。

2. 传热模式

热量从系统的一部分传到另一部分或由一个系统传到另一个系统的现象称为传热。传热有三种模式，即热传导、热对流、热辐射。

1）热传导

在物质无相对位移的情况下，热量从物体温度较高的一部分沿着物体传到温度较低的部分的方式叫作热传导，它是固体间传热的主要方式。例如，冬天用手握一块冰，过一会就感觉到手冷了，这是因为通过热传导把热量从手里转到冰上了。

因为所有物质都是由基本的分子构成的，只要物体有温度，分子就处在不停的运动当中。温度越高，分子的能量也就越大，说明振动的能量越大。当临近的分子发生碰撞时，能量就会从能量高的分子向能量低的分子传输。从而，当存在温度梯度时，热传导的能量传输总是向温度降低的方向进行。

2）热对流

由于流体的宏观运动而引起的流体各部分之间发生相对位移，冷热流体相互掺混所引起的热量传递过程叫作热对流。例如，夏季打开空调，室内温度下降，就是空调释放出来的冷空气和室内原有的热空气对流，完成能量交换的结果。

热对流可分为强迫对流和自然对流。强迫对流是指在外界作用下产生的流体循环流动。自然对流是指由于温度不同而引起密度梯度变化，重力作用引起低温高密度流体自上而下、高温低密度流体自下而上的流动。

3）热辐射

物体以电磁辐射的形式把热能向外散发的传热方式叫作热辐射。例如，太阳就是通过热辐射给地球提供热量的。热辐射虽然也是热传递的一种方式，但它和热传导、热对流不同。它不依靠介质把热量直接从一个系统传给另一个系统，是在真空中最为有效的传热方式，也是远距离传热的主要方式。

不管物质处在何种状态（固态、气态、液态），只要物质有温度，都会以电磁波的形式向外辐射能量。这种能量的发射是由于组成物质的原子或分子中电子排列位置的改变造成的。温度越高，辐射越强。辐射的波长分布情况也随温度不同而变化，温度较低时，主要以不可见的红外光进行辐射，在 $500\,℃$ 至更高的温度时，则依次发射可见光至紫外辐射。

日常生活中，热传导、热对流和热辐射在同一物体上常常同时出现，以计算机芯片散热为例，热量通过导热胶以热传导的方式传递到散热片，然后通过热对流和热辐射将热量散发出去。

3. 热量的基本单位

热量的常用单位是卡路里（Calorie），缩写为 cal，简称卡。其定义是在 1 大气压下，将 1 g 水提升 $1\,℃$ 所需要的热量。热量的国际单位是焦耳（Joule），缩写是 J。两者之间的换算关系是：$1\ \text{cal} = 4.19\ \text{J}$。

4.1.2　温度

温度是表示物体冷热程度的物理量，微观上表征物体分子热运动的剧烈程度。温度只能通过物体随温度变化的某些特性来间接测量，而用来量度物体温度数值的标尺叫作温标。它规定了温度的读数起点（零点）和测量温度的基本单位。

1. 温标

温标是用数值表示温度的一整套规程，建立现代的温标必须具备三个条件。首先是有固定的温度点。物质是由分子组成的，在不同温度下会呈现固、液、气三相，利用物质的相平衡点可以作为温标的固定温度点，也称为基准点，它具有确定的温度值。例如，水的液相和固相平衡点称为冰点，它就具有固定的冰点温度值。其次是测温仪器。确定测温仪器的实质是确定测温质和测温量。例如，铂电阻温度传感器的测温质是铂金属丝，而测温量是电阻值。最后是温标方程，它是用来确定各固定点之间任意温度值的数学关系式。

随着人们认识的深入，温标也在不断地发展和完善，下面介绍常用的温标。

1) 经验温标

常见的经验温标有摄氏温标(℃)和华氏温标(℉)。

1714 年，德国人华氏以水银的体积随温度而变化为依据，制成了玻璃水银温度计，规定了氯化铵和冰的混合物为 0 ℉，水的沸点为 212 ℉，冰的熔点是 32 ℉，在沸点和冰点之间等分为 180 份，每份为 1 华氏度，构成了华氏温标。华氏温度用符号 F 表示。

1742 年，瑞典人摄氏规定水的冰点为 0℃，水的沸点为 100℃，两固定点之间等分为 100 份，每份为 1 摄氏度，构成了摄氏温标。摄氏温度用符号 C 表示。

摄氏温度和华氏温度的换算关系是：

$$F = \frac{9}{5}C + 32 \tag{4-1}$$

2) 热力学温标

1848 年，物理学家凯尔文首先提出建立一个与测温质无关的温标，即根据热力学第二定律来定义温度的热力学温标。这样就可以与任何特定物质的性质无关了。

热力学温标所确定的温度数值称为热力学温度，用符号 T 表示，单位是 K。定义水的三相点(固、液、气三相并存)的热力学温度标志数值为 273.16，取 $\frac{1}{273.16}$ 为 1 开尔文(K)。

热力学温度的起点为 0 K，所以它不可能为负值，且冰点是 273.15 K，沸点是 373.15 K。注意水的冰点和三相点是不同的，两者相差 0.01 K。

在实际使用中，通常在水的冰点以上的温度使用摄氏度，在冰点以下的温度使用热力学温度。热力学温度和摄氏温度的换算关系是：

$$T = C + 273.15 \tag{4-2}$$

如图 4-1 所示，热力学温度的变化间隔和摄氏温度的变化间隔一致，所以温度变化 1 K 等效于变化 1℃。

图 4-1　热力学温度和摄氏温度的转换

温度理论上的低点是 0 K(绝对零度)，根据热力学第三定律，绝对零度不可能达到。温度理论上的高点是 $1.416\,833 \times 10^{32}$ K (普朗克温度)，根据现代物理宇宙学，普朗克温度是宇宙大爆炸第一个瞬间的温度。

2. 温度测量方法

温度测量方法有接触式测温和非接触式测温两大类。接触式测温即温度敏感元件与被测对象接触，经过换热后两者温度相等，目前常用的接触式测温仪表有：

（1）膨胀式温度计。一种是利用液体和气体的热膨胀来测量温度，如玻璃液体温度计；一种是利用蒸气压力变化来测量温度，如定压气体温度计；一种是利用两种金属的热膨胀差来测量温度，如双金属温度计。

（2）热电阻温度计。它利用固体材料的电阻随温度而变化的原理来测量温度，如铂电阻、铜电阻和半导体热敏电阻等。

（3）热电偶温度计。它利用热电效应来测量温度。

（4）其他原理的温度。例如，基于半导体器件温度效应的集成温度传感器，基于晶体的固有频率随温度而变化的石英晶体传感器等。

接触式测温的测量方法直观，测量仪器简单、可靠。但如果测温质不能和被测对象充分接触，就不能达到充分的热平衡，使测温元件和被测对象的温度不一致，会带来测量误差。测温质必须与被测对象接触的要求，一方面会破坏被测对象的温度场分布，也会造成测量误差；另一方面，有些被测对象存在强烈的腐蚀性，特别是在高温时，对测温质的影响更大，从而不能保证测温质的可靠性和工作寿命。

非接触式测温时，测温质不与被测对象接触，只通过辐射能量进行热交换，由辐射能的大小来推算被测物体的温度，目前常用的非接触式测温仪器有：

（1）辐射式温度计。其测量原理是基于普朗克定理，如光电高温计、辐射传感器、比色温度计等。

（2）光纤式温度计。它是利用光纤的温度特性来实现对温度的测量，如光纤温度传感器、光纤辐射温度计。

非接触式测温仪器不与被测物体接触，不破坏原有的温度场，尤其适用于被测物体处于运动状态时。但非接触式测温的测量精度不高。

4.1.3 相关物理量计算

1. 比热容

比热容是热力学中常用的一个物理量，用来表示物质吸热或散热的能力。比热容是指某单位质量物质升高（或下降）单位温度所吸收（或放出）的热量。它的国际单位是 J/（kg·K），即令 1 kg 物质的温度上升 1 K（或 1℃）所需的热量，用符号 C 表示：

$$C = \frac{Q}{m \cdot \Delta T} \tag{4-3}$$

式中：

  Q——物体吸收（或放出）的热量；

  m——物体的质量；

  ΔT——物体的温度变化值。

不同的物质有不同的比热容，同一物质的比热容不随质量、形状的变化而变化。比热容越大，物质吸热或散热的能力就越强，常见物质的比热容如表 4-1 所示。

表 4 - 1 常见物质的比热容

物质	相态	比热容 J/（kg·K）
空气（室温）	气	1030
氢	气	14 000
氧	气	920
钢	固	450
铁	固	466
铜	固	385
银	固	235
水	液	4181
汽油	液	2200
乙醇	液	2460

[例 4 - 1] 室温下，将 55 g 纯银线圈加热，使其温度提高 50℃，计算需要吸收多少热量？

解 由题意可知

$$Q = cm\Delta T = 235 \times 0.055 \times 50 = 646.25 \text{ J}$$

2. 电阻热效应

众所周知，电子产品在使用过程中有发热现象，这是因为电子产品中的电阻流过电流产生的热效应，电流越大，热效应越强，其产生的热量可通过下式计算：

$$Q = Pt = I^2Rt \qquad (4-4)$$

[例 4 - 2] 一个 680 Ω 的电阻流过 622 mA 电流，持续 25 s 后，释放的热量是多少？

解 由题意可知

$$Q = I^2Rt = 0.622^2 \times 680 \times 25 \approx 6.58 \text{ kJ}$$

3. 热阻

热阻是反映阻止热量传递的能力。当热量在物体内部以热传导方式传递时，热阻是表述每瓦特热量转移到物体上，使物体温度升高的参量。热阻用符号 θ_T 表示，其计算公式如下：

$$\theta_T = \frac{\Delta T}{P} \qquad (4-5)$$

式中：

P——热传导到物体上的热量；

ΔT——物体的温度变化值。

[例 4 - 3] 已知功耗为 3 W 的功率晶体管外壳的温度值为 50℃。如果其结-壳热阻为 15℃/W，请确定该功率晶体管结处的温度。

解 由题意可知

$$\Delta T = P\theta_T = 3 \times 15 = 45\text{℃}$$

所以晶体管结处的温度为

$$45 + 50 = 95\text{℃}$$

4.2 膨胀式温度计

膨胀式温度计是利用液体或气体的热膨胀及物质的蒸气压力变化来指示温度的。膨胀式温度计有玻璃液体温度计、定压气体温度计和双金属温度计等。

4.2.1 玻璃液体温度计

玻璃液体温度计由温泡、玻璃毛细管和刻度标尺等组成,如图 4-2 所示。温泡和毛细管中装有某种液体,最常用的液体为汞、酒精和甲苯等。温度变化时毛细管内的液面直接指示出温度。

玻璃汞温度计的测量范围为 $-30 \sim 600\text{℃}$;用汞铊合金代替汞,测温下限可延伸到 -60℃;某些有机液体的测温下限可低达 -150℃。

玻璃液体温度计的主要缺点是:测温范围较小,玻璃有热滞现象(玻璃膨胀后不易恢复原状)等。

图 4-2 玻璃液体温度计

4.2.2 定压气体温度计

定压气体温度计是对一定质量的气体保持其压强不变,采用体积作为温度的标志。它只用于测量热力学温度(见热力学温标),很少用于实际的温度测量。

4.2.3 双金属温度计

双金属温度计是把两种膨胀系数不同的金属组合在一起,一端固定,当温度变化时,因两种金属的伸长率不同,另一端产生位移,带动指针偏转以指示温度。

工业用双金属温度计由测温杆(包括感温元件和保护管)和表盘(包括指针、刻度盘和玻璃护面)组成,如图 4-3 所示。

图 4-3 双金属温度计

双金属温度计的测温范围为 $-80\sim600℃$，适用于工业上精度要求不高时的温度测量。

4.3 热电阻温度计

热电阻温度计是利用导体、半导体的电阻率随温度变化而变化的原理制成的，实现了将温度变化转化为元件电阻的变化。根据测温元件材料的不同，热电阻温度计可分为金属热电阻温度计和半导体热敏电阻温度计两大类。

4.3.1 金属热电阻温度计

金属热电阻是由电阻体、绝缘套管和接线盒等部件组成的，其中电阻体是金属热电阻最主要的部分。虽然各种金属材料的电阻率均随温度变化，但作为热电阻的材料，则要求电阻具有以下特点：

(1) 高温度系数，以便提高热电阻的灵敏度；

(2) 高电阻率，以便在相同灵敏度下减小电阻及尺寸；

(3) 低热容量，以便提高热电阻的响应速度；

(4) 在较宽的测量范围内具有稳定的物理和化学性能。

金属热电阻的主要参数如下：

(1) 额定电流。额定电流是指在测量电阻值时，允许在元件内持续通过的最大电流，一般是 $2\sim5$ mA。

(2) 非线性误差。非线性误差是指在 $0\sim200℃$ 量程内，归一化后的最大非线性误差。

(3) 电阻率温度系数。电阻率温度系数是指当温度每升高 $1℃$ 时，电阻增大的百分数，用符号 α 表示。例如，铂的温度系数是 $0.003\,74/℃$。说明在 $0℃$ 时，一个 $1000\,\Omega$ 的铂电阻，当温度升高到 $1℃$ 时，它的电阻会变为 $1003.74\,\Omega$。常见金属电阻率温度系数见表 4-2。

表 4-2 常见金属电阻率温度系数

材料	铝	铂	铜	银	镍	锌
温度系数 $\alpha/(0℃)$	0.003 81	0.003 74	0.004 28	0.004 08	0.006 18	0.003 85

金属热电阻采用正温度系数电阻（Positive Temperature Coefficient of resistance，PTC），不仅要具有良好的线性输出特性曲线（见图 4-4）；还要具有良好的可加工性，且价格便宜，便于批量生产。

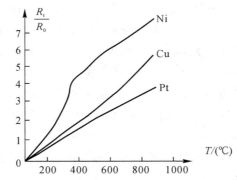

图 4 - 4　不同金属材质阻值与温度变化的线性相关性

1. 铂电阻

金属铂的物理化学性能非常稳定，是目前制造热电阻的最佳材料。铂电阻温度计（如图 4 - 5 所示）是目前测温复现性最好的一种温度计，其复现性可达 10^{-4} K，广泛应用于工业温度在线测量。

工业上常用铂电阻作为测温传感器，通常将其和显示、记录、调节仪表配套使用，可直接测量各种生产过程中-200～800 ℃范围内的液体、气体的温度，也可以测量物体的表面温度。

图 4 - 5　工业用铂电阻温度计

在 0～660 ℃量程内，铂电阻的电阻值与温度的关系如下：

$$R_t = R_0(1 + At + Bt^2) \tag{4 - 6}$$

式中：R_t——t℃时的电阻值；

　　R_0——0℃时的电阻值；

　　$A = 3.91 \times 10^{-3}/$℃，$B = -5.85 \times 10^{-7}/$℃^{2}。

[例 4 - 4]　铂电阻温度计在 0℃时的电阻值为 100 Ω，求其分别在 100℃和 200℃时的电阻值。

　　解　由题意可知：

　　　　$R_{100} = 100(1 + 3.91 \times 10^{-3} \times 100 - 5.85 \times 10^{-7} \times 100^2) = 138.515$ Ω

　　　　$R_{200} = 100(1 + 3.91 \times 10^{-3} \times 200 - 5.85 \times 10^{-7} \times 200^2) = 175.86$ Ω

由公式（4 - 5）可知，铂电阻的电阻值与温度 t 和初始电阻值 R_0 有关，不同的 R_0，R_t 与 t

的对应关系不同。目前工业铂电阻的R_0值有 10 Ω、50 Ω、100 Ω 和 1000 Ω，其对应的分度号分别为 Pt10、Pt50、Pt100、Pt1000，其中获得广泛运用的是 Pt100。

热电阻的阻值和温度关系可制成表格，称为分度表。在实际测量中只要测得铂电阻的阻值R_t，便可从通过查询分度表，找出对应的温度值。

铂电阻的优点是检测精度高、稳定性好、性能可靠、复现性好。在氧化性介质中，即使在高温下，仍具有稳定的物理、化学性能。精密铂电阻温度计目前是测量准确度最高的温度计，最高准确度可达万分之一摄氏度。所以国际标准 IPTS - 68 规定，在 $-259.34 \sim$ 630.74℃范围内，铂电阻温度计是复现国际实用温标的基准温度计，用它作为标准来检定水银温度计和其他类型温度计。

铂电阻的缺点是电阻温度系数小，在还原性介质中，尤其是在高温下，易被从氧化物中还原出来的蒸气污染，使铂丝变脆，从而改变其电阻与温度之间的关系。此外，金属铂属于贵重金属，资源少，价格贵。

2. 铜电阻

由于铂是贵重金属，因此在一些测量精度要求不高，温度较低的场合，普遍采用铜电阻进行温度的测量。工业用铜电阻温度计如图 4-6 所示。

在 $-50 \sim 150$℃量程内，铜电阻的电阻值与温度的关系如下：

$$R_t = R_0(1 + At + Bt^2 + Ct^3) \tag{4-7}$$

式中：R_t——t℃时的电阻值；

$\quad\quad R_0$——0℃时的电阻值；

$\quad\quad A = 4.29 \times 10^{-3}/℃$，$B = -2.13 \times 10^{-7}/℃^2$，$C = 1.23 \times 10^{-9}/℃^3$。

图 4-6　工业用铜电阻温度计

与铂相比，铜的电阻率低，电阻的体积大，当温度高于 100 ℃时，铜电阻容易氧化，故其适用于温度较低和没有腐蚀性的环境中。目前工业铜电阻的R_0值有 50 Ω 和 100 Ω 两种，分度号分别为 Cu50 和 Cu100。

4.3.2　半导体热敏电阻温度计

半导体热敏电阻温度计采用半导体器件，根据电阻随温度变化的规律来测定温度。热敏电阻以负温度系数电阻(Negative Temperature Coefficient of resistance，NTC)为主，适用于-100℃~ 300℃之间的测温。

1. 热敏电阻的温度特性

与金属热电阻相比，热敏电阻具有如下特点：

（1）电阻率温度系数比金属热电阻要大 10～100 倍，灵敏度很高；

（2）电阻率大，可以制成极小的电阻元件，体积小，目前最小的珠状热敏电阻的直径仅有 0.2 mm，适用于测量点温、表面温度；

（3）结构简单，机械性能好。

在 0～300℃量程内，热敏电阻的电阻值与温度的关系如下：

$$R_\mathrm{T} = R_0\,\mathrm{e}^{\beta\left(\frac{1}{T}-\frac{1}{T_0}\right)} \tag{4-8}$$

式中：R_T——T K 时的电阻值；

　　　R_0——0 K 时的电阻值；

　　　β——热敏电阻的材料常数，一般为 2000～6000 K。

电阻率温度系数 α：

$$\alpha = \frac{1}{R}\frac{\mathrm{d}R}{\mathrm{d}T} = -\frac{\beta}{T^2} \tag{4-9}$$

［例 4-5］　一半导体热敏电阻，其 β 取为 4000 K，求温度为 20℃时，该热敏电阻的电阻率温度系数。

解　由题意可知：

$$\alpha = -\frac{\beta}{T^2} = -\frac{4000}{293.15^2} = -0.047/\mathrm{K}$$

从例 4-5 可知，半导体热敏电阻的电阻率温度系数远高于金属热电阻的电阻率温度系数，所以它非常适合测量温度变化微弱的物体。

2. 热敏电阻的结构

热敏电阻主要由热敏探头、引线、壳体等构成，通常为二端器件，也有做成三端或四端器件的。二端和三端器件属于直热型，四端器件属于旁热型。

根据不同的使用要求，可以把热敏电阻做成不同的形状和结构，其典型结构如图 4-7 所示。陶瓷工艺技术的进步，使热敏电阻体积超小型化得以实现，目前已可以生产出直径 0.5 mm 以下的珠状和松叶状热敏电阻。

图 4-7　热敏电阻

3. 热敏电阻的基本连接方式

常见的热敏电阻连接方式如图 4-8 所示。

图 4-8 中，热敏电阻 R_T 与电阻 R_S 并联，构成简单的线性电路，通常取 R_S 的阻值为 R_T 阻值的 0.35 倍。在 50℃以下的范围，该电路非线性可抑制在 ±1% 以内。

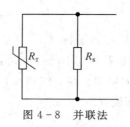

图 4 - 8　并联法

图 4 - 9 是合成电阻法，它适用于较宽的温度测量范围，测量精度也较高。

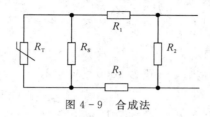

图 4 - 9　合成法

4.4　热电偶温度计

热电偶温度计是基于热电效应原理的测温传感器。它的测温范围宽，一般为 $-50 \sim$ $1600\,℃$，最高的可达到 $3000\,℃$，并有较高的测量精度。另外，它具有结构简单、制造方便、热惯性小、输出信号便于远距离传输等优点，是工业上最常用的温度检测元件之一。

1．热电偶的结构

热电偶由两种不同材料的金属丝组成。两种导体材料 A、B 的一端焊接在一起形成工作端，置于被测温度处；另一端称为自由端，与测量仪表相连，形成一个封闭回路，如图 4 - 10 所示。图中导体 A、B 称为热电极；接点 T 是工作端，又称热端，接点 T_{ref} 是自由端，又称冷端。

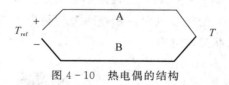

图 4 - 10　热电偶的结构

当工作端与自由端的温度不同时，回路中就会出现热电动势。可以证明，当 T 端温度大于 T_{ref} 端温度时，有

$$E_{\mathrm{AB}}(T,\ T_{\mathrm{ref}}) = f(T) - f(T_{\mathrm{ref}}) \tag{4-10}$$

当自由端温度固定（如等于 $0\,℃$）时，热电偶产生的电动势就由工作端的温度决定。

2．热电偶的基本定律

热电偶满足如下基本定律：

1）匀质导体定律

由一种匀质导体所组成的闭合回路，不论导体的截面积如何及导体各处的温度分布如何，都不能产生热电势。这说明热电偶必须采用两种不同材质的导体组成，且热电偶的热电势仅与两接点的温度有关，而与沿热电极的温度分布无关。如果热电偶的热电极是非匀质导体，在不均匀温度场中测温时，将造成测量误差。

2）中间导体定律

在热电偶回路中，冷端接入与 A、B 两热电极不同的另一种导体 C，只要中间导体 C 的两端温度相同，热电偶回路总电势不受中间导体接入的影响。这点对于热电偶的应用十分重要，因为在测量回路热电势时，需要接入测量仪表，仪表肯定含有导线等其他类导体 C，而中间导体定律可证明，仪表中其他类导体 C 的接入不会引起回路热电势的变化。

3）中间温度定律

热电偶回路两接点(T, T_{ref})间的热电势等于热电偶在温度为(T, T_0)时的热电势与在温度为(T_0, T_{ref})时热电势的代数和，其中T_0为中间接点温度，即

$$E_{AB}(T, T_{ref}) = E_{AB}(T, T_0) + E_{AB}(T_0, T_{ref}) \qquad (4-11)$$

3. 热电偶冷端补偿法

根据热电偶的工作原理可知，使用热电偶测温时，冷端温度必须恒定在 0℃。而在实际使用中，若冷端不能保持在 0℃ 或冷端温度随温度环境变化，则将带来测量误差。因此，需要对热电偶的冷端进行温度补偿。

如果热电偶的冷端温度$T_{ref} \neq 0℃$，但环境温度稳定，则根据中间温度定律，对热电势进行修正：

$$E_{AB}(T, 0) = E_{AB}(T, T_{ref}) + E_{AB}(T_{ref}, 0) \qquad (4-12)$$

式中：$E_{AB}(T, 0)$——测量端温度为 T ℃、冷端温度为 0℃ 时的热电势；

$E_{AB}(T, T_{ref})$——测量端温度为 T ℃、冷端温度为$T_{ref} \neq 0℃$时的热电势；

$E_{AB}(T_{ref}, 0)$——测量端温度为T_{ref}℃，冷端温度为 0℃ 时的热电势。

若热电偶的冷端温度不稳定，则可把冷端放在装有绝缘油的试管中，再将试管放入装满冰水混合物的保温容器中（如图 4-11 所示），这样可使冷端保持在 0℃，消除误差。

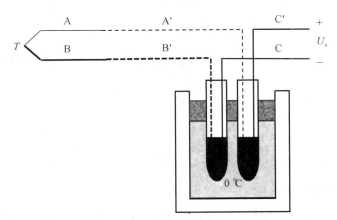

图 4-11 采用 0℃ 恒温补偿法的热电偶测温系统

0℃ 恒温补偿法适用于实验室中的精确测量和检定热电偶，但它不适用于现场测量。

4.5 集成温度计

集成温度计是将三极管的 b-e 结作为温度敏感元件，加上信号放大、调理电路、A/D 转换电路集成在一个芯片上制成的。集成温度计具有体积小、使用简单、价格便宜、灵敏度高的特点，测温范围为 $-50\sim150℃$。集成温度计可分为模拟集成型和数字集成型两大类。

1. 模拟集成温度传感器

根据输出信号的种类，模拟集成温度传感器主要有电压输出型和电流输出型。

1）模拟电压输出型

美国国家半导体公司的 LMX35 是典型的模拟电压输出型集成温度传感器系列，它包括 LM135、LM235、LM335 等多种型号，具有不同的测温范围，LMX35 的温度系数为 $0.01V/℃$。

LMX35 的使用十分方便，如图 4-12 所示，其输入引脚 1 接 $4\sim30$ V 电源、3 脚接地，2 脚就是对应温度的转换输出电压。该电路的测温范围为 $2\sim150℃$。

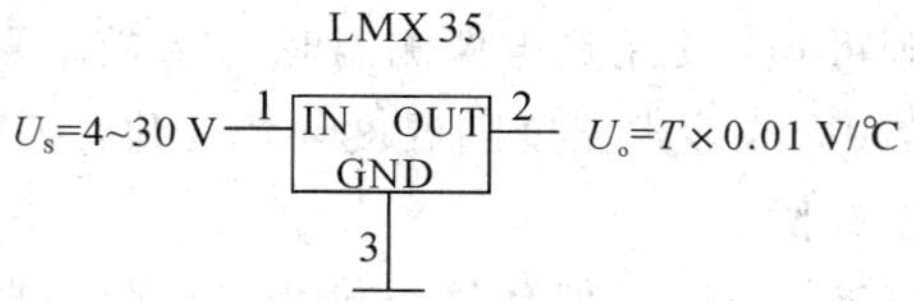

LMX 35

$U_s=4\sim30$ V   1 | IN   OUT | 2 $U_o=T\times0.01$ V/℃
GND
3

图 4-12 LMX35 应用电路

2）模拟电流输出型

美国 ANALOG DEVICES 公司的 AD590 是典型的电流输出型集成温度传感器，测温范围为 $-50\sim150℃$。AD590 电流随温度的线性变化非常好，其温度系数为 $1\ \mu A/K$，输出电流与温度成正比。

AD590 典型应用电路如图 4-13 所示。AD590 与电阻串联，可将输出电流信号转换成电压信号，如果电阻阻值选取为 $1\ k\Omega$，则输出电压的灵敏度可达 $1\ mV/K$。

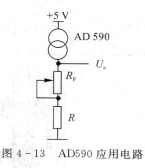

图 4-13 AD590 应用电路

2. 数字集成温度传感器

数字集成温度传感器又称智能温度传感器，它内含温度传感器、A/D 转换电路、存储电路和接口电路，采用数字化技术，能以数据形式输出被测温度值，可配合微处理器工作。

数字集成温度传感器按照输出的串行总线类型可以分为单总线型（DS18B20）、二总线型(I^2C 总线，AD7416)和三总线型(SPI 总线，LM74)。

DS18B20 是美国 DALLAS 半导体公司推出的一种单总线型数字温度传感器，它将温度传感器、信号调理电路、A/D 转换器等部件集于一体，其特点如下：

（1）与微处理器接口采用单线总线接口，接线简单，无需外围短路；

（2）体积小，精度高(默认 12 位时，精度可以达到 0.625℃)，功能强，使用方便，可广泛应用于工业、民用、军事等领域的温度测量及控制仪器、测量系统和大型设备中。

DS18B20 常见的有 PR-35 封装和 SOSI 封装形式，如图 4-14 所示。

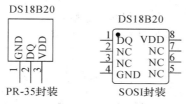

图 4-14　DS18B20 的封装类型

DS18B20 的 DQ 端是数据输入输出端(单总线)，属于漏极开路输出，外接上拉电阻后，如图 4-15 所示，典型值为 5.1 kΩ 或 4.7 kΩ，常态下呈高电平，VDD 为外接供电电源输入端，GND 接地。

DS18B20 通过 DQ 端与微处理器直接连接，可实现微处理器与 DS18B20 的双向通信。

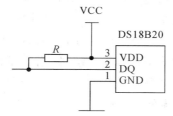

图 4-15　DS18B20 与微处理器的接线图

根据 DS18B20 的通信协议，主机控制 DS18B20 完成温度转换有三个步骤：首先，在每一次读写之前，主机都要先对 DS18B20 进行一次初始化复位操作。其次，在初始化复位成功后，主机发送一条 ROM 指令来寻找要通信的 DS18B20。最后，发送 RAM 功能指令读取温度。

主机每次访问 DS18B20，都要严格遵守上述命令序列，若序列混乱，则单总线器件不会回应主机。

1）初始化

初始化过程中由主机发出的复位脉冲和从机 DS18B20 响应的应答脉冲组成。应答脉冲使主机知道，总线上有 DS18B20 从机设备，且准备就绪。

2）ROM 指令

微处理器总线可以挂多个器件，由于只有一条线，那么如何区分不同的器件呢？在每个 DS18B20 内部都有一个唯一的 64 位长的序列号，这个序列号值存在于 DS18B20 内部的 ROM 中。开始 8 位是产品类型编码(DS18B20 是 0x10)，接着 48 位是每个器件唯一的序号，最后 8 位是 CRC 校验码。理论上，一条总线上可以挂 2^{48} 片 DS18B20，这些 DS18B20 可以放在不同的地点，测量不同位置的温度。

微处理器需要通过 ROM 命令读取 DS18B20 的序列号来区分、采集不同的温度信息。如果总线上只接一个 DS18B20 器件，这一步可以用跳过 ROM 指令跳过。ROM 指令详见表 4-3。

表 4-3　ROM 指令

指令	约定代码	功　　能
读 ROM	0x33H	读 DS18B20 温度传感器 ROM 中的编码（64 位地址）
符合 ROM	0x55H	发出此命令之后，接着发出 64 位 ROM 编码，访问单总线上与该编码相对应的 DS18B20，使之作出响应，为下一步对该 DS18B20 的读写做准备
搜索 ROM	0xFOH	用于确定挂接在同一总线上 DS18B20 的个数和识别 64 位 ROM 地址，为操作各器件做好准备
跳过 ROM	0xCCH	忽略 64 位 ROM 地址，直接向 DS18B20 发出温度变换命令，适用于单片工作
告警搜索命令	0xECH	执行后只有温度超过设定值上限或下限，片子才响应

3) RAM 功能指令

RAM 功能指令主要有两个功能。首先，发送启动温度转换的指令，DS18B20 收到指令后，开始进行温度转换。转换时间的长短取决于 DS18B20 的精度。12 位精度转换时长为 750 ms，9 位精度转换时长为 93.75 ms。转换的结果存入 DS18B20 内部 RAM 中。其次，发送读取 RAM 数据的指令，将温度值传回微处理器。除了这两个重要功能外，RAM 功能指令还包括为防止掉电，导致 RAM 数据丢失，将其写入 E^2PROM 的指令，以及设定上、下限温度报警指令等。RAM 指令详见表 4-4。

表 4-4　RAM 指令

指令	约定代码	功　　能
温度变换	0x44H	启动 DS1820 进行温度转换。12 位转换时长为 750 ms（9 位为 93.75 ms）。转换结果存入内部 RAM 中
读暂存器	0xBEH	读取内部 RAM 中 9 个字节的内容
写暂存器	0x4EH	发出向内部 RAM 的 TH、TL 字节写上、下限温度数据命令，紧跟该命令之后，是传送两字节的数据
复制暂存器	0x48H	将 RAM 的 TH、TL 字节内容复制到 E^2PROM 中
重调 E^2PROM	0xB8H	将 E^2PROM 中的内容恢复到 RAM 的 TH、TL 字节
读供电方式	0xB4H	读 DS18B20 的供电模式。寄生供电时，DS18B20 发送"0"；外接电源供电时，DS18B20 发送"1"

4.5 非接触测温

4.5.1 光学高温计

光学高温计是目前工业中应用较广的一种非接触式测温仪表。精密光学高温计用于科学实验中的精密测试。标准光学高温计用于量值的传递，如在物质熔点、热熔点和相变点的测定实验中使用。

光学高温计可以用来测量 $800\sim3200℃$ 的高温，由于高温计是以黑体（能吸收全部辐射，既无反射也无透射的物体）的光辐射亮度来刻度的，如果被测物体为非黑体就会出现偏差，因此在同一温度下，非黑体的光辐射亮度比黑体低，从而造成了用光学高温计测量非黑体的温度比真实温度偏低，为了校正这个偏差，需要引入亮度温度（T_L）的概念。

若被测物体为非黑体，在同一波长下的光谱辐射亮度同绝对黑体的光谱辐射亮度相等，则黑体的温度称为被测物体在波长为 λ 时的亮度温度，即

$$\frac{1}{T_L} - \frac{1}{T} = \frac{\lambda}{c_2}\ln\frac{1}{\varepsilon_{\lambda T}} \tag{4-13}$$

式中：T_L——亮度温度；

$\quad\quad T$——物体的真实温度；

$\quad\quad \lambda$——波长；

$\quad\quad c_2$——第二辐射常量；

$\quad\quad \varepsilon_{\lambda T}$——被测物体在波长为 λ、温度为 T 时刻的单色黑度系数。

若已知被测物体的单色黑度系数 $\varepsilon_{\lambda T}$，就可以由式（4-13），通过亮度温度 T_L 求出被测物体的真实温度。

工业用光学高温计分为两种，一种是隐丝式，另一种是恒定亮度式。隐丝式光学高温计是利用调节电阻来改变高温灯泡的工作电流，当灯泡的亮度与被测物体的亮度一致时，灯泡的亮度就代表了被测物体的亮度温度。恒定亮度式光学高温计是利用减光楔来改变被测物体的亮度，使它与恒定亮度温度的高温灯泡相比较，当两者的亮度相等时，根据减光楔旋转的角度来确定被测物体的亮度温度。由于隐丝式光学高温计的结构和使用方法都优于恒定亮度式，所以应用更广泛。

4.5.2 声学测温法

由热力学中声波运动方程和气体状态方程可知，声波在介质中的传播速度与介质温度有一定的关系，具体可以用下述公式近似描述：

$$C = \sqrt{\frac{KR}{M}T} = Z\sqrt{T} \tag{4-14}$$

式中：C——声波在介质中的传播速度（m/s）；

$\quad\quad R$——气体常数，等于 8.314 J/(mol·K)；

K——气体的绝热指数，等于定压比热容与定容比热容之比；

M——气体的分子量(kg/mol)；

T——气体的温度(K)；

Z——对特定气体是常数，$Z=\sqrt{\dfrac{KR}{M}}$。

因此，特定气体中声速的平方与开尔文温度成正比。按照这个原理来测量温度的仪表称为声学温度计，它主要用于低温下热力学温度的测定。

习　题

4-1　需要吸收多少热量才把 36 g 铜块的温度提升 60℃？

4-2　2.1 kg 钢丝吸收了 3.7 kJ 的热量后，其温度会上升多少度？

4-3　890 Ω 电阻流过 690 mA 电流，通电 150 s，请问电阻释放了多少热量？

4-4　1000 Ω 电阻流过 1.3 A 电流，若要释放 58 kJ 的热量，请问需要维持通电多长时间？

4-5　已知功耗为 5 W 的功率晶体管外壳的温度值为 55℃。如果其结-壳热阻为 12℃/W，请确定该功率晶体管结处的温度。

4-6　某水银温度计在测量冰点和沸点时，水银柱的长度分别为 2.5 cm 和 20.5 cm。请问该水银温度计的量程是多少？当环境温度是 348 K 时，求水银柱对应的长度？当水银柱的柱长是 3.4 cm 时，求相应的开尔文温度？

4-7　摄氏温标下的 60℃对应华氏温标的温度是多少？

4-8　铂电阻温度计在 0℃时的电阻值为 100 Ω，求其在 50℃时的电阻值。

4-9　热敏电阻在温度为 273.15 K 时的电阻为 1720 Ω，其热敏电阻常数 $\beta=3050$ K。测定它在温度为 400 K 时的电阻值和电阻率温度系数。

4-10　为什么热电偶需要冷端补偿？冷端补偿有哪些方法？

4-11　AD590 温度传感器是模拟型还是数字型？是电压输出型还是电流输出型？

4-12　DS18B20 完成温度转换的步骤是什么？理论上一条总线上最多可以接几个 DS18B20？

第 5 章　力 的 测 量

5.1　力、压强和应变

5.1.1　力

力是物体与物体之间的相互作用方式。力的大小、方向和作用点是力的三要素。

1. 力的性质

力具有物质性、相互性、矢量性、同时性和独立性。

物质性：力是物体对物体的作用，一个物体受到力的作用，一定有另一个物体对它施加这种作用，力是不能摆脱物体而独立存在的。

相互性：任何两个物体之间的作用总是相互的，施力物体同时也一定是受力物体。只要一个物体对另一个物体施加了力，受力物体反过来也肯定会给施力物体增加一个力。

矢量性：力是矢量，既有大小又有方向。

同时性：力同时产生，也同时消失。

独立性：一个力的作用并不影响另一个力的作用。

2. 力的效果

1）胡克定律

力作用于弹性物体上，如弹簧，可使弹簧发生弹性形变，形变的大小应满足胡克定律，即

$$F = kx \tag{5-1}$$

式中：k——常数，是物体的胡克定律倔强系数，由材料的性质所决定，倔强系数在数值上等于弹簧伸长（或缩短）单位长度时的弹力，其单位是牛/米（N/m）；

x——弹簧的形变量，其单位是米（m）；

F——作用于物体的力，其单位是牛（N）。

式（5-1）说明弹簧在发生弹性形变时，弹簧的弹力 F 和弹簧的伸长量（或压缩量）x 成正比。

2）牛顿第二定律

力作用于刚性物体上，会改变物体的动能，使物体的加速度发生变化，即

$$F = ma \tag{5-2}$$

式中：m——物体的质量，其单位是千克（kg）。

F——作用于物体的力，其单位是牛（N）。

所以 1 N＝1 kg·m/s²。

式(5－2)说明物体的加速度跟物体所受的外力成正比，跟物体的质量成反比，加速度的方向跟外力的方向相同。

[例 5－1] 如果对一个 850 kg 的物体施加 2.5 kN 的力，求它获得的加速度。

解 由题意可知

$$a = \frac{F}{m} = \frac{2500}{850} = 2.94 \text{ kg} \cdot \text{m/s}^2$$

3．力的分类

根据力的性质，力可分为重力、万有引力、弹力、摩擦力、分子力、电磁力、核力等。

注意：（重力不等同于万有引力，重力是地球对物体万有引力的一个分力，另一个分力是向心力，只有在赤道上重力方向才指向地心。）

根据力的效果，力可分为拉力、张力、压力、支持力、动力、阻力、向心力、回复力等。

根据研究对象，力可分为外力和内力。

根据力的相互作用方式，力可分为引力相互作用、电磁力相互作用、强相互作用、弱相互作用。

5.1.2 压强和应力

1．压强

物理学中，把垂直作用在物体表面上的力叫作压力，把物体表面受到的压力与受力面积的比叫作压强。压强的计算公式是：

$$P = \frac{F}{S} \tag{5－3}$$

压强的国际单位是帕斯卡，简称帕，符号是 Pa，且

$$1 \text{ Pa} = 1 \text{ N/m}^2$$

压力和压强是两个截然不同的概念。压力是支持面上所受到的并垂直于支持面的作用力，跟支持面面积、受力面积的大小无关。压强是物体单位面积受到的压力，跟受力面积有关。

当受力面积一定时，压强随着压力的增大而增大，此时压强与压力成正比。

同一压力作用在支撑物的表面上，若受力面积不同，所产生的压强大小也有所不同。受力面积小时，压强大；受力面积大时，压强小。

2．应力

物体受外力而变形时，在物体内各部分之间会产生相互作用的内力，而单位面积上的内力称为应力，用符号 σ 表示，应力是一个矢量，沿截面的法向分量称为正应力，沿切向的分量称为剪应力。

应力的单位是帕斯卡，应避免把它和压力混淆了。

[例 5－2] 对横截面积为 3.8 cm² 的木杆施加 4.5 kN 的力，求杆的应力大小。

解　由题意可知

$$\sigma = \frac{F}{S} = \frac{4500}{3.8 \times 10^{-4}} = 11.84 \text{ MPa}$$

5.1.3　应变

物体受到外力而发生的伸长、缩短、弯曲等变化称为应变（ε）。应变分为弹性应变和塑性应变两种。当外力撤消后，若物体能恢复原状，则这样的形变叫作弹性应变，如弹簧的应变等。当外力撤消后，若物体不能恢复原状，则这样的形变叫作塑性应变，如橡皮泥的应变等。这里主要讨论弹性应变。

应变的计算公式为

$$\varepsilon = \frac{\Delta L}{L} \tag{5-4}$$

式中：L——物体本来的长度；

　　　　ΔL——在应力作用下所增加或减小的长度。

应变无单位量纲。将应力除以应变，就得到了物体的纵向弹性模量，又称杨氏模量，用符号 E 表示，即

$$E = \frac{\sigma}{\varepsilon} \tag{5-5}$$

5.2　力的测量方法

5.2.1　电容式压力传感器

电容式压力传感器是一种利用电容敏感元件将被测压力转换成与之成一定关系的电量输出的压力传感器，如图 5-1 所示。

图 5-1　电容式压力传感器

平板电容的电容量计算公式如下：

$$C = \frac{\varepsilon S}{d} \tag{5-6}$$

式中：S——两平板覆盖的面积；

d——两平板之间的距离；

ε——电容极间介质的介电常数，它满足

$$\varepsilon = \varepsilon_0 \, \varepsilon_r \qquad\qquad (5-7)$$

这里，ε_0 是真空介电常数（等于 8.85×10^{-12} F/m），ε_r 为电容极间介质的相对介电常数。

图 5-1 所示的电容式压力传感器的电容极板有两块，一块固定不动，另一块采用圆形金属薄膜或镀金属薄膜，当薄膜感受压力而变形时，两极板之间的距离 d 发生变化。假设变化量是 Δd，则

$$C' = \frac{\varepsilon S}{d \pm \Delta d} = \frac{\dfrac{\varepsilon S}{d}}{1 \pm \dfrac{\Delta d}{d}} = \frac{C\left(1 \mp \dfrac{\Delta d}{d}\right)}{1 - \left(\dfrac{\Delta d}{d}\right)^2} \qquad\qquad (5-8)$$

当 $\left(\dfrac{\Delta d}{d}\right)^2 \ll 1$ 时，式 (5-8) 可简化为

$$C' = C\left(1 \mp \frac{\Delta d}{d}\right) \qquad\qquad (5-9)$$

令 $\Delta C = C' - C$，则

$$\Delta C = \mp \frac{\Delta d}{d} \qquad\qquad (5-10)$$

即电容的变化量和两极板之间的距离 d 呈线性关系，但要满足 Δd 足够小的条件。

电容式压力传感器的优点如下：

（1）因为电容量的变化和电极材料无关，所以温度稳定性好。

（2）结构简单，能承受高压、过载等情况。

（3）价格便宜。

电容式压力传感器的缺点是：因为输出阻抗高，所以带负载能力差；易受寄生电容影响。

5.2.2　压电式压力传感器

压电式压力传感器是一种典型的发电型传感器，如图 5-2 所示，其传感元件是压电晶体。压电式压力传感器以压电晶体的压电效应为转换机理实现力到电量的转换。

图 5-2　压电式压力传感器

压电式压力传感器可以对各种动态力、机械冲击和振动进行测量，在声学、医学、力学、导航方面都得到了广泛的应用。

1. 正压电效应

压电式压力传感器是基于正压电效应的传感器。所谓正压电效应是指当压电晶体受到某固定方向外力的作用时，内部产生电极化现象，同时在其表面（该表面称为极化面）上产生极性相反的等量电荷，当外力撤去后，压电晶体又恢复成不带电的状态，如图 5-3 所示。

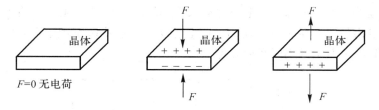

图 5-3　正压电效应示意图

因为压电晶体受力所产生的电荷量与外界机械压力的大小成正比，所以随着外力的改变，晶体极化面上的电荷就会发生相应的变化，这等效于电容器的充放电过程，因此可以将压电晶体看作一个等效的电容器件。设压电晶体的厚度为 d，极化面的面积为 S，介电常数为 ε，则这个等效电容的容量为

$$C_a = \frac{\varepsilon S}{d} \qquad (5-11)$$

此外，外力作用于压电晶体表面，产生电荷量 Q，其大小为

$$Q = d_{11}F \qquad (5-12)$$

式中：d_{11}——压电系数。

因此可将压电晶体等效为一个受外力控制的电流源，如图 5-4 所示。

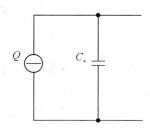

图 5-4　压电晶体的等效电流源

又因为

$$U_a = \frac{Q}{C_a} \qquad (5-13)$$

所以还可将压电晶体等效为一个受控电压源，输出电压大小为

$$U_a = \frac{Q}{C_a} = \frac{d_{11}F \cdot d}{\varepsilon S} \qquad (5-14)$$

因此，压电式压力传感器可以等效为图 5-5 所示的理想电压源。

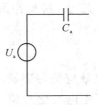

图 5-5　压电晶体的等效电压源

　　但在实际应用中，要考虑对地的绝缘电阻R_a、信号连接线的分布电容C_c，若与后续测量放大电路相连接，还要考虑测量电路的输入阻抗Z_i（R_i、C_i）等。它们的存在对压电晶体本来就很微弱的输出信号产生不可忽视的影响，所以考虑这些影响因素后，压电晶体就变为图 5-6 或者图 5-7 所示的实际等效电路。

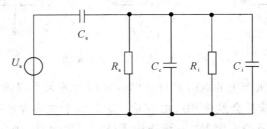

图 5-6　电压源实际等效电路

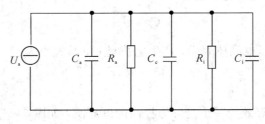

图 5-7　电流源实际等效电路

2. 测量电路

　　由于压电式压力传感器有很高的输出电阻和很低的输出能量，因此压电式压力传感器的输出需要接入一个前置放大器来实现阻抗匹配和信号放大。阻抗匹配是指把压电式压力传感器的高输出阻抗变化为低输出阻抗，信号放大是指把压电式压力传感器输出的微弱电压信号进行线性放大。

　　压电式压力传感器的输出可以是电压信号，也可以是电流信号，因此前置放大器也有两种，电压放大器和电荷放大器。

　　1）电压放大器

　　压电晶体受力后极化面产生电荷，形成电压信号输出。该电压信号经电压放大器放大后就成为正比于所受外力的电信号输出。电压放大器电路如图 5-8 所示。

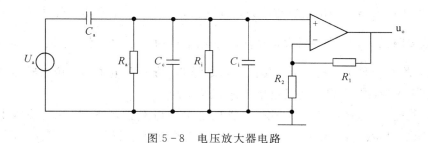

图 5-8　电压放大器电路

为方便分析,将图 5-8 转化为图 5-9 所示的等效电路。

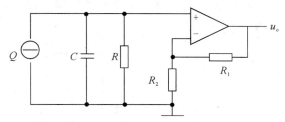

图 5-9　电压放大器等效分析电路

在图 5-9 中,等效电阻 $R=\dfrac{R_a R_i}{R_a+R_i}$,等效电容 $C=C_a+C_c+C_i$。由等效电路图可知,运放的输入电压 U_i 为

$$U_i = i\,\frac{R}{1+\mathrm{j}\omega RC} \tag{5-15}$$

假设作用在压电式压力传感器的交变力是 $F=F_m\sin\omega t$,压电式压力传感器的压电系数为 d_{11},则

$$i = \frac{\mathrm{d}Q}{\mathrm{d}t} = \frac{d_{11}\mathrm{d}F}{\mathrm{d}t} = d_{11}F_m\omega\cos\omega t \tag{5-16}$$

将式(5-16)写成复数形式为

$$i = \mathrm{j}\omega\, d_{11}\, F_m \tag{5-17}$$

将式(5-17)代入式(5-15)得

$$U_i = d_{11} F_m\,\frac{\mathrm{j}\omega R}{1+\mathrm{j}\omega RC} \tag{5-18}$$

由运算放大器构成的同相比例放大器的特性可知

$$U_o = \left(1+\frac{R_1}{R_2}\right)U_i = \left(1+\frac{R_1}{R_2}\right)d_{11}F_m\,\frac{\mathrm{j}\omega R}{1+\mathrm{j}\omega RC} \tag{5-19}$$

令 $\omega_0=\dfrac{1}{RC}$,根据式(5-19)可以得出电压放大器的输出电压与压电式压力传感器所受力的作用关系满足一阶高通滤波器的特性,即

$$\left|\frac{U_o}{F}\right| = \left(1+\frac{R_1}{R_2}\right)d_{11}\,\frac{1}{\sqrt{1+\left(\dfrac{\omega_0}{\omega}\right)^2}} \tag{5-20}$$

式中:当 $\omega=0$ 时,式(5-20)的值为 0,说明电压放大器不能放大直流(静态)信号。当

$\omega \gg \omega_0$时，电压放大器的输出电压与压力呈线性关系。为了拓展压电式压力传感器的低频响应范围，就要降低ω_0的取值。因为$\omega_0 = \dfrac{1}{RC}$，理论上可通过增大C值（C_a值）来实现，但根据式(5-13)，若C值增大，则输出电压值却随之降低，导致压电式压力传感器的电压灵敏度下降，这是不可取的，所以只能通过增大R值来实现。

此外，压电式压力传感器与电压放大器的连接电缆不能太长，因为连接电缆太长会增大分布电容C_c，导致电压灵敏度下降。为了克服这个问题，需要采用电荷放大器。

2）电荷放大器

与电压放大器相比，电荷放大器最突出的优势是传感器的灵敏度与线缆长度无关。电荷放大器电路如图5-10所示。

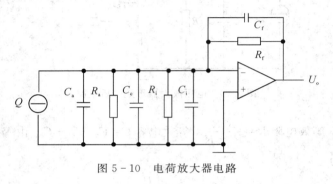

图5-10 电荷放大器电路

若作用在压电式压力传感器的交变力是$F = F_m \sin \omega t$，则压电晶体极化面的电荷变化规律满足式(5-12)。电荷放大器实际上是一个具有电容深度负反馈的高增益放大器，假设运算放大器的开环电压增益是A，运算放大器的输入电流为0，电荷Q只对反馈电容C_f充电，而在深度负反馈下，运算放大器的输入端接近零电位，则电容充电电压U_{C_f}在数值上等于输出电压U_o，即

$$U_o = -U_{C_f} = -\frac{AQ}{C_a + C_c + C_i + (1+A)C_f} \approx -\frac{Q}{C_f} \tag{5-21}$$

由式(5-21)可知，电荷放大器的输出电压只与电荷量Q和反馈电容C_f有关，与运算放大器的放大倍数、线缆电容等均无关，因此只要保持反馈电容C_f值不变，就可以得到与电荷量Q变化呈线性关系的输出电压，也就是与作用力呈线性关系的输出电压。且反馈电容C_f越小，输出电压值就越大，输出灵敏度越高。但C_f的取值也不能太小，要满足$(1+A)C_f \gg C_a + C_c + C_i$的条件。

总之，压电式压力传感器的优点是频带宽、灵敏度高、信噪比高，且结构简单、工作可靠和质量轻等；其缺点是压电材料需要防潮措施，而且输出的直流响应差。

5.2.3 霍尔式压力传感器

霍尔式压力传感器是一种磁敏传感器，如图5-11所示。它是基于霍尔效应工作原理，将被测量的磁场变化转换成电动势输出。

图 5-11　霍尔式压力传感器

1. 霍尔效应

　　将半导体置于磁场中，当通过它的电流方向与磁场方向不一致时，平行于电流方向和磁场方向的半导体的两个面之间就会产生电动势，这种现象称为霍尔效应。

　　如图 5-12 所示，一块宽为 b、厚为 h 的导电板放在磁感应强度为 $\boldsymbol{B}$ 的磁场中，假设磁场的方向沿 z 轴，则在导电板中通以沿 x 轴方向的电流 I，此时在导电板平行于磁场方向和电流方向交汇平面的两侧面 A、A' 间就会出现沿 y 轴方向的电势差，该电势差称为霍尔电压，用符号 U_H 表示。

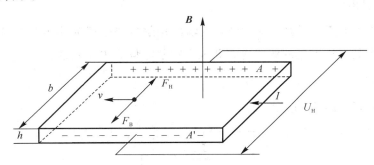

图 5-12　霍尔效应原理图

　　假设电流的载流子电子的电荷量为 e，移动速度为 v，则在磁场 B 中，电子受到的洛伦兹力大小为

$$F_B = evB \tag{5-22}$$

　　起初电子在洛伦兹力的作用下做抛物线运动，抵达导电板 A' 侧面，进行积聚，在其对面的 A 侧面则积聚正电荷，于是在 A、A' 面之间会出现一个不断增强的霍尔电场，则有

$$E_H = \frac{U_H}{b} \tag{5-23}$$

　　霍尔电场产生的电场力为

$$F_H = -eE_H = -\frac{eU_H}{b} \tag{5-24}$$

　　该电场力的方向恰好和洛伦兹力的方向相反。随着霍尔电场的增强，两力最终达到平衡，电子呈直线运动，两侧面 A、A' 上的电荷不再增加，此时有

$$E_H = vB \tag{5-25}$$

若导电板单位体积内的电子数目为 n，则电流 I 为

$$I = nbhev \tag{5-26}$$

将式(5-26)代入式(5-25)得

$$E_H = \frac{I}{nbhe}B \tag{5-27}$$

再代入到式(5-23)得

$$U_H = \frac{1}{ne} \times \frac{IB}{h} \tag{5-28}$$

式(5-28)说明霍尔电压的大小与激励电流 I 和磁感应强度 B 成正比，与半导体厚度 h 成反比，即

$$U_H = K_H IB \tag{5-29}$$

式中：R_H——霍尔系数，它是由半导体本身载流子迁移率决定的物理常数；

$K_H = \dfrac{1}{neh}$——灵敏度系数，它与材料的物理性质和几何尺寸有关。

具有霍尔效应的元件称为霍尔元件。

2. 霍尔测量电路

霍尔元件工作时需要外加控制电流，其输出霍尔电势一般为几至几百毫伏，所以霍尔测量电路包括控制电流大小的偏置电路和放大霍尔电势的放大电路。

1) 偏置电路

基本偏置电路如图 5-13 所示。

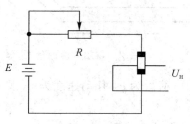

图 5-13　基本偏置电路

在图 5-13 中，调节滑动变阻器，可控制流过霍尔元件的电流强度，进而改变输出霍尔电势的大小。

霍尔元件有四个引线端。通常涂黑两端是电源输入激励端，另外两端是输出端。

注意：接线时，输出端不能误接电源，否则将损坏霍尔元件。

2) 放大电路

霍尔元件输出的信号可以是交流电压信号，也可以是直流电压信号。为减少共模信号的干扰，一般接成差动放大电路，如图 5-14 所示。

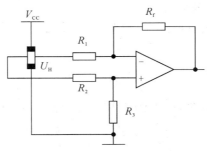

图 5－14　差动放大电路

3. 霍尔式压力传感器

霍尔式压力传感器的组成包括两大部分：一部分是弹性元件，如弹簧管或膜盒，用它感受压力，并把压力转化为位移量；另一部分是霍尔元件和磁路系统。

霍尔式压力传感器工作原理如图 5－15 所示，被测压力 P 由弹簧管 1 的固定端引入，弹簧管的自由端与霍尔片 3 相连，在霍尔片上下方设有两对垂直放置的磁极 2，使其处于两对磁极的非均匀磁场中。霍尔片的四个断面引出四条导线，其中与磁铁平衡的两根导线加入直流电，另外两根作为输出信号。当被测压力发生变化时，弹簧管端部发生位移，带动相连的霍尔片移动，作用在霍尔片上的磁感应强度发生变化，输出霍尔电势也随磁感应强度改变而改变，由此反映压力变换。

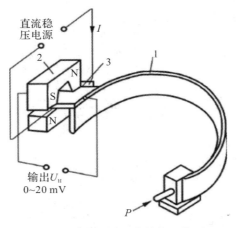

图 5－15　霍尔式压力传感器工作原理

霍尔式压力传感器具有灵敏度高、线性度和稳定性好、体积小、耐高温等特点。

5.3　应变的测量方法

5.3.1　电阻应变效应

当金属电阻丝受到轴向拉力时，其长度增加而横截面变小，引起电阻增加。反之，当它受到轴向压力时则导致电阻减小。金属导体在外界力的作用下产生机械变形时，其电阻值发生相应变化的现象称"应变效应"。

设金属电阻长度为 L，截面积为 A，电阻率为 ρ，如图 5-16 所示，则它在未受力时的原始电阻值为

$$R = \rho \frac{L}{A} \qquad (5-30)$$

当沿着导线轴方向受力拉伸后，金属电阻产生应变效应，电阻值的变化为

$$\frac{\mathrm{d}R}{R} = \frac{\mathrm{d}L}{L} + \frac{\mathrm{d}\rho}{\rho} - \frac{\mathrm{d}A}{A} \qquad (5-31)$$

式中：$\dfrac{\mathrm{d}L}{L}$——轴向应变，用符号 ε 表示。

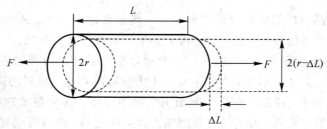

图 5-16 金属导线受拉变化图

由图 5-16 可知，横向应变是 $\dfrac{\mathrm{d}r}{r}$，它满足：

$$\frac{\mathrm{d}r}{r} = \mu\,\varepsilon \qquad (5-32)$$

式中：μ——泊松比系数。

故

$$\frac{\mathrm{d}A}{A} = 2\,\frac{\mathrm{d}r}{r} = 2\mu\,\varepsilon \qquad (5-33)$$

金属丝电阻率

$$\frac{\mathrm{d}\rho}{\rho} = \lambda\sigma \qquad (5-34)$$

式中：λ——压阻系数；

σ——轴向应力，根据式(5-5)，$\dfrac{\mathrm{d}\rho}{\rho} = \lambda\sigma = \lambda E\varepsilon$。

综上所述，有

$$\frac{\mathrm{d}R}{R} = (1 + 2\mu + \lambda E)\varepsilon = G_0\varepsilon \qquad (5-35)$$

式中：G_0——应变常数，它反映了电阻丝由单位应变所引起的电阻值的变化。

5.3.2 电阻应变片的结构和特性

1. 电阻应变片的结构

电阻应变片的结构如图 5-17 所示，它由敏感栅、基底、覆盖层、引线和黏合剂组成。

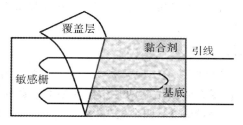

图 5 - 17 电阻应变片结构

将直径约 0.025 mm 的高电阻率的金属电阻应变丝弯成栅状,粘贴在绝缘基底和覆盖层之间,再用引线与外部电路相连,这就构成了电阻应变片。

2. 电阻应变片的特性

电阻应变片的特性主要包括静态特性和动态特性。静态特性有应变片的电阻值、灵敏度、允许最大电流和应变极限等,动态特性指电阻应变片自身的动态响应特性。

1)灵敏度

将电阻应变丝做成电阻应变片后,其电阻的应变特性与金属单丝时是不同的,需要重新测定。可以证明,在一定范围内有

$$\frac{\mathrm{d}R}{R} = G\varepsilon \qquad\qquad (5-36)$$

式中:G——应变片的应变灵敏系数,它表示轴向受到单向应力时引起的电阻相对变化与单向应力引起的应变片表面应变之比。

实验结果还表明,应变片的灵敏系数 K 恒小于金属电阻丝的灵敏系数 G,这是因为在应变中存在横向效应。

2)横向效应

将金属电阻丝做成应变片时,应变片的敏感栅除了纵栅外,还有圆弧形的横栅,如图 5 - 17 所示,横栅既对应变片的轴向应变敏感,也对垂直于轴向的横向应变敏感。当电阻应变片受到轴向应力时,应变片的纵栅发生轴向应变,电阻值增加,而应变片的横栅同时感受到纵向拉应变和横向压应变,使其电阻值减小。因此,应变片的横栅电阻变化抵消了纵栅电阻的部分变化,从而降低了整个电阻应变片的灵敏度。

横向效应给测量带来误差的大小与敏感栅的构造与尺寸有关。敏感栅的纵栅越窄、越长,横栅越短、越宽,则横向效应的影响就越小。

3)零漂

恒定温度下,应变片在不受应力时,理论上的输出为零,但实际输出不为零。这种没有输入却有随时间变化的输出的现象称为零漂。

产生零漂的原因是:制作应变片时内部产生的内应力和工作中出现的剪切力,使丝栅、基底之间产生了位移。

5.3.3 电阻应变片的应用

电阻应变片是一种工业测量中用途广泛的传感器,其量程从几克到几百吨,主要用作

地秤、平台秤、料斗秤、吊车秤等各种电子秤和材料试验机的测力元件，以及用于发动机的推力测试与水坝坝体承载状况监测等。

1. 悬臂梁式称重传感器

悬臂梁式称重传感器的结构如图 5-18 所示。它是一端固定的悬臂梁，力作用在自由端上。在梁的上下表面沿着其长度方向各粘贴两片电阻应变片。此时，若 R_1 和 R_4 受压，则 R_2 和 R_4 受拉，两者发生极性相反的等量应变，四个电阻再接入图 3-15 所示的全差动等臂电桥。

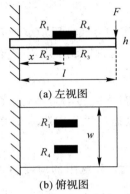

(a) 左视图

(b) 俯视图

图 5-18 悬臂式称重传感器

若悬臂梁的宽度是 w，厚度是 h，长度是 l，x 是应变片安放位置到悬臂梁固定端的距离，则应变满足：

$$\varepsilon = \frac{6(l-x)}{wh^2E}F \qquad (5-37)$$

除了可以像图 5-19 这样安装 4 片应变片，也可以使用 1 片或者 2 片应变片，这与后端采用何种电桥测量法有关。

[**例 5-3**]　已知一悬臂梁式称重器，其参数为：$l=30$ cm、$w=5$ cm、$h=3$ mm。四个电阻应变片粘贴在悬臂梁正中，应变片的参数为：$G=2.2$，$E=60\times10^9$ Pa，电阻初始值是 100 Ω。求：

(1) 在自由端施加 200 N 力后四个电阻的阻值。

(2) 悬臂梁式称重传感器输出端接了全差动等臂电桥，若电桥电源电压 $E=12$ V，求电桥输出电压值。

解　(1) 由式(5-37)可知

$$\varepsilon = \frac{6(l-x)}{wh^2E}F = 6.67\times10^{-3}$$

$$\Delta R = G\varepsilon R = 1.5\ \Omega$$

$$R_1 = R_4 = 101.5\ \Omega$$

$$R_2 = R_3 = 98.5\ \Omega$$

(2)
$$U_o = \frac{E}{R}\times\Delta R = 0.18\ \text{V}$$

2. 双端固定梁式称重传感器

双端固定梁式称重传感器的结构如图 5-19 所示。梁的两端均固定，力作用在梁的中心。一般电阻应变片粘贴在梁的正中间位置。此时，应变满足：

$$\varepsilon = \frac{3l}{4wh^2E}F \tag{5-38}$$

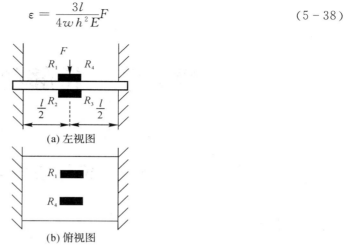

(a) 左视图

(b) 俯视图

图 5 - 19　双端固定梁式称重传感器

习　　题

5 - 1　当一个物体受到 690 N 的力时，其获得的加速度为 $1.2\ \mathrm{ms^{-2}}$，求物体的质量。

5 - 2　多大的力作用在横截面积为 $1.5\ \mathrm{cm^2}$ 的杆上，会产生 85 MPa 的应力？

5 - 3　简述压电传感器的等效电路及其特点。

5 - 4　压电传感器为什么不能测量静态量？

5 - 5　为什么电荷放大器的输出电压不受线缆长度影响？

5 - 6　简述霍尔效应的定义及霍尔传感器的工作原理。

5 - 7　已知一悬臂梁式称重器，其参数为：$l=25$ cm，$w=6$ cm，$h=3$ mm。四个电阻应变片粘贴在悬臂梁正中，施加外力为 100 N，应变片参数为：$G=2.1$，$E=70\times10^9$ Pa，电阻初始值是 120 Ω。后端采用全差动等臂电桥，电桥电源电压为 10 V，求输出电压。

5 - 8　已知一悬臂梁式称重器，其参数为：$l=35$ cm，$w=4$ cm，$h=4$ mm。两个电阻应变片粘贴在悬臂梁正中上下位置，施加外力为 100 N，应变片参数为：$G=2.1$，$E=70\times10^9$ Pa，电阻初始值是 120 Ω。后端采用全差动等臂电桥，电桥电源电压为 5 V，求输出电压。

5 - 9　已知一悬臂梁式称重器，其参数为：$l=25$ cm，$w=4$ cm，$h=3$ mm。两个电阻应变片粘贴在悬臂梁离自由端 10 cm 处的上下对称位置，施加外力为 200 N，应变片参数为：$G=2.1$，$E=70\times10^9$ Pa，电阻初始值是 120 Ω。求应变片电阻的变化量 ΔR 和电阻相对变化量 $\dfrac{\Delta R}{R}$。

5 - 10　已知一双端固定梁式称重器，其参数为：$l=25$ cm，$w=4$ cm，$h=3$ mm。两个电阻应变片粘贴在梁正中，施加外力为 200 N，应变片参数为：$G=2.1$，$E=70\times10^9$ Pa，电阻初始值是 120 Ω。求应变片电阻的变化量 ΔR。

第6章 位移的测量

6.1 位移与路程

6.1.1 位移

物体在某一段时间内，若由初位置移到末位置，则由初位置到末位置的有向线段叫作位移。位移是矢量，它的大小是运动物体初位置到末位置的直线距离，方向是从初位置指向末位置。位移只与物体运动的始末位置有关，而与运动的轨迹无关。

图 6-1 中，x_1 点到 x_2 点的位移大小可定义为

$$\Delta s = x_2 - x_1 \tag{6-1}$$

在国际单位制中，位移的单位是米。

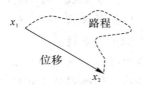

图 6-1 位移与路程的区别

如果物体做匀变速直线运动，其初速度为 v_0，加速度是 a，那么经过时间 t 后的位移为

$$s = v_0 t + \frac{1}{2} a t^2 \tag{6-2}$$

末速度 v_t 为

$$v_t = \frac{2s}{t} - v_0 \tag{6-3}$$

或

$$v_t = \sqrt{2as + v_0^2} \tag{6-4}$$

[例 6-1] 一列火车从车站出发做匀加速直线运动，加速度为 $0.5\ \text{m/s}^2$，此时恰好有一辆自行车从火车头旁边驶过，自行车的速度 v_c 为 $8\ \text{m/s}$，火车的长度为 $336\ \text{m}$，求：

(1) 火车追上自行车以前落后于自行车的最大距离是多少？

(2) 火车用多少时间可追上自行车？

(3) 再过多长时间可超过自行车？

解 (1) 当火车的速度与自行车的速度一样时，它们之间的距离最大：

$$t = \frac{v_c}{a} = \frac{8}{0.5} = 16 \text{ s}$$

$$s = v_0 t + \frac{1}{2} a t^2 = 64 \text{ m}$$

（2）由题意可知

$$\Delta s = s_{火车} - s_{自行车} = \frac{1}{2} a t^2 - v_c t = 0$$

故

$$t = \frac{2 v_c}{a} = 32 \text{ s}$$

（3）由题意可知

$$\Delta s = s_{火车} - s_{自行车} = \frac{1}{2} a t^2 - v_c t = 336$$

故

$$t = 56 \text{ s}$$

6.1.2　路程

路程表示物体运动轨迹的长度，它是标量，路程的单位也是米。如图 6 - 1 所示，物体从 x_1 点出发，沿着虚线运动到 x_2 点，虚线的长度就是路程。而在 x_1 点和 x_2 点之间画一条直线，这条直线就是位移。当物体从原点出发，经过一段时间后，又回到了原点，那么位移为零而路程不为零。位移和路程的区别和联系见表 6 - 1。

表 6 - 1　位移和路程的区别与联系

	位　移	路　程
	表示质点的位置变化，是一条有向线段	表示物体运动轨迹的长度
区　别	（1）是矢量，有大小和方向； （2）由起始位置到末位置的方向为位移的方向； （3）矢量线段的长为位移的大小； （4）遵守平行四边形定则	（1）是标量，只有大小，没有方向； （2）物体运动轨迹的长短，即为路程的大小； （3）遵从算术计算
联　系	（1）都是长度单位，国际单位都是米； （2）都是描述质点运动的物理量； （3）数值上，同一运动过程，路程不小于位移；在单向直线运动中，路程等于位移	

6.1.3　位移测量方法

位移测量是根据具体的测量对象，选择合适的位移传感器（传感器性能特点的差异对测量的影响最为突出）设计测量系统。

根据测量内容，位移测量可分为线位移测量和角位移测量；根据测量量程，它可分为微距测量和长距测量；根据测量方式，它可分为接触式测量和非接触式测量，等等。表 6 - 2

列出了常用的位移测量传感器。

表 6－2　常见的位移测量传感器

类　型		测量范围	精确度	性能特点
滑线电阻式	线位移	1～300 mm	±0.1%	结构简单，使用方便，输出大，性能稳定
	角位移	0°～360°	±0.1%	分辨率低，输出信号噪声大，不宜用于高频动态测量
电阻应变片式	直线型	±250 μm	±2%	结构牢固，性能稳定，动态性能好
	摆角型	±12°		
电感式	差动变压器型	0.08～300 mm	±3%	分辨率好，输出大，但动态特性不佳
	电涡流型	0～5 mm	±3%	非接触式，使用方便，灵敏度高、动态性能好
	变气隙型	±0.2 mm		结构简单、可靠，仅用于小位移测量
电容式	变面积型	1 μm～100 mm	±0.005%	结构简单，动态性能好，易受温度、湿度等因素的影响
	变间隙型	0.01～200 μm	±0.1%	分辨率好，但线性范围小
霍尔式		±1.5 mm	±0.5%	结构简单，动态性能好，温度稳定性差
光栅式	长光栅	1 mm～1m	3 μm/1m	数字式，测量精度高，适合大位移动静态测量
	圆光栅	0°～360°	±0.5°	
编码器	接触型	0°～360°	10^{-6} rad	分辨率好，可靠性高
	光电型			

可见，在不同的场合、不同的精度要求、不同的频率特征下，自然地形成了多种多样的位移传感器及其对应的测量电路。

6.2　滑线电位器

滑线电位器是将位移量转换成电阻阻值进行测量的仪器。图 6－2 是常见的滑线电位器，图 6－2(a)用于测量旋转位移，图 6－2(b)用于测量直线位移。

(a)　　　　　　　　　　(b)

图 6－2　滑线电位器

滑线电位器的工作原理如图 6－3 所示。假设电位器的固定长度是 L，其对应的阻值为 R，l 是待测位移量，其对应的阻值为 r。

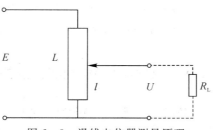

图 6 - 3　滑线电位器测量原理

在负载 R_L 开路的情况下,有

$$\frac{U}{E} = \frac{r}{R} = \frac{l}{L} \tag{6-5}$$

从式(6-5)可知,位移变化量和阻值变化量是呈线性关系的。而电阻阻值变化量又和电压变化量呈线性关系,所以有

$$l = \frac{UL}{E} \tag{6-6}$$

在考虑负载 R_L 的情况下,有

$$U = R_{equi} \cdot i = R_{equi} \frac{E}{R_{equi} + (R - r)} \tag{6-7}$$

式中:

$$R_{equi} = r // R_L = \frac{r R_L}{r + R_L} = \frac{\frac{l}{L} R R_L}{\frac{l}{L} R + R_L}$$

从式(6-7)可知,位移和输出电压不再是线性变化关系,存在误差,需要校正。

[例 6 - 2]　已知滑线电位器的输入范围为 $0 \sim 100$ mm,它的输入电压 $E = 10$ V,$R = 2$ kΩ。电位器的负载 $R_L = 2$ kΩ,求其在测量 25 mm 时的非线性误差和线性度。

解　负载开路时,有

$$U = \frac{l}{L} E = 2.5 \text{ V}$$

考虑负载时,有

$$R_{equi} = \frac{\frac{l}{L} R R_L}{\frac{l}{L} R + R_L} = \frac{0.5 \times 2}{0.5 + 2} = 0.4 \text{ kΩ}$$

$$U = R_{equi} \frac{E}{R_{equi} + (R - r)} = 2.11 \text{ V}$$

因此非线性误差为

$$2.5 - 2.11 = 0.39 \text{ V}$$

线性度为

$$\frac{0.39}{2.5 - 0} \times 100\% = 15.6\%$$

滑线电位器具有结构简单、使用方便、输出大、性能稳定等优点，但由于触头运动时有机械摩擦，其使用寿命有限，分辨率低，输出信号噪声大，不适用于频率较高时的动态测量。

6.3　电感式位移传感器

电感式位移传感器是利用电磁感应原理，将被测物体的位移变化转换为线圈自感或互感变化的装置。电感式位移传感器的种类很多，本节主要介绍差分变压器和电涡流型传感器。

6.3.1　差分变压器

差分变压器可将物体的直线运动转换成线圈互感量的变化，它是根据变压器的基本原理制成的，并且次级线圈接成差动形式，故称为差分变压器。差分变压器主要有变隙式、变面积式和螺线管式等。

1. 线性可变差分变压器的结构和原理

线性可变差分变压器(Linear Variable Differential Transformer，LVDT)属于螺线管式，是一种常见的绝对位置测量传感器。

LVDT 即插即用，可以测量从小到百万分之一英寸(2.54 cm)到几英寸，甚至大到±30 英寸(±0.762 m)的各种位移。

图 6-4 显示了 LVDT 的结构。它由一个初级线圈、一对以相同方式缠绕的次级线圈和圆柱形铁芯组成。两个次级线圈对称分布在初级线圈的两侧。线圈缠绕在具有热稳定性的单件式中空玻璃强化聚合物上，加上防潮层后，包裹在具有高磁导率的磁屏蔽层内，然后固定在圆柱形不锈钢护套中。

由于运动的铁芯和静止的部件(线圈、外壳)之间不存在任何机械接触，因而 LVDT 是一种非接触式位置传感器。这表明它可用于动态检测，不必担心它的磨损。

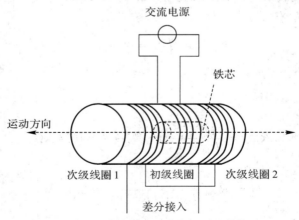

图 6-4　线性可变差分变压器的结构

LVDT 的初级线圈 P 由恒定振幅交流电源进行通电。由此形成的磁通量由铁芯耦合到相邻的次级线圈 S_1 和 S_2。如图 6-5 所示，如果铁芯位于 S_1 和 S_2 的正中间，则会向每个次级线圈耦合相等的磁通量，因此线圈 S_1 和 S_2 中各自包含的 E_1 和 E_2 是相等的。差分电压输出$(E_1 - E_2)$为零,此处称为零位。如果移动铁芯,使其与 S_1 的距离小于与 S_2 的距离,则耦合到 S_1 中的磁通量会增加,而耦合到 S_2 中的磁通量会减少,因此感生电压 E_1 增大,而 E_2 减小,从而产生差分电压$(E_1 - E_2)$。相反,如果铁芯移动得更加靠近 S_2,则耦合到 S_2 中的磁通量会增加,而耦合到 S_1 中的磁通量会减少,因此 E_2 增大,而 E_1 减小,从而产生差分电压$(E_2 - E_1)$。因此在输出导线上形成一个稳定的增长电压,其幅度随铁芯离零位的距离而增加,而极性(正或负)表示行进的方向。

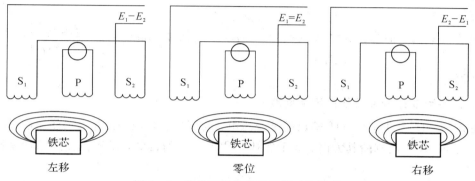

图 6-5　线性可变差分变压器工作原理

例如,LVDT 的量程为 ± 1.000 英寸,解调后能提供 ± 1.000 V 的直流输出信号。那么输出将从正满量程 1.000 英寸的 $+1$ V 线性地变化降至零位的 0 V,然后当到达负满量程时继续下降至 -1.000 V。

LVDT 的等效电路如图 6-6 所示,设初级线圈的激励电压为 $\dot{E}$,角频率为 ω,$\dot{I}_1$ 是初级线圈的激励电流,R_1 是初级线圈的电阻,L_1 是初级线圈的电感,则当次级开路时

$$\dot{I}_1 = \frac{\dot{E}}{R_1 + j\omega L_1} \tag{6-8}$$

根据电磁感应定律,次级线圈上的感应电动势为

$$\begin{cases} \dot{E}_1 = -j\omega M_1 \dot{I}_1 \\ \dot{E}_2 = -j\omega M_2 \dot{I}_1 \end{cases} \tag{6-9}$$

式中:M_1、M_2——初次级线圈间的互感。

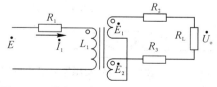

图 6-6　线性可变差分变压器的等效电路

两个次级线圈是反相串联的,所以

$$\dot{U}_o = \dot{E}_1 - \dot{E}_2 = -j\omega \frac{(M_1 - M_2)\dot{E}}{R_1 + j\omega L_1} \tag{6-10}$$

输出电压有效值为

$$|\dot{U}_o| = \frac{\omega|\dot{E}|}{\sqrt{R_1^2 + (\omega L_1)^2}}(M_1 - M_2) \qquad (6-11)$$

若铁芯位于 S_1 和 S_2 的正中间，$M_1 = M_2 = M$，则 $U_o = 0$ V。

若铁芯向 S_1 方向移动，$M_1 = M + \Delta M$、$M_2 = M - \Delta M$，则 $U_o = \dfrac{2\omega\Delta M|\dot{E}|}{\sqrt{R_1^2 + (\omega L_1)^2}}$，方向与 $\dot{E}_1$ 相同。

若铁芯向 S_2 方向移动，$M_1 = M - \Delta M$、$M_2 = M + \Delta M$，则 $U_o = -\dfrac{2\omega\Delta M|\dot{E}|}{\sqrt{R_1^2 + (\omega L_1)^2}}$，方向与 $\dot{E}_2$ 相同。

2. 线性可变差分变压器的测量电路

由式(6-10)可知，LVDT 输出的是交流电，若用交流电压表测量，只能反映铁芯相对位移的大小，但无法判断其方向。为了能达到辨别方向的目的，需要在其后添加辨向工作电路。

LVDT 的工作电路如图 6-7 所示，该电路又称为二极管相敏检波电路。图中，调制电压 E_r 和 LVDT 输出 U_o 同频同相或反相，且满足 $E_r \gg U_o$，$R_1 = R_2 = R$，$C_1 = C_2 = C$。

当 LVDT 的铁芯位于 S_1 和 S_2 的正中间时，$U_o = 0$，只有调制电压 E_r 工作，假设其工作在正半周，即 A 端为正，B 端为负，则二极管 VD_1、VD_2 导通，VD_3、VD_4 截止，流过 R_1、R_2 上的电流分别为 i_1、i_2，R_1 上的电压降和 R_2 上的电压降大小相等，方向相反，所以输出电压 $U_{CD} = 0$。同理，若其工作在负半周，即 A 端为负，B 端为正，则二极管 VD_3、VD_4 导通，VD_1、VD_2 截止，流过 R_1、R_2 上的电流分别为 i_3、i_4，R_1 上的电压降和 R_2 上的电压降还是大小相等，方向相反，所以输出电压 $U_{CD} = 0$。

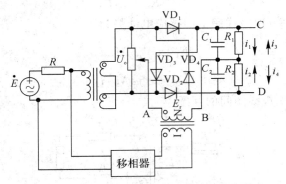

图 6-7　线性可变差分变压器的工作电路

如果铁芯向 S_1 方向移动，则 $U_o \neq 0$，假设调制电压 E_r 和 U_o 同相，由于 $E_r \gg U_o$，因此当 E_r 工作在正半周时，二极管 VD_1、VD_2 仍然导通，VD_3、VD_4 截止，但流过 R_1 的电流 i_1 要大于流过 R_2 的电流 i_2，输出电压 $U_{CD} = (i_1 R_1 - i_2 R_2) > 0$。同理，当其工作在负半周时，二极管 VD_3、VD_4 仍然导通，VD_1、VD_2 截止，但流过 R_2 的电流 i_4 要大于流过 R_1 的电流 i_3，输出电压 $U_{CD} = (i_4 R_2 - i_3 R_1) > 0$。由此，铁芯向 S_1 方向移动时，电路的输出电压 U_{CD} 始终大于零。

如果铁芯向 S_2 方向移动,则 $U_o \neq 0$,调制电压 E_r 和 U_o 反相,因为 $E_r \gg U_o$,所以当 E_r 工作在正半周时,二极管 VD_1、VD_2 仍然导通,VD_3、VD_4 截止,但流过 R_1 的电流 i_1 要小于流过 R_2 的电流 i_2,输出电压 $U_{CD} = (i_1 R_1 - i_2 R_2) < 0$。同理当其工作在负半周时,二极管 VD_3、VD_4 仍然导通,VD_1、VD_2 截止,但流过 R_2 的电流 i_4 要小于流过 R_1 的电流 i_3,输出电压 $U_{CD} = i_4 R_2 - i_3 R_1 < 0$。由此,铁芯向 S_2 方向移动时,电路输出电压 U_{CD} 始终小于零。

6.3.2 电涡流型传感器

根据法拉利电磁感应定理,当块状导体在固定磁场或交变磁场中运动时,导体内会产生感应电流,该电流在导体内闭合,称为涡流。电涡流型传感器就是利用电涡流效应将位移变化转化为电阻抗的变化来进行测量的。

1. 工作原理

电涡流型传感器的工作原理如图 6-8 所示。

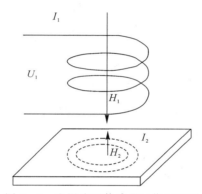

图 6-8　电涡流型传感器工作原理图

电感线圈中通过交流电 I_1,线圈周围就会产生一个交变磁场 H_1,若靠近金属导体,该磁场会在金属导体内产生电涡流 I_2,根据法拉利电磁感应定理,电涡流 I_2 又会产生交变磁场 H_2,H_2 与 H_1 的方向相反,所以会削弱原磁场,改变电感线圈的等效阻抗值。若

$$Z = \varphi(\rho, \mu, r, f, s) \qquad (6-12)$$

式中:ρ——金属导体的电阻率;

$\quad\;\; \mu$——金属导体的磁导率;

$\quad\;\; r$——金属导体和线圈的尺寸;

$\quad\;\; f$——交流电 I_1 的频率;

$\quad\;\; s$——金属导体和线圈的间距。

如果能控制上述参数,使其满足

$$Z' = \varphi(s) \qquad (6-13)$$

就构成了测量位移的电涡流型传感器。

2. 等效电路

将金属导体内产生的电涡流 I_2 视为一个短路环中的电流,这样线圈和金属导体等效为互耦的两个线圈,其等效电路如图 6-9 所示。

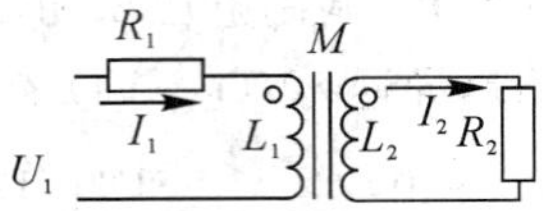

图 6-9 电涡流型传感器等效电路

图 6-9 中，M 是线圈和金属导体间的互感，R_1 是线圈的等效电阻，R_2 是电涡流短路环的等效电阻。

$$R_2 = \frac{2\pi\rho}{h \ln \dfrac{r_a}{r_i}} \tag{6-14}$$

式中：r_a——短路环的外径；

$\quad\quad r_i$——短路环的内径；

$\quad\quad h$——电涡流的深度，其满足

$$h = \sqrt{\frac{\rho}{\pi\mu f}} \tag{6-15}$$

根据基尔霍夫电压定律，有

$$\begin{cases} R_1 \dot{I}_1 + j\omega L_1 \dot{I}_1 - j\omega M \dot{I}_2 = \dot{U}_1 \\ R_2 \dot{I}_2 + j\omega L_2 \dot{I}_2 - j\omega M \dot{I}_1 = 0 \end{cases} \tag{6-16}$$

求解式（6-16），得等效阻抗为

$$Z = \frac{\dot{U}_1}{\dot{I}_1} = R_1 + \frac{(\omega M)^2 R_2}{R_2^2 + (\omega L_2)^2} + j\omega \left[L_1 - \frac{(\omega M)^2 L_2}{R_2^2 + (\omega L_2)^2} \right] \tag{6-17}$$

由式（6-17）可知，由于受到电涡流的影响，原线圈的电阻将增大，电感将减小，且电阻和电感的变化量均是互感量 M^2 的函数。

3. 测量电路

电涡流型传感器的测量电路主要有调频式和调幅式两种。

1）调频式

调频式测量电路如图 6-10 所示，传感器线圈作为 LC 振荡器的电感元件，当电涡流型传感器的等效电感在涡流影响下发生变化时，将导致振荡器的振荡频率改变，改变前后的频率可由数字频率计测得。

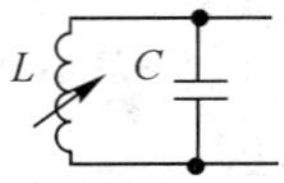

图 6-10 调频式测量电路

2）调幅式

调幅式测量电路如图 6-11 所示，它是由传感器、线圈、电容和石英晶体组成的石英晶体振荡电路。

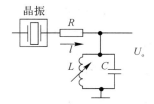

图 6 - 11　调幅式测量电路

石英晶体振荡器相当于一个恒流源，给谐振回路提供一个稳定频率为 ω 的激励电流 i。由图 6 - 11 可知，LC 回路的导纳为

$$Y = \frac{1}{R_L} + \frac{1}{j\omega L} + j\omega C \tag{6-18}$$

LC 回路的输出电压为

$$U_。= \frac{i}{Y} = \frac{i}{\dfrac{1}{R_L} + \dfrac{1}{j\omega L} + j\omega C} = \frac{i}{\dfrac{1}{R_L} + j\left(\omega C - \dfrac{1}{\omega L}\right)} \tag{6-19}$$

当 $\omega C - \dfrac{1}{\omega L} = 0$ 时，式(6 - 19)取得最大值，此状态称为谐振，即

$$\omega = \frac{1}{\sqrt{LC}} \tag{6-20}$$

石英晶体振荡器的频率 ω 和 LC 谐振回路频率相等时，输出电压最大。当金属导体靠近电涡流型传感器时，传感器中线圈的等效电感发生变化，导致回路失谐，输出电压幅值减小。这样就把金属导体和电涡流型传感器之间的距离变化转化成了输出电压的变化，从而实现位移测量。

6.4　光栅式位移传感器

光透过光栅照射到光电器件上，会产生莫尔条纹现象，根据这个光学原理，实现角位移或线位移测量的装置称为光栅式位移传感器(简称光栅尺)。它分为圆光栅和直光栅两种，圆光栅用来测量角位移，直光栅用来测量直线位移，两者的工作原理一样。

光栅式位移传感器已广泛应用于数控加工中心、机床、磨床、铣床、自动卸货机、金属板压制和焊接机、机器人等设备中。其测量输出的信号为数字脉冲，具有可实现动态测量、自动化测量和数字显示，检测范围大，检测精度高，抗干扰能力强，响应速度快等特点。

6.4.1　光栅尺的结构

光栅尺主要由光源(红外发光二极管)、透镜、标尺光栅(主光栅)、指示光栅(副光栅)、光源接收器以及后续处理电路组成，如图 6 - 12 所示。

标尺光栅和指示光栅是光栅尺的重要部件，标尺光栅是一个长透射光栅，它在一块长方形的光学玻璃上均匀地刻上了许多条纹，形成规则排列的明暗线条。条纹之间的间距称为栅距 d。指示光栅是一个短透射光栅，它刻有与标尺光栅同样密度的条纹。

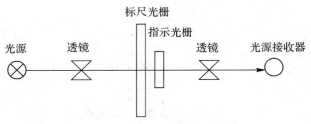

图 6-12　光栅尺结构示意图

光栅尺是根据莫尔条纹的形成原理进行工作的。它通过检测莫尔条纹的个数来"读取"光栅刻度,计算出光栅尺的位移。

6.4.2　莫尔条纹

当指示光栅和标尺光栅相对叠合在一起时,指示光栅上的条纹和标尺光栅上的条纹之间形成一个很小的锐角 θ,根据遮光原理,就会形成明暗相间的区域。当指示光栅沿着某一方向运动时,就会形成沿某一方向运动的条纹,这就是莫尔条纹,如图 6-13 所示。

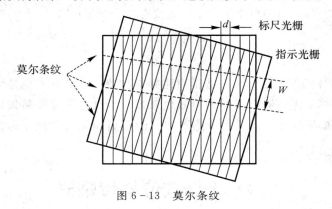

图 6-13　莫尔条纹

莫尔条纹中两条亮纹或两条暗纹之间的距离称为莫尔条纹宽度,用符号 W 表示。若两片光栅移过一个栅距 d,则莫尔条纹移过一个条纹距离 W。在两光栅栅线夹角较小的情况下,莫尔条纹宽度 W 和光栅栅距 d、指示光栅与标尺光栅之间的倾角 θ 存在下列关系:

$$W = \frac{d}{2\sin\dfrac{\theta}{2}} \approx \frac{d}{\theta} \tag{6-21}$$

式中: θ 的单位为 rad, W 的单位为 mm。

式(6-21)说明,莫尔条纹的宽度是由光栅栅距和指示光栅与标尺光栅之间的倾角决定的。假设 $d=0.01$ mm, $\theta=0.01$ rad,则由式(6-21)可得 $W=1$ mm,即光栅栅距放大了100 倍。根据此原理,可把一个微小移动量(光栅微位移)的测量转变为一个较大移动量(莫尔条纹位移)的测量,既方便又提高了测量精度。

6.4.3　辨向原理

莫尔条纹移动会产生强弱变化的光信号,用单个接收光电管能够根据光强的变化获得莫尔条纹的位移量，但无法判定条纹的移动方向。为了解决辨向问题，需要两个或两个以上的光电元件接收莫尔条纹光信号，其原理如图 6-14 所示。

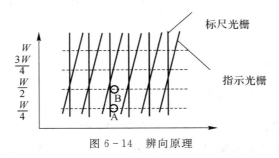

图 6-14 辨向原理

一个莫尔条纹的宽度周期是 $360°$，所以 $\frac{1}{4}$ 个莫尔条纹的宽度周期是 $90°$。在间距为 $\frac{1}{4}$ 个莫尔条纹宽度处安装两个光电管 A、B。当标尺光栅移动时，透过莫尔条纹的光照射到这两个光电管上，这两个光电管会产生相位差为 $\frac{\pi}{2}$ 的电信号。若标尺光栅向左移动，莫尔条纹向上移动，感光顺序是光电管 A 先于光电管 B，所以光电管 A 的输出波形超前于光电管 B 的波形 $\frac{\pi}{2}$。反之，若标尺光栅向右移动，莫尔条纹向下移动，感光顺序是光电管 B 先于光电管 A，所以光电管 A 的输出波形滞后于光电管 B 的波形 $\frac{\pi}{2}$。这样，只要在光电管 A、B 的后面再加一级判断电路，就可以指示光栅的运动方向了。

6.4.4 细分技术

栅距是光栅尺的分辨率。例如，前例中光栅尺的刻线密度是 100 条/1 mm，栅距 $d=0.01$ mm，则光栅尺的分辨率就是 0.01 mm。随着测量精度要求的提高，分辨率也要提高，也就是要减小栅距，即在 1 mm 距离内要刻更多的线，这加大了光栅尺的制作难度。

为了提高分辨率，目前普遍采用细分技术。所谓细分就是在一个莫尔条纹宽度周期内输出多个脉冲。例如，一个莫尔条纹宽度周期输出 4 个脉冲，称为四细分，其分辨率从 0.01 mm 提高到了 0.0025 mm。细分越多，分辨率越高。下面介绍四倍频直接细分法和电阻桥路细分法。

1. 四倍频直接细分

将一个莫尔条纹宽度周期等分为 4 份，分别安装对应的 4 个光电管，当标尺光栅移动时，在一个莫尔条纹宽度周期内就会产生 4 个相位各相差 $\frac{\pi}{2}$ 的信号，信号经过辨向电路输出 4 个电脉冲信号，从而实现四倍频细分。

四倍频直接细分法的优点是对莫尔条纹信号波形要求不严格，电路简单，可用于分辨率要求不高的场合，缺点是光电管的数量不能安装太多，无法得到更高的细分。

2. 电阻桥路细分

电阻桥路细分原理如图 6-15 所示，它由同频信号源 u_1、u_2 和电阻 R_1、R_2 组成电桥形

式，其输出电压为

$$U_{\circ} = \frac{R_2}{R_1 + R_2} u_1 - \frac{R_1}{R_1 + R_2} u_2 \qquad (6-22)$$

电桥平衡的条件是

$$R_2 u_1 = R_1 u_2 \qquad (6-23)$$

若$u_1 = \sin\theta$，$u_2 = \cos\theta$，则

$$\frac{u_1}{u_2} = \frac{R_1}{R_2} = \frac{\sin\theta}{\cos\theta} = \tan\theta \qquad (6-24)$$

式(6-24)说明，通过调节电阻 R_1 和 R_2 的阻值，理论上可以得到 θ 在 $[0, 2\pi]$ 内的任意角度。根据式(6-21)可知，在栅距 d 不变的情况下，减小 θ 值，相当于对莫尔条纹宽度 W 进行了任意细分。当然，分得越细，误差越大。

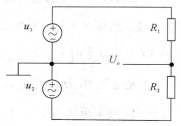

图 6-15　电阻桥路细分原理

6.5　编　码　器

数字式传感器是将输入信号转化成数字信号输出的传感器，与传统的模拟传感器相比，它具有测量精度和分辨率高、抗干扰能力强、能避免人工读数时的粗大误差、便于计算机处理等一系列优点，所以近年来得到了广泛的应用。

编码器就是一种数字式传感器，它能把物体的角位移或直线位移经过光电转换变成数字量。测量角位移的编码器是角度数字编码器，称为码盘；测量直线位移的编码器称为码尺。编码器可分为接触式和非接触式两种。

6.5.1　编码器的结构

编码器由光电发射管、光电接收管和码盘(或者码尺)组成，如图 6-16 所示。光电发射管发射一束平射光，照射到码盘(码尺)上，光经过透射(反射)，被光电接收管接收。

码盘置于光电发射管与光电接收管之间。码盘上围绕着圆周均等地刻有可以透过光的缝隙，码盘旋转时，如果光电发射管发出的光能透过缝隙，被光电接收管接收到，就输出"1"，反之，没有接收到光就输出"0"。这样就得到了一组有规律的数字信号，码盘旋转得越快，角位移越大，单位时间内收到的数字信号就越多，这样就实现了角位移的数字测量。

对于码尺，光电发射管和光电接收管置于其一侧。它由一组等间距的凹凸齿构成，当码尺移动时，光电发射管发射的光照射到码尺的凸齿上，经过反射，被光电接收管接收，输出"1"，反之，光照射到码尺的凹齿上，没有接收到光，就输出"0"。这样就得到了一组有规

律的数字信号，码尺移动得越快，直线位移越大，单位时间内收到的数字信号就越多，这样就实现了直线位移的数字测量。

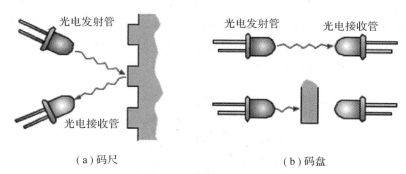

（a）码尺　　　　　　　　　　　　（b）码盘

图 6-16　编码器的结构

根据数字信号的编码格式，编码器可分为增量式和绝对式两大类。

6.5.2　增量式编码器

增量式编码器是将位移转换成周期性的电信号，再把这个电信号转变成计数脉冲，用脉冲的个数表示位移的大小。增量式编码器能检测物体转动的角度和旋转的方向。

增量式编码器的码盘上有一圈刻线，增量式编码器在转动时有脉冲输出，静止时没有脉冲输出。码盘在旋转时可以阻止或者通过光线。通过光线时，接收电平为高；阻止光线时，接收电平为低。码盘的刻线密度决定了编码器的分辨率。

由一个光电接收管是无法判定码盘转动的方向的，因此，采用和光栅位移传感器同样的技术，在接收端安装 A、B 两个光电接收管，通过 A、B 两个通道的信号相位差辨别转动方向，如图 6-17 所示。只要安装位置合理，可使通过 A、B 光电接收管的信号彼此相差 90°相位。当码盘正转时，A 信号超前于 B 信号 90°，当码盘反转时，A 信号滞后于 B 信号 90°。这样，就可以通过电路判定码盘的转动方向了。

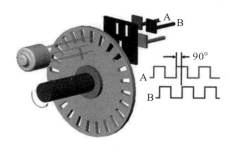

图 6-17　增量式编码器的工作原理

在码盘转动时，增量式编码器需要通过对狭缝遮挡和透光产生的脉冲进行计数来获得转动的角度。如果码盘静止，就无法获知当前具体的位置，这不适用于需要知道一些特殊位置（如设备的初始位点）的场合。

6.5.3 绝对式编码器

与增量式编码器不同，绝对式编码器的每个位置都对应着一个确定的数字码，如图 6-18 所示，图中显示的是一个 8 位二进制码盘，最内圈称为 C_8 码道，一半透光，另一半不透光。最外圈的称为 C_1 码道，一共分成了 2^8 个黑白间隔，绝对式编码器在每个角度方位都对应于不同的编码，所以当它静止时也有脉冲编码输出。测量时，只要知道起始和终止时刻的编码，不需要计数脉冲，就可以获得转动的角度。

图 6-18 绝对式编码器的码盘

绝对式编码器的示值只与测量的起始和终止位置有关，而与测量的中间过程无关。编码器码盘上有多圈刻线，圈数越多，说明能表示的二进制码值越长，分辨率越高。但圈数越多，最外侧的码道就要刻得越密，这给制作带来了很大的困难。

由于微小的制作误差，二进制码盘只要有一个码道提前或延后改变就可能造成输出误差。为了消除该误差，绝对式编码器的编码常用格雷码取代标准二进制码。

格雷码是工程中常用的一种编码方式。与标准二进制码相比，格雷码的基本特点是任意两个相邻码之间只有一位二进制数不同，如表 6-3 所示，所以它不会产生粗大误差。

表 6-3 标准二进制码、格雷码与十进制数字的对照

数字	标准二进制码	格雷码	数字	标准二进制码	格雷码
0	0000	0000	8	1000	1100
1	0001	0001	9	1001	1101
2	0010	0011	10	1010	1111
3	0011	0010	11	1011	1110
4	0100	0110	12	1100	1010
5	0101	0111	13	1101	1011
6	0110	0101	14	1110	1001
7	0111	0100	15	1111	1000

习　　题

6-1　滑线电位器的最大滑动长度为 200 mm，对应阻值为 2 kΩ，它的输入电压 $E=10$ V。

（1）空载时，计算滑动头分别置于 25 mm、138 mm 和 169 mm 处的输出电压；

（2）带上 1 kΩ 的负载，再次计算滑动头分别置于 25 mm、138 mm 和 169 mm 处的输出电压，并求其误差和线性度。

6-2　滑线电位器的最大滑动长度为 100 mm，对应阻值为 1 kΩ，它的输入电压 $E=10$ V，求分别带上 2 kΩ、5 kΩ、10 kΩ 的负载后，滑动头置于 50 mm 处的输出电压。

6-3　LVDT 是如何判断铁芯的移动方向的？

6-4　电涡流型传感器的工作原理是什么？说明电涡流型传感器调幅式测量电路测量位移变化的原理。

6-5　光栅位移传感器的基本工作原理是什么？莫尔条纹是如何形成的？有何特点？

6-6　已知莫尔条纹的宽度是 0.5 mm，指示光栅和标尺光栅之间的倾角 θ 为 0.02 rad，求光栅栅距 d。

6-7　画出电阻桥路细分电路原理图，说明其提高分辨率的原因。

6-8　绝对式编码器和增量式编码器的区别在哪里？要提高电梯的平层性能（电梯轿厢的地平面和厅地面的高度差趋于零），考虑采用绝对式编码器还是增量式编码器，为什么？

6-9　为什么在工程应用中，格雷码比标准二进制码的应用更广泛？

第7章 物位的测量

7.1 物 位

7.1.1 物位计

物位测量是指对工业生产过程中封闭式或敞开容器中物料的高度进行检测。物位分为液位、料位和相界面位。封闭式或敞开容器中液体的高度或表面位置称为液位。固体块、颗粒、粉料等的堆积高度或表面位置称为料位。将两种不同材质的物体放置在一起，会产生相界面位，相界面位又分为两种情况：将两种密度不同且不相溶的液体放在同一个容器内，液体之间会出现分层（如水和油），这个分界面称为液-液相界面位；将两种不相溶的固体和液体放在同一个容器内，液体和固体之间会出现分层，这个分界面称为液-固相界面位。

对液位、料位、相界面位的高度进行连续检测称为连续测量。对液位、料位、相界面位的高度是否到达某一位置进行检测称为限位测量。完成连续测量或限位测量任务的仪表叫作物位计。

7.1.2 物位检测方法

各种不同的物位计采用的测量方法多种多样。例如，用于液位检测的浮力式物位计根据浮子的升降变化来反映液位的变化，抽水马桶就是采用了该方法监测液位，实现水箱的自动加水功能。用该方法制成的物位计结构简单，安装方便，但可靠性不高，表7-1列出了常用的物位测量传感器。

表 7-1 常用的物位测量传感器

类 型	测量范围	精确度	工作温度	是否接触	可靠性	价格
浮力式	20 m	1.5%	<150℃	接触式	差	一般
差压式	20 m	1%	−40~200℃	接触式	一般	高
电容式	2.5~30 m	2%	−200~400℃	接触式	差	一般
磁式	40 m	0.1%	−40~130℃	接触式	一般	一般
超声波式	60 m	0.1%	<150℃	非接触式	一般	高
微波雷达式	60 m	0.1%	<400℃	接触式和非接触式	好	高

7.2　超声波物位计

超声波物位计是指利用超声波在气体、液体或固体中传播时，衰减穿透能力和声阻抗不同的性质来测量两种介质的相界面。超声波物位计具有频率高、波长短、方向性好和定向传播的特点，但也存在成本高、维修难的缺点，常用于高精度测量场合。超声波物位计按照使用特点可分为连续式超声波物位计和限位式超声波物位计两类。

7.2.1　超声波的基本性质

当超声波由一种介质入射到另一种介质时，由于在两种介质中的传播速度不同，在介质界面上会产生反射、折射和波形转换等现象。

1. 超声波的速度

超声波的传播速度为

$$c = \sqrt{\frac{1}{\rho B_a}} \tag{7-1}$$

式中：ρ——介质密度；

$\qquad B_a$——绝对压缩系数。

它们都是温度的函数，可使超声波在介质中的传播速度随着温度的变化而变化。

另外，常温下，在空气介质中，超声波的速度是 344 m/s；在水介质中，超声波的速度是 1497 m/s；在钢材介质中，超声波的速度是 5000 m/s。可见超声波在固体中传播最快、液体中次之、气体中最慢。

2. 超声波的传输和衰减

超声波在两种介质中传播时，在它们的界面上，一部分能量反射回原介质，称为反射波，另一部分能量透射过界面，在另一种介质内继续传播，称为折射波。超声波的反射和折射如图 7-1 所示。

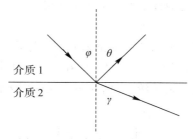

图 7-1　超声波的反射和折射

对于反射波，它应满足反射定理，即当入射波和反射波的波形相同、波速相等时，入射角 φ 等于反射角 θ：

$$\varphi = \theta \tag{7-2}$$

对于折射波，它应满足折射定理，即入射角 φ 的正弦值与折射角 γ 的正弦值之比等于入射波在介质 1 中的速度 c_1 与折射波在介质 2 中的速度 c_2 之比：

$$\frac{\sin\varphi}{\sin\gamma} = \frac{c_1}{c_2} \tag{7-3}$$

超声波在介质内传播时，随着传播距离的增加，能量逐渐衰减，其衰减的程度与超声波的扩散、散射和吸收等因素有关，其声压和声强的衰减规律为

$$P_x = P_0\,\mathrm{e}^{-\alpha x} \tag{7-4}$$

$$I_x = I_0\,\mathrm{e}^{-2\alpha x} \tag{7-5}$$

式中：x——超声波与声源间的距离；

α——衰减系数；

P_x——距离声源 x 处的声压；

I_x——距离声源 x 处的声强。

超声波在介质内传播时，能量的衰减取决于超声波的扩散、散射和吸收。

3. 超声波传感器的工作原理

超声波传感器的核心器件是利用压电效应原理制成的压电振子，如图 7-2 所示。压电振子是由一片金属片和一个压电陶瓷黏合成的。在压电振子上加上交流电压，则振子会产生振动，从而发射超声波信号；反过来，当振子接收到超声波，也会产生交流电信号。由于压电振子的压电效应具有双向性，故压电振子既可以作为发射超声波，也可以作为接收超声波。具有超声波收发功能的装置称为超声换能器或者超声探头。

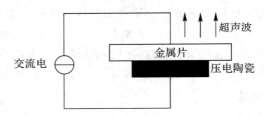

图 7-2　压电振子的工作原理

将超声探头安装在容器的底部或者顶部，探头发射超声波，超声波到达界面反射回来被探头接收，测出超声波从发射到接收的时间差，便可测出物位。下面以液-液相界面位检测为例，说明超声波传感器的工作原理。

如图 7-3 所示，A、B 两种不同的液体倒入容器，静置一段时间后，就会出现液-液相界面位，设其高度为 h，液面总高度为 h_1，超声波在 A、B 两种液体里的传播速度分别为 v_1、v_2。则超声波在液体 A 中传播，到达液-液相界面位反射回来的时间为

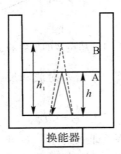

图 7-3　超声波检测液-液相界面位示意图

$$t_1 = \frac{2h}{v_1} \tag{7-6}$$

则

$$h = \frac{v_1 t_1}{2} \tag{7-7}$$

所以只要检测出 t_1、v_1，就可以求出液-液相界面位的高度。

　　进一步地，超声波在液体 A 中传播后，穿过液-液相界面位，如图中虚线所示，在液体 B 中继续传播，抵达液体 B 的液位后被反射回来，花费的时间为

$$t_2 = \frac{2(h_1 - h)}{v_2} + \frac{2h}{v_1} \tag{7-8}$$

$$h = h_1 - \frac{v_2(t_2 - t_1)}{2} \tag{7-9}$$

所以只要检测出 t_1、t_2、v_2，也可以求出液-液相界面位的高度。

7.2.2　连续式超声波物位计

　　连续式超声波物位计采用超声换能器来发射和接收超声波，根据回声测距原理，利用超声波从发射到接收的时间间隔与物位高度成比例的关系，通过测量时间间隔进而求得物位高度。

　　根据超声波传播介质的不同，工业用超声波物位计可分为气介式、液介式和固介式三种。

1. 气介式超声波物位计

　　如图 7-4 所示，气介式超声波物位计中的换能器能发射和接收超声波，通过计时器测出超声波往返所经历的时间 t_1，即可按照式(7-7)求出距离液位的高度。气介式超声波物位计液位测量的精度受超声波在气体中的传播速度影响较大，但这种方式最有利于安装、调试和维护。

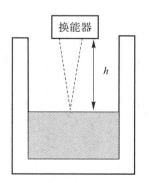

图 7-4　气介式超声波物位计

2. 液介式超声波物位计

　　如图 7-5 所示，液介式超声波物位计的换能器安装在被测液体的底部，换能器发出的超声脉冲在液体中由换能器传至液面，反射后再从液面返回到同一探头而被接收。液介式

超声波物位计的工作原理与气介式类似，不同之处是传播的介质不是气体而是液体。采用这种测量方法时，通常要求液体的温度变化不大，介质中的杂质等影响超声波传播的因素要少。否则，超声波在液体中的传播速度变化会对测量结果造成较大影响。

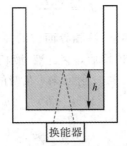

图 7-5 液介式超声波物位计

3. 固介式超声波物位计

固介式超声波物位计如图 7-6 所示，其测量方法是将一根传声的固体棒插入液体，棒上端要高出液体的最高液位，探头安装在传声固体棒顶端，用计时器测出超声波往返所经历的时间 t_1，即可求出距离液位的高度。固介式超声波物位计的工作原理与气介式类似，不同之处是传播的介质不是气体而是固体。

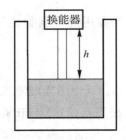

图 7-6 固介式超声波物位计

7.2.3 限位式超声波物位计

限位式超声波物位计用于判断被测物位是否达到限定高度，其工作原理如图 7-7 所示。

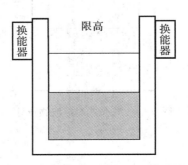

图 7-7 限位式超声波物位计

限位式超声波物位计需要使用两个换能器，一个用于发送超声波，一个用于接收超声波。在物位没有达到限定高度时，接收换能器能收到发送换能器发出的超声波；而当物位升高到限定高度时，超声波的声路被阻断，接收换能器接收不到超声波，通过控制电路发出告警信号。

7.3　雷达物位计

雷达物位计作为一种常见的物位仪表产品，经常用于各种金属、非金属容器或管道内的液体、浆料及颗粒料的物位测量。

按照工作方式进行划分，雷达物位计有接触式和非接触式两类。接触式雷达物位计主要有导波雷达物位计。与接触式雷达物位计相比，非接触式雷达物位计是近年来发展最快的一种测量仪器，它具有安装简单、维护量少、使用方式灵活、不受仓内粉尘和温度等因素影响等优点。按照微波的波形划分，非接触式雷达物位计又可分为脉冲雷达物位计和调频连续波雷达物位计。

7.3.1　导波雷达物位计

导波雷达物位计运用了时域反射（Time Domain Reflectometry，TDR）原理，将微波脉冲信号发射到导波体上，以导波体作为传输介质传播信号，当遇到被测介质时，由于介电常数突变，微波发射的一部分脉冲能量被反射回来。发射脉冲与反射回来的脉冲的时间间隔与物位计和被测介质的距离成正比。根据雷达物位计记录的发射脉冲与接收脉冲的时间可以推算出实际的物位值。

导波雷达物位计表头内部的微波脉冲收发电路通过同轴射频接插件和同轴电缆相连。同轴电缆的另一端在法兰处与同轴导波体相连接。导波体则是直接插入到罐体的被测介质内，导波体的末端与罐底部有一段距离。由图 7-8 可知，电路发出的微波脉冲信号会通过同轴电缆沿着导波体向下传播。由于在同轴电缆和导波体的连接处，传播介质的介电常数发生了变化，产生了顶部回波，部分能量被反射回去，但是仍有一部分信号能量会继续沿导波体向下传播。当信号进入被测介质时，分界面上下两种物质的介电常数不一样，产生物位界面回波，部分信号能量被反射回去，部分信号能量继续往下传播。到达导波体的底

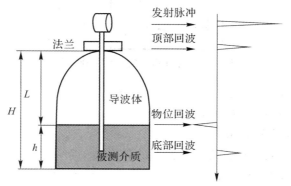

图 7-8　导波雷达物位计信号传播示意图

部时，信号能量没有被完全损耗，会在底部产生一个断路回波信号。仪表只要测量出顶部回波信号和物位回波信号之间的时间差 t，即可按照下式计算出从法兰处到物料界面的距离 L：

$$L = \frac{ct}{\sqrt{\varepsilon_r}} \tag{7-10}$$

式中：c——光在真空中的传播速度；

    ε_r——被测介质的相对介电常数。

通常，罐体的高度 H 是已知的，所以物位高度 h 为

$$h = H - L \tag{7-11}$$

导波雷达物位计的优点如下：

(1) 在蒸气和泡沫环境下测量不受影响。

(2) 不受液体密度、固体物料的疏松程度、温度、加料时粉尘的影响。

(3) 高精度、高可靠性，使用寿命长。

导波雷达物位计的缺点是它属于接触式测量，不能在腐蚀性环境中使用。

7.3.2　脉冲雷达物位计

脉冲雷达物位计的工作原理如图 7-9 所示，它采用了行程时间（Time of Flight, TOF）测量原理（又称传播时间测量原理），通过发射微波脉冲，脉冲以光速在空气中传播，在碰到被测介质表面后，部分微波被反射回来。介质的反射量越大，信号就越强，越好测量；反射量越小，信号就越弱，越容易受干扰。反射信号被同一天线接收，根据准确识别发射脉冲与接收脉冲的时间差 Δt，可以计算出天线到达被测介质表面的距离 d：

$$d = \frac{c \Delta t}{2} \tag{7-12}$$

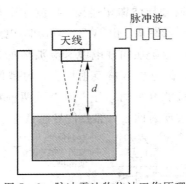

图 7-9　脉冲雷达物位计工作原理

脉冲雷达物位计的优点如下：

(1) 量程大，最高量程可达 70 m；

(2) 精度高，误差只有 3 mm；

(3) 抗干扰性强，不受温度、粉尘、蒸气的影响。

脉冲雷达物位计的缺点如下：

(1) 大多数经济型的脉冲雷达物位计采用 5.8 GHz 或 6.3 GHz 的微波频率，其辐射角

较大(约 30°),容易在罐壁或内部构件上产生回波干扰;

(2) 当液面出现波动和泡沫时,信号散射脱离传播途径,从而使返回到雷达物位计接收天线的信号更加弱小甚至无信号返回;

(3) 当罐中有搅拌器、管道等障碍物时,这些障碍物也会反射电磁波信号,从而产生虚假的物位信号。

7.3.3 调频连续波雷达物位计

与脉冲雷达物位计工作原理相似,调频连续波雷达物位计也采用了 TOF 测量原理,不同之处在于,它的天线发射的是高频连续波信号 $f_T(t)$,如图 7-10 所示。信号发射后,经过一段延迟时间后,接收到回波信号 $f_R(t)$。此时回波信号的频率和发射波的频率存在频差 Δf,它与物位计到介质表面的距离成正比,依此可计算出物位。

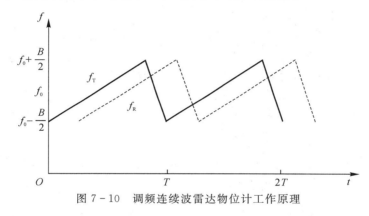

图 7-10 调频连续波雷达物位计工作原理

在一个调频周期内,发射信号的频率 $f_T(t)$ 的数学模型可表示为

$$f_T(t) = f_0 - \frac{B}{2} + \frac{Bt}{T}, \qquad 0 \leqslant t \leqslant T \tag{7-13}$$

式中:f_0——中心频率;

$\qquad B$——扫频带宽;

$\qquad T$——扫频周期。

而延时了 Δt 时间后的接收信号频率 $f_R(t)$ 的数学模型可表示为

$$f_R(t) = f_0 - \frac{B}{2} + \frac{B(t - \Delta t)}{T}, \qquad 0 \leqslant t \leqslant T \tag{7-14}$$

由此可以推出频差 Δf 为

$$\Delta f = f_R(t) - f_T(t) = \frac{B\Delta t}{T} \tag{7-15}$$

将式(7-12)代入式(7-15)可得

$$d = \frac{cT}{2B}\Delta f \tag{7-16}$$

由式(7-16)可知,在扫频周期 T 和带宽 B 一定的情况下,物位与天线的距离 d 与 Δf 成线性关系。

调频连续波雷达物位计可以不接触被测物体进行测量,所以可在有毒、有害、腐蚀性环境中使用。它的抗干扰能力强，非常适用于近距离物位测量，测量精度也很高，但是测量距离受天线发射功率限制，且整体电路复杂、成本高。

习　　题

7-1　物位检测包括哪些检测？

7-2　简述超声波液位计的构成和工作原理。

7-3　简述雷达物位计的分类，说明导波雷达物位计的工作原理。

7-4　说明调频连续波雷达物位计和脉冲雷达物位计的异同点。

第 8 章　信息传输系统

本书前半部分阐述了如何获取信息，后半部分主要阐述信息传输与交换的基本原理，主要包括通信与通信系统、信道的组成及分类、模拟信号和数字信号的调制与编码，为读者今后深入学习电子信息技术打下基础。

8.1　通信与通信系统

信息传输就是将获取的信息通过特定的物理媒介进行交流与传递，又称通信。完成信息传输的系统就是通信系统。

8.1.1　通信

人类社会自脱离动物界而独立形成以来，信息交互一直是一个重要的生存要素。口头语言和书面文字是最基本的信息交互形式，通信，则是从一地到另一地克服了距离障碍而进行的信息传递和交互。实现通信的方式和手段很多，从古代社会的烽火台、消息树到后来出现的驿站、旗语，直至现代社会的电报、电话、手机、因特网，通信技术一直伴随着人类社会的进步而发展变化着。科学技术是人类的第一生产力，近现代出现了利用电磁波或光波来传递各种消息的通信方式，使信息传递迅速、准确、可靠，而且几乎不受时间和空间距离的限制，这就是现代通信技术。为了更好地理解现代通信，有必要先回顾一下它的发展历史。

1. 通信发展简史

在人类社会从古代文明走向现代文明的过程中，通信技术的突破备受关注。以下是近代通信发展史中一些具有里程碑意义的重大事件：

1844 年，莫尔斯发明了电报码，产生了利用电信号的通信方式——有线电报。

1858 年，英国开始铺设越洋海底通信电缆。

1864 年，麦克斯韦建立了电磁场理论，预言了无线电波的存在。

1876 年，贝尔发明了电话。

1887 年，赫兹通过实验证实了麦克斯韦的预言，为现代无线通信奠定了基础。

1896 年，马可尼发明了无线电报通信方式。

1906 年，弗莱明发明了真空二极管。

1918 年，调幅无线电广播、超外差接收机问世。

1928 年，奈奎斯特提出了著名的抽样定理。

1936 年，调频无线电广播开播。

1937 年，脉冲编码调制原理被发明。

1938 年，电视广播开播。

1940—1945 年，第二次世界大战刺激了雷达和微波通信系统的发展。

1948 年，3 位科学家发明了晶体管，香农提出了信息论，现代通信理论开始建立。

1949 年，时分多路通信应用于电话。

1957 年，苏联成功发射了第一颗人造地球卫星。

1958 年，人类发射了第一颗通信卫星。

1960 年，激光被发明。

1961 年，集成电路研发成功。

1962 年，第一颗同步通信卫星成功发射，为国际间大容量通信奠定了基础。

1960—1970 年，数字传输的理论和技术得到了迅速发展，数字电子计算机的运算速度大大提高。

1970—1980 年，大规模集成电路、商用通信卫星、程控数字交换机、光纤通信系统、微处理机等迅速发展。

1980 年以后，超大规模集成电路、光纤通信系统得到了广泛应用，综合业务数字网崛起，现代通信朝着数字化、网络化、综合化、智能化、移动化、宽带化和个人化的方向发展。

纵观现代通信技术的发展历程，可以发现，通信技术来源于社会发展的需求，反过来又推动了社会的进步。通信技术的发展离不开通信理论的指导，新的通信理论的出现必然带来通信技术的飞跃，同时也会进一步推动理论的发展。

2．通信方式

通信方式是指通信双方之间的工作方式或信号的传输方式。

1）单工、半双工及全双工通信

对于点对点之间的通信，按消息传送的方向与时间的关系，可分为单工通信、半双工通信及全双工通信三种。

单工通信是指消息只能单方向传输的工作方式。例如，遥控、遥测就是单工通信方式。单工通信信道是单向信道，发送端和接收端是固定的，发送端只能发送信息，不能接收信息；接收端只能接收信息，不能发送信息。

半双工通信可以实现双向通信，但不能同时在两个方向上进行通信，必须轮流交替地进行。也就是说，通信信道的每一端都可以是发送端，也可以是接收端。但在同一时刻信息只能朝一个方向传输。军事、矿业企业和公共管理场合使用的对讲机、步话机等通信设备采用的就是半双工通信方式。

全双工通信是指在通信的任一时刻，通信双方都可同时进行收发消息的通信方式。全双工通信的信道必须是双向信道，电话就是全双工通信最典型的例子，现在计算机之间的高速数据传输也采用这种方式。

2）并行传输与串行传输

在计算机通信中，按数据代码的排列方式不同，通信方式可分为并行传输和串行传输。

并行传输是将代表信息的数字信号码元在并行信道上同时进行传输的方式。如图 8-1 所示，一个字节的二进制代码字符要用 8 条信道同时传输，一次传输一个字符，这种传输方式的速度快，但由于占用信道多、投资大，一般只用在设备之间的近距离通信，如计算机与打印机之间的通信。

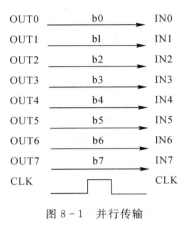

图 8-1　并行传输

　　串行传输是将数字信号码元在一条信道上以位（码元）为单位，按时间顺序逐位传输的方式，如图 8-2 所示。这种传输方式逐位发送和接收数字信号码元。收发双方需要确认字符，因此必须采取同步措施。串行传输的速度虽慢，但由于只需一条传输信道，投资小，易于实现，是目前电话和数据通信采用的主要传输方式。

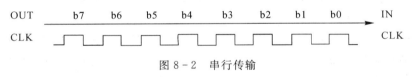

图 8-2　串行传输

3）点对点通信、点对多点通信与网络通信

　　电话通信是典型的点对点通信，通信时发送信息点与接收信息点之间必须有独立的通信信道。广播、电视是典型的点对多点通信，这种通信的信道是公用的，发布信息的一方只需将信息通过公共信道传播出去，接收信息的任何一方可根据需要有选择地接收信息。现代通信需要任意时刻任意地点之间的多点对多点的通信，因此出现了各种交换系统和网络，网络通信蓬勃发展起来，现代通信系统已经离不开网络了。

8.1.2　通信系统

　　通信的根本目的是传输信息，在信息传输过程中所需的一切设备和软硬件技术组成的综合系统称为通信系统。尽管通信系统的种类繁多、形式各异，但最基本的架构就是点对点通信系统。通信原理主要研究点对点通信系统的通信理论、通信方式和通信技术。图 8-3 给出的是一个点对点单向通信系统的一般模型框图。

　　图 8-3 中各部分的功能简述如下：

　　信源：信息的来源，是产生消息的实体。信源还包括把各种消息转换成原始电信号（基带信号），完成非电量到电量的转换等功能。根据消息的种类不同，信源可以分为模拟信源和数字信源,在日常生活中,典型的信源有话筒(语音-音频信号)、摄像机(图像-视频信号)、电传机(键盘字符-数字信号)等。

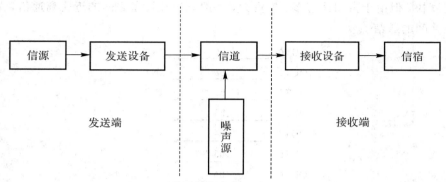

图 8-3 点对点单向通信系统的一般模型

发送设备:主要功能是构造适合在信道中传输的信号,使信源信号和信道特性相匹配,并具有足够大的功率,以满足远距离传输的需要。发送设备中包括了信号的变换、放大、滤波、调制、编码等各种过程。

信道:指传输信号的物理媒质。在无线信道中,信道就是自由空间;在有线信道中,信道可以是明线、电缆、波导或光纤等。信道同时也是一个抽象的概念,泛指信号传输的通道。实际信道除了给信号提供通路之外,还会产生各种不利于信号传输的干扰和噪声。

噪声源:将信道中的干扰和噪声以及分散在通信系统其他各处的噪声集中表示的理想模型。

接收设备:和发送设备相对应,完成发送设备的逆功能。具体来说,就是将经过信道传输后到达接收端的信号进行放大、整理,完成解码、解调等反变换,从因传输而受损的信号中恢复出正确的原始信息。

信宿:又称为收信者,是信息传输最终到达的目的地。其典型的实例如扬声器、显像管等。

1. 模拟通信系统

模拟通信系统指在信道中传输模拟信号的通信系统,其系统模型可由图 8-3 略加演变而成,如图 8-4 所示。

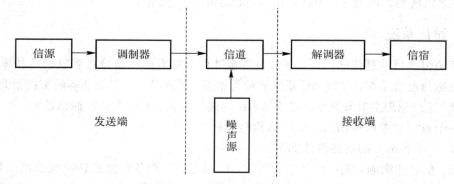

图 8-4 模拟通信系统的模型

与图 8-3 相比，发送设备换成了调制器。事实上，除了调制器外，发送设备还应包含放大、滤波、混频、辐射等各个环节，本模型认为这些环节都足够理想，从而不再讨论。调制器的主要功能是把从信源发送出来的基带信号变换成适合在信道中传输的频带信号。解调器的功能与调制器的功能相反。

2. 数字通信系统

数字通信系统是利用数字信号来传递信息的通信系统。

1）数字通信系统模型

数字通信系统模型如图 8-5 所示。

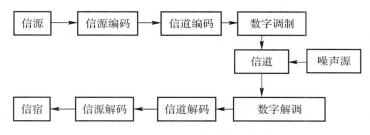

图 8-5　数字通信系统模型

数字通信系统模型中各部分的主要功能如下：

信源编码：主要解决数字信号的有效传输问题，又称为有效性编码。对于模拟信号源，信源编码首先要将模拟信号转换成数字信号；对于数字信号源，这一步可以省去。信源编码的另一个重要任务是对数字信号进行数据压缩，设法降低数字信号的数据传输率。数据传输率在通信中直接影响信号的传输带宽，数据传输率越高，所需的传输带宽就越宽。单位传输带宽所能传输的信息量反映了通信的有效性，因此信源编码的目的主要是提高通信的有效性。

信道编码：主要解决数字信号传输的抗干扰问题，又称为可靠性编码。通过信源编码输出的数字信号，在传递过程中因为噪声或其他原因可能发生错误而造成误码，为了保证传输正确，尽可能减少出错和误码，信道编码人为地对要传输的信息码元增加一些冗余符号，并让这些符号满足一定的数学规律，可使信息传输具有发现错误和纠正错误的能力，从而提高通信的可靠性。

数字调制：数字调制的任务是将数字基带信号经过调制变为适合于信道传输的频带信号（带通信号），其实质就是对数字信号进行频谱搬移的过程。在传输距离不太远且通信容量不太大的某些系统中，也可以直接传输数字基带信号，这时可以省去数字调制的过程。

数字解调：数字解调是数字调制的逆过程，是指将频带信号还原为原始的基带信号。

信道解码：信道解码是信道编码的逆过程。

信源解码：信源解码是信源编码的逆过程。

2）数字通信系统的主要特点

由于计算机技术的突飞猛进，数字通信的发展速度已明显超过模拟通信，成为现代通信技术的主流，这是因为与模拟通信相比，数字通信具有以下优点：在传输中噪声不积累，抗干扰能力强；传输差错可控，通信质量高；可以采用现代数字信号处理技术对信息进行加工、处理，易于存储并能灵活地与各种信源综合到一起传输；采用集成电路后，通信设备可实现微型化；易于对传输信息进行加密处理，保密性好。

但是事物总是具有两面性的，数字通信的许多优点都是以比模拟通信占据更宽的系统频带为代价而换取的。以电话通信为例，一路模拟电话通常只占据 4 kHz 带宽，但一路接近同样话音质量的数字电话可能要占据 20～60 kHz 的带宽，因此数字通信的频带利用率比模拟通信低。数字通信的另一个缺点是对同步的要求高，系统设备比较复杂。但是随着微电子技术、计算机技术和通信技术本身的进步和发展，这些缺点正在不断地被克服，数字通信的优势将越来越突出。

8.1.3 通信系统的性能指标

通信的目的是快速、准确地传递信息。因此，从研究消息传输的角度来说，有效性和可靠性是评价通信系统优劣的最主要的两大性能指标。

1. 通信系统的有效性

模拟通信系统的有效性可用有效传输频带来衡量，同样的消息用不同的调制方式，需要的传输带宽不同。如话音信号的单边带调幅（SSB）占用的带宽仅为 4 kHz，而其双边带调幅（DSB）占用的带宽为 8 kHz，显然单边带调幅比双边带调幅的有效性要高。

数字通信系统的有效性可用数据传输速率（包括码元传输速率和信息传输速率两种）和频带利用率来衡量。

1）码元传输速率 R_B

码元传输速率又称为码元速率或传码率。其定义为单位时间（每秒）传送码元的数目，单位为波特（Baud），简写为 B。例如，某系统每秒钟传送 1200 个码元，则该系统的传码率为 1200 波特或 1200 B。要注意的是，码元传输速率仅仅表征单位时间内传送码元的数目，而没有限定这时的码元是何种进制的，故给出码元速率时必须说明信源码元的进制。根据码元速率的定义，若已知每个码元的持续时间（又称码元宽度）为 T_s 秒，则有

$$R_B = \frac{1}{T_s} \qquad (8-1)$$

2）信息传输速率 R_b

信息传输速率又称为信息速率或传信率。其定义为单位时间（每秒）传送的信息量，单位为比特/秒（bit/s），简记为 bps（b/s）。若某信息源每秒钟传送 1200 个符号，而每一符号的平均信息量为 1 bit，则该信息源的信息速率为 1200 bps。

在"0""1"等概率出现的二进制信源中，每个码元含有 1 bit 的信息量。因此，二进制码元的码元速率与信息速率在数值上相等，只是单位不同。在 M 进制下，由于每个码元携带 $\text{lb}M$ 比特的信息量，故码元速率与信息速率有以下的关系：

$$R_b = R_B \text{lb}M \qquad (8-2)$$

[例 8-1] 在十六进制数据传输中，已知码元速率为 1200 B，求信息速率。

解 由于

$$M = 16$$

则

$$lbM = 4$$

信息速率则为

$$4 \times 1200 = 4800 \text{ bps}$$

实际上，单从数据传输率并不能准确客观地反映系统传递信息的有效性。在比较不同通信系统的有效性时，不能单看它们的传输速率，还应考虑其所占用的频带宽度。因为两个传输速率相等的系统占用的频带资源并不一定相同，所以数字通信系统往往还要用频带利用率来衡量其有效性。

3）频带利用率 η

频带利用率的定义为单位带宽内的传输速率，即

$$\eta_{\text{B}} = \frac{R_{\text{B}}}{\text{BW}} \qquad (8-3)$$

或

$$\eta_{\text{b}} = \frac{R_{\text{b}}}{\text{BW}} \qquad (8-4)$$

式中：BW——频带宽度，单位为 Hz。

2. 通信系统的可靠性

模拟通信系统的可靠性表现在抗信号传输损耗的能力上，而信号损耗具体体现在信号衰减、失真和噪声干扰等方面。

1）信号衰减

信号衰减与传送距离正相关，距离越远，衰减越多。此外，信号衰减还与信号的频率正相关，频率越高，衰减越多。解决衰减的方法是采用放大器。

衡量信号衰减和放大器放大的指标有电压增益与功率电平。

电压增益是用输出端的电压值除以输入端的电压值，简称增益或损益，用符号 G 表示：

$$G = \frac{U_{\text{o}}}{U_{\text{i}}} \qquad (8-5)$$

由于增益的数值通常都很大，因此常使用分贝形式表示：

$$G_{\text{dB}} = 20 \lg \frac{U_{\text{o}}}{U_{\text{i}}} \qquad (8-6)$$

[**例 8-2**]　一段同轴电缆长 40 m，已知信号在其上的损益是 1 dB/m，试求输入 10 V 电压信号时，通过该段电缆的输出信号幅值。

解　同轴电缆的总损益是 $40 \times (-1) = -40$ dB，由式（8-6）得

$$\frac{U_{\text{o}}}{U_{\text{i}}} = 0.01$$

故可知输入 10 V 电压信号时，通过该段电缆的电压输出值为

$$10 \times 0.01 = 0.1 \text{ V}$$

功率电平是用输出端的功率值除以输入端的功率值，用符号 L 表示，常使用分贝形式

表示：

$$L_{dB} = 10 \lg \frac{P_o}{P_i} \tag{8-7}$$

工程上还常用绝对功率值 dBm、dBW 来表示。dBm 就是以 1 mW 功率为基准的比值，其定义如下：

$$dBm = 10 \lg\left(\frac{P_o}{1 \text{ mW}}\right) \tag{8-8}$$

由式(8-8)可知：0 dBm＝1 mW，10 dBm＝10 mW，等等。

dBW 是以 1 W 功率为基准的比值，其定义如下：

$$dBW = 10 \lg\left(\frac{P_o}{1 \text{ W}}\right) \tag{8-9}$$

由式(8-9)可知：0 dBW＝1 W，10 dBW＝10 W，等等。

2) 信号失真

信号失真可分为非线性失真和线性失真。非线性失真是由电路中放大元件的非线性特性引起的失真。而线性失真是因为受放大器通频带的限制，放大电路对不同频率的信号的放大倍数和相移不同，当输入信号包含多次谐波时，输出波形产生的失真，又称频率失真。线性失真包含幅频失真和相频失真，如图 8-6 所示。

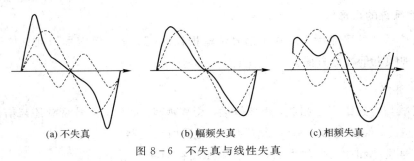

(a) 不失真　　　　　　(b) 幅频失真　　　　　(c) 相频失真

图 8-6　不失真与线性失真

3) 噪声干扰

模拟通信系统的可靠性通常用接收端解调器的输出信噪比来度量。信噪比是指某个电子系统中信号与噪声的比例，其计算公式如下：

$$SNR = 10 \lg\left(\frac{P_s}{P_n}\right) \tag{8-10}$$

式中：P_s、P_n——信号和噪声的有效功率，信噪比的单位是分贝(dB)。

为了衡量电子系统的噪声性能，还需要引入噪声因子 F(Noise Factor)和噪声系数 NF (Noise Figure)。将电子系统中输入端的信噪比和输出端的信噪比相除，就得到了噪声因子：

$$F = \frac{SNR_{input}}{SNR_{output}} \tag{8-11}$$

噪声系数 NF 是噪声因子的分贝表示形式：

$$NF = 10 \lg F = \lg\left(\frac{SNR_{input}}{SNR_{output}}\right) \tag{8-12}$$

当电子系统由两个电子设备串联而成时(如图 8-7 所示),那么整个串联系统的噪声因子应满足:

$$F = F_1 + \frac{F_2 - 1}{G_1} \tag{8-13}$$

[**例 8-3**] 如图 8-7 所示的串联电子系统,各部分的性能指标见表 8-1 所列,试求整个电子系统的噪声系数。

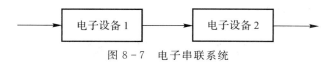

图 8-7 电子串联系统

表 8-1 例 8-3 表 1

	增益 G/dB	噪声系数 NF/dB
电子设备 1	20	6
电子设备 2	10	2

解 首先要将增益和噪声系数换算成非增益形式,得表 8-2。

表 8-2 例 8-3 表 2

	增益 G	噪声因子 F
电子设备 1	10	3.98
电子设备 2	3.16	1.58

根据式(8-13),得

$$F = 3.98 + \frac{1.58 - 1}{10} = 4.04$$

根据式(8-12),得

$$NF = 10\lg 4.04 = 6.06 \text{ dB}$$

4)差错率

数字通信系统的可靠性可用差错率来衡量。差错率有误码率和误信率两种。

(1)误码率 P_e。

误码率 P_e 是指单位时间内接收到的错误码元数在传送总码元数中所占的比例,或者更确切地说,误码率就是码元在传输系统中被传错的概率,可表示为

$$P_e = \frac{\text{错误码元数}}{\text{传输总码元数}} \tag{8-14}$$

(2)误信率 P_b。

误信率 P_b 又称误比特率,是指错误接收的信息量在传送信息总量中所占的比例,确切

地说，它是码元的信息量在传输系统中被丢失的概率，可表示为

$$P_b = \frac{错误比特数}{传输总比特数} \qquad (8-15)$$

通信系统的有效性和可靠性是矛盾的。一般情况下，要提高系统的有效性，就得降低可靠性；反之亦然。在实际应用中，常常依据系统的实际要求采取相对折中的办法，即在满足一定可靠性指标的情况下，尽量提高消息的传输速率；或者在维持一定的有效性的条件下，尽可能提高系统的可靠性。

8.2 电 磁 波

8.2.1 电磁波的发现

电磁波是什么？电磁波是在空间传播的一种交变电磁场，也称为无线电波。电磁波具有能量，从物理学的观点看，电磁波与红外线、可见光、紫外线、X 射线、γ 射线属于同一类物质，仅仅是由于它们的频率不同，而有了不同的物理形态。

1864 年，英国人麦克斯韦发表的论文《电磁场的动力学理论》，推导出了一组描述电磁场变化规律的方程，称为波动方程，即

$$\begin{cases} \dfrac{\partial^2 E}{\partial x^2} + \dfrac{\partial^2 E}{\partial y^2} + \dfrac{\partial^2 E}{\partial z^2} = \xi \mu \dfrac{\partial^2 E}{\partial t^2} \\ \dfrac{\partial^2 H}{\partial x^2} + \dfrac{\partial^2 H}{\partial y^2} + \dfrac{\partial^2 H}{\partial z^2} = \xi \mu \dfrac{\partial^2 H}{\partial t^2} \end{cases} \qquad (8-16)$$

式中：E、H——电场和磁场；

x、y、z——三维空间坐标；

t——时间；

ξ、μ——三维空间物质与电、磁有关的常数。

这是一组偏微分方程，给定边界条件求解波动方程，可得到物质中的电场和磁场的解，其解表明电场、磁场均以波动形式随时间和空间位置变化而变化，麦克斯韦称之为电磁波。

波动方程描述了电场与磁场之间的定量关系，又一次揭示了自然界参数之间的对称性规则，与有作用力就有反作用力一样，有变化的电场就会有变化的磁场，它们是相互依存和互相转换的。按照麦克斯韦的电磁场理论，电场与磁场是紧密相依的。时变的电场会引起磁场，时变的磁场也会引起电场。它们是一环一环扩散传播的，如图 8-8 所示，因此电场和磁场不断地交替产生，由远及近传播就形成了电磁波。

图 8-8 电磁波传播示意图

麦克斯韦预言了电磁波的存在，并指出电磁波不依靠介质传播，电磁波的传播速度与光速相等，在自由空间中是 3×10^8 m/s。1887 年(麦克斯韦逝世后 9 年)，德国科学家赫兹完成了证明

电磁波存在的实验,为了纪念这位杰出的科学家,电磁波的频率单位被命名为"赫兹"(Hz)。

8.2.2 电磁波的物理特性

物理学认为电场和磁场都是物质,是能量的一种形式。电磁波与一般的机械波不同,一般的机械波本身不是物质,所以它需要借助媒质才能传播。例如,声音在真空中就不能传播,但电磁波在真空中却能传播,因为它的传播不依赖任何媒质。正因为电磁波具有这种特性,才使其能上天入地,通过宇宙空间,实现宇宙通信。

1. 波长

波长是电磁波一个重要的物理特性,它是指波在一个振动周期内传播的距离。如图 8-9 所示,一个波长即沿着波的传播方向,相邻两个振动位相相差 2π 的点之间的距离,用 λ 表示,单位为 m。

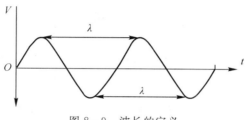

图 8-9 波长的定义

同一频率的波在不同介质中以不同的速度传播,所以波长也不同。波长 λ、波速 v 与周期 T 之间满足:

$$\lambda = vT \tag{8-17}$$

2. 频率

频率是电磁波另一个重要的物理特性。频率是单位时间内完成周期性变化的次数,是描述周期运动频繁程度的量,用 f 表示,单位为 Hz。

频率 f 和周期 T 之间满足:

$$f = \frac{1}{T} \tag{8-18}$$

所以有

$$\lambda = vT = \frac{v}{f} \tag{8-19}$$

例如,中央人民广播电台第一套节目所用的一个广播频率为 639 kHz,电磁波在空气中的传播速度为光速 3×10^8 m/s,则可计算得这套节目的无线电波波长为

$$\lambda = \frac{3 \times 10^8 \, \text{m/s}}{639 \times 10^3 \, \text{Hz}} = 469.48 \, \text{m}$$

电磁波的频率由低到高,具有很宽的频带,随着频率的升高,电磁波的物理特性会发生变化。现代物理学证明,红外线、可见光、紫外线、γ 射线等都是不同频率电磁波的表现形式。

把电磁波按照频率大小顺序排列起来,就得到了电磁波谱。如图 8-10 所示,电磁波由

低频率到高频率主要分为：中短波、微波、红外线、可见光、紫外线、X 射线和 γ 射线。

通常将频率从低到高划分为 9 段，名称如下：甚低频、低频、中频、高频、甚高频、特高频、超高频、极高频和至高频。也分别称上述 9 段为：甚长波、长波、中波、短波、米波、分米波、厘米波、毫米波、亚毫米波。有时又将 6、7、8、9 这四段统称为"微波"。频段划分见表 8-3 所列。

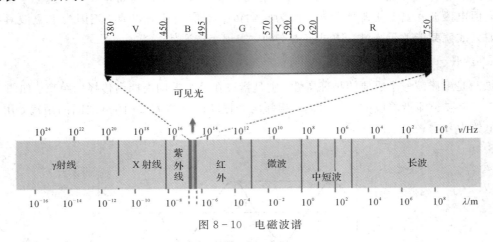

图 8-10　电磁波谱

表 8-3　常用传输媒质的频率范围及用途

序号	简称	频率范围	波长范围	用　途
1	甚低频 VLF	3 Hz～30 kHz	甚长波 100～10 km	音频、电话、数据终端、长距离导航、时标
2	低频 LF	30～300 kHz	长波 10～1 km	导航、信标、电力线通信
3	中频 MF	300 kHz～3 MHz	中波 1000～100 m	调幅广播、移动陆地通信、业余无线电
4	高频 HF	3～30 MHz	短波 100～10 m	移动无线电话、短波广播、定点军用通信、业余无线电
5	甚高频 VHF	30～300 MHz	米波 10～1 m	电视、调频广播、空中管制、车辆通信、导航
6	特高频 UHF	300 MHz～3 GHz	分米波 100～10 cm	电视、空间遥测、雷达导航、移动通信
7	超高频 SHF	3～30 GHz	厘米波 10～1 cm	微波接力、卫星和空间通信、雷达
8	极高频 EHF	30～300 GHz	毫米波 10～1 mm	雷达、微波接力、射电天文学
9	至高频	300～3000 GHz	亚毫米波 1～0.1 mm	光通信

3. 极化

极化也是电磁波一个重要的物理特性。当电场方向与地面垂直时，称为垂直极化；若电场方向与地面水平，则称为水平极化。电磁波的极化形式是由发射天线馈源的结构决定的。

接收天线的极化形式只有与被接收的电磁波极化形式一致时，才能有效地接收信号，否则将使接收信号质量变坏，甚至完全接收不到信号，这种现象称为极化失配。

8.2.3　电磁波的传播

和光的传播相似，当电磁波从一种媒质进入另一种媒质时，会产生反射、折射、绕射和散射现象。媒质不同，电磁波的传播速度也会不同，因为不同媒质对同一频率的电磁波能量的吸收作用不同。

电磁波的传播和电流不同，电流只能在导体中流动，不能流过绝缘体。而电磁波在理想导体中是不能传播的，金属材料制成的壳体对电磁波具有屏蔽作用，电磁波既进不去也出不来。相反，电磁波在绝缘的介质中却容易传播。

电磁波在大气空间的传播形式主要有地波、天波和直射波，如图 8-11 所示。

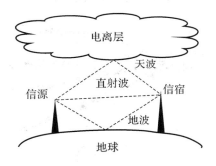

图 8-11　电磁波传播示意

1. 地波

沿地球表面传播的电磁波叫作地波。形成地波的条件是电磁波的波长远大于地面上高低不平的山川、房屋或其他障碍物，这时地面对于电波而言，可等效于镜面。地波的传播稳定，不受昼夜变化的影响，衰减很小，可以传播很远的距离，甚至可以绕地球一圈。

2. 天波

天波是由电离层反射而传播的电磁波。地球被大气所包围，在离地球表面约 50 km 开始，一直延伸到约 1000 km 高度的地球高层大气空域中，存在相当多的自由电子和离子，它们能使某种频率的电磁波发生折射、反射和散射。

3. 直射波

随着频率升高，进入微波波段，这时地波、天波都十分微弱，无法利用，只能利用直射波进行传输通信。

8.3 信　　道

信道就是指传输信号的物理媒质。若按媒质的不同，信道通常可分为有线信道和无线信道。仅包含信号的传输媒质的信道称为狭义信道；若信道不仅包含传输媒质，而且包括通信系统中的转换装置，则这种信道称为广义信道。

8.3.1　有线信道

所谓有线信道，是指传输媒质为双绞线、同轴电缆、光纤等一类具体的物理媒质。

1. 双绞线

1) 双绞线的概念

双绞线是一种综合布线工程中最常用的传输介质，是由两根具有绝缘保护层的铜导线组成的。"双绞线"的名称也由此而来。实际使用时，常把多对双绞线一起包在一个绝缘电缆套管里。把一对或多对双绞线放在一个绝缘套管中便成了双绞线电缆（如图8-12所示），但日常生活中一般把"双绞线电缆"直接称为"双绞线"。

图 8-12　双绞线电缆

双绞线的作用是通过把两根绝缘的铜导线按一定密度互相绞在一起，每一根导线在传输中辐射出来的电波会被另一根线上发出的电波抵消，以此有效降低信号干扰的程度。

2) 双绞线的分类

根据有无屏蔽层，双绞线可分为屏蔽双绞线（Shielded Twisted Pair，STP）与非屏蔽双绞线（Unshielded Twisted Pair，UTP）。

屏蔽双绞线在双绞线与外层绝缘封套之间有一个金属屏蔽层。屏蔽双绞线又分为 STP 和 FTP（Foil Twisted Pair），STP 指每条线都有各自的屏蔽层，而 FTP 只在整个电缆有屏蔽装置，并且两端都正确接地时才起作用，所以要求整个系统是屏蔽器件，包括电缆、信息点、水晶头和配线架等，同时建筑物需要有良好的接地系统。屏蔽层可减少辐射，防止信息被窃听，也可阻止外部电磁干扰的进入，因此屏蔽双绞线比同类的非屏蔽双绞线具有更高的传输速率。但是在实际施工时，屏蔽层很难全部完美地接地，从而使屏蔽层本身成为最大的干扰源，导致性能甚至远不如非屏蔽双绞线。因此，除非有特殊需要，通常在综合布线系统中只采用非屏蔽双绞线。

非屏蔽双绞线是一种数据传输线，由四对不同颜色的传输线组成，广泛用于以太网路和电话线中。非屏蔽双绞线电缆具有以下优点：

（1）无屏蔽外套，直径小，节省所占用的空间，成本低；

（2）重量轻，易弯曲，易安装；

（3）能将串扰减至最小或消除；

（4）具有阻燃性；

（5）具有独立性和灵活性，适用于结构化综合布线。

根据频率和信噪比，双绞线可分为三类线、五类线和超五类线，具体型号如下：

（1）三类线（CAT3）：三类线中的线有 2 对（4 根），它的传输带宽是 16 MHz，主要应用于语音、10BASE - T 以太网，最大网段长度为 100 m，采用 RJ 形式的连接器（见图8 - 13），CAT3 目前已淡出市场。

图 8 - 13　RJ 接头

（2）五类线（CAT5）：五类线中的线有 4 对（8 根）。它增加了绕线密度，外套一种高质量的绝缘材料，传输带宽是 100 MHz，用于语音传输和 100BASE - T 以太网，最大网段长度为 100 m，采用 RJ 形式的连接器。5 类线上标有 CAT5 字样，是最常用的以太网电缆。

（3）超五类线（CAT5e）：超五类线具有衰减小、串扰少的优点，并且具有更高的衰减与串扰比值和信噪比，更小的时延误差。超五类线主要用于 1000BASE - T 以太网，线上标有 5e 字样。

2. 同轴电缆

1）同轴电缆的结构

如图 8 - 14 所示，同轴电缆由里到外分为四层：中心铜线（单股的实心线或多股绞合线）、塑料绝缘体、网状导电层和电线外皮。中心铜线和网状导电层形成电流回路。同轴电缆因为中心铜线和网状导电层为同轴关系而得名。

图 8 - 14　同轴电缆结构

2）同轴电缆的分类

同轴电缆分为细缆（RG - 58）和粗缆（RG - 11）两种。

细缆的直径为 0.26 cm，最大传输距离为 185 m。由于其终端匹配阻抗是 50 Ω，又称 50 Ω同轴电缆。它主要用于基带信号传输，传输带宽为 8~20 MHz，总线型以太网使用的就是 50 Ω 同轴电缆。

粗缆（RG-11）的直径为 1.27 cm，最大传输距离为 500 m。由于其终端匹配阻抗是 75 Ω，又称 75 Ω 同轴电缆。它常用于有线电视（CATV）网，故又称为 CATV 电缆，它的传输带宽可达 1 GHz。

同轴电缆使用时电缆两端通过 BNC 接头（如图 8-15 所示）与设备相接。同轴电缆的优点是可以在相对长的无中继器线路上支持高带宽通信，而其缺点是：体积大，占用电缆管道的大量空间；不能承受缠结、压力和严重的弯曲，否则会损坏电缆结构，阻止信号的传输。

图 8-15　BNC 接头

3. 光纤

1）光纤的结构

光纤一般呈双层或多层的同心圆柱体形状，主要由纤芯、包层、涂覆层三层构成，如图 8-16 所示。其中，纤芯位于最里层，直径一般为 5~50 μm，主要用于光线的传输；包层位于中间层，其外径为 125 μm，主要为光线的传输提供反射面和隔离层；涂覆层位于最外层，其外径为 250 μm 左右，主要用于保护光纤不受外界温度、压力、水汽等的侵蚀。

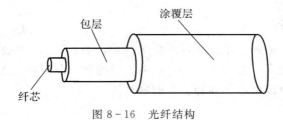

图 8-16　光纤结构

2）光纤的工作原理

同一单色光在不同介质中传播，频率不变但波长不同。以 λ 表示光在真空中的波长，λ' 表示光在介质中的波长，则两者的比称为折射率，通常用 n 表示：

$$n = \frac{\lambda}{\lambda'} \tag{8-20}$$

设光在介质中的速度为 v，在真空中的光速为 c，则：

$$n = \frac{c}{v} \qquad\qquad (8-21)$$

由于光在真空中传播的速度最大，因此在可见光范围内，其他介质的折射率都大于 1。

光在光纤中进行传输是基于全反射的原理，当光线垂直于光纤截面射入并与光纤轴心线重合时，光线沿轴心线向前传播；当光线与光纤轴心线呈某一角度射入时，光线在纤芯与包层的交界面处不断发生全反射，不断向前传输。为满足全反射发生条件，要求纤芯的折射率一定要大于包层的折射率，即

$$n_{core} > n_{cladding} \qquad\qquad (8-22)$$

根据式 (8-21)，光在纤芯中传播速度要小于在包层里的速度：

$$v_{core} > v_{cladding} \qquad\qquad (8-23)$$

3）光纤的分类

光纤的分类方法繁多，既可以按照光纤截面折射率的分布来分类，又可以按照光纤中传输模式数量的多少、光纤使用的材料或传输的工作波长来分类。

按照光纤截面折射率分布的不同，可以将光纤分为阶跃型光纤（Step-Index Fiber，SIF）和渐变型光纤（Graded-Index Fiber，GIF），脉冲光波在其内的折射分布如图 8 - 17 所示。

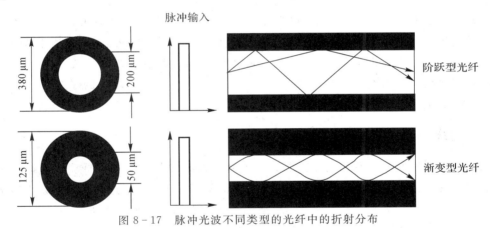

图 8 - 17　脉冲光波不同类型的光纤中的折射分布

按照光纤中传输模式的数量，可以将光纤分为多模光纤（Multi-Mode Fiber，MMF）和单模光纤（Single Mode Fiber，SMF）。

多模光纤纤芯较粗（50 μm 或 62.5 μm），波长为 850 nm 或 1300 nm，适用于短距离传输，支持上百种传输模式。一般采用 LED 或垂直腔面发射激光器作为光源，多模光纤适合短距离（300～400 m）的数据传输，主要应用于企业的数据中心、机房等。

单模光纤纤芯很细（9 μm 或 10 μm），波长为 1310 nm 或 1550 nm，只能传输一种模式的光。一般采用激光器或激光二极管作为光源。单模光纤适合长距离（千米以上）的数据传输，可应用于城域网、无源光纤网络等。

按照光纤的工作波长，可以将光纤分为短波长光纤、长波长光纤和超长波长光纤。

4）光纤的特点

相对于双绞线和同轴电缆，光纤的优点如下：

（1）频带宽。频带的宽窄代表传输容量的大小。载波的频率越高，可以传输信号的频带宽度就越大。多模光纤带宽有几百兆赫兹，单模光纤带宽可达 10 GHz。

（2）损耗低。在同轴电缆组成的系统中，最好的电缆在传输 800 MHz 信号时，每公里的损耗都在 40 dB 以上。相比之下，光纤的损耗要小得多，传输 1.31 μm 的光时，每公里的损耗在 0.35 dB 以下；若传输 1.55 μm 的光，每公里的损耗更小，可达 0.2 dB 以下，是同轴电缆功率损耗的亿分之一，故光纤传输的距离更远。此外，光纤传输损耗还有两个特点：一是在全部有线电视频道内具有相同的损耗，不需要像电缆干线那样必须引入均衡器进行均衡；二是其损耗几乎不随温度而变，不用担心因环境温度变化而造成干线电平的波动。

（3）重量轻。因为光纤非常细，单模光纤芯线的直径一般为 4 μm～10 μm，外径也只有 125 μm，加上防水层、加强筋、护套等，用 4～48 根光纤组成的光缆的直径还不到 13 mm，比标准同轴电缆的直径（47 mm）要小得多。加上光纤是玻璃纤维，比重小，具有直径小、重量轻的特点，安装十分方便。

（4）抗干扰能力强。因为光纤的基本成分是石英，只传输光，不导电，不受电磁场的作用，在其中传输的光信号不受电磁场的影响，故光纤传输对电磁干扰、工业干扰有很强的抵御能力。也正因为如此，在光纤中传输的信号不易被窃听，因而利于保密。

（5）工作性能可靠。一个系统的可靠性与组成该系统的设备数量有关，设备越多，发生故障的机会越大。因为光纤系统包含的设备数量少（电缆系统需要几十个放大器），可靠性自然也就高。加上光纤设备的寿命都很长，无故障工作时间达 50 万～75 万小时，其中寿命最短的光发射机中激光器的寿命也在 10 万小时以上。因此，一个设计良好、安装调试正确的光纤系统的工作性能是非常可靠的。

8.3.2　无线信道

无线信道则是肉眼看不到的，泛指能够传播电磁波的各种空间媒质，包括地球表面、短波电离层反射、对流层散射和地球外的深空空间等。基于无线信道的通信就是无线通信。相对于有线通信，无线通信不必建立物理线路，不需要耗费大量人力去铺设电缆，对抗环境变化的能力强，无论是遇到像汶川大地震这样的突发自然灾害，还是 2008 年北京奥运会的现场报道，采用无线通信技术均是首选。下面介绍一些常用的无线通信系统。

1. 无线广播网

电台播音是早期无线广播网的主要应用之一，根据无线信道中传输的电磁波的频率范围又可将无线广播细分为长波广播、中波广播、短波广播、调频广播等。

1）长波广播

长波的频率范围为 30～300 kHz（波长 1～10 km）。它主要靠地波传播，受气候变化的影响小，可全天可靠通信。长波广播传播稳定，特别适合在中近距离（50～100 km）的广播应用，也可用来作为岸与舰船之间的一种通信手段。无线电导航也是长波广播的应用之一。

2）中波广播

中波的频率为 300 kHz～3 MHz（波长 100 m～1 km）。它靠地波和天波两种方式进行传播，传送距离短。白天阳光照射，电离层密度增大，使电离层变成良导体，致使以天波形式传播的一小部分中波进入电离层就被强烈吸收，难以返回地面；而以地波形式传播的中波又被大地这个导体吸收，导致传播距离不远，于是就造成白天难以收到远处的中波电台。到了夜间，大气不再受阳光照射，电离层中的电子和离子相互复合而显著增加，故电离层变薄，密度变小，导电性能变差，对电波的吸收作用也大大地减弱。这时中波就可以通过天波途径，传送到较远的地方，于是夜间收到的中波电台就多了。

中波广播利用了无线频谱 530～1600 kHz 的资源。无线电管委会按照一个电台占据 9 kHz 带宽的原则将上述频段划分给各个地方电台使用，比如：1080 kHz 是苏州人民广播电台，1116 kHz 是常熟人民广播电台等。

中波广播采用了调幅调制的方式，但不能把调幅广播和中波广播混为一谈，实际上中波广播只是诸多采用调幅调制方式广播中的一种。

3）短波广播

短波是指频率为 3～30 MHz（波长 10～100 m）的无线电波。由于短波的波长短，沿地球表面传播的地波绕射能力差，传播的有效距离短，因此它的传播以天波形式为主。短波信号由天线发出后，经电离层反射回地面，又由地面反射回电离层，可多次反射，每经过一次反射就得到 100～4000 km 的跳跃距离，因而短波传播距离可达几百至上万公里，且不受地面障碍物阻挡，所以利用短波能收听远距离广播。但天波是很不稳定的。在天波的传播过程中，路径衰耗、时间延迟、大气噪声、多径效应、电离层衰落等因素都会造成信号的弱化和畸变，影响短波广播的效果。

4）调频广播

电磁波频率再往上，76～108 MHz 就是常说的调频广播了，和前面提到的调幅广播一样，调频也只是一种调制方式，因为即使在短波范围内的 27～30 MHz，也有采用调频方式的广播。相对于调幅，调频的优点是：频带宽，每个电台可达 75 kHz；音质好，干扰信号对广播信号幅度的影响可以用限幅器予以消除，抗干扰能力很强，几乎无杂音。缺点是：由于带宽较宽，能够划分的 FM 电台数量有限，所以只能为本地听众服务。例如，76～87.5 MHz 的频段已被划为用于大学校园广播，专供大学英语四、六级考试听力使用。

2. 微波通信

微波是指频率为 0.3～300 GHz（波长 1 mm～1 m）的无线电波。微波通信是指使用微波作为载波，携带信息进行中继通信的方式。

因为微波的频率太高，以至于电离层无法有效反射（只能穿透），所以波传输只能采用直射波的形式。直射波只能进行视距传输。所谓视距传输就是发送天线和接收天线之间没有障碍物阻挡，可以相互"看见"的传输。视距传输除了容易受山体或建筑物等影响之外，还会受到地球表面弧度的限制。因为地球是一个球体，地球的表面是有弧度的，所以微波天线发出的微波经过一定距离之后，就会被地球表面所阻挡，无法继续传播，如图 8－18所示。

图 8-18 微波视距传输示意图

因此微波通信存在距离限制，所以微波天线都要尽可能地安装在当地最高建筑物的楼顶上。通常来说，如果微波天线安置在正常高度的铁塔上，它的传输距离也就 50 km。如果要进行远距离传输，就需要架设如图 8-19 所示的微波中继转接站。

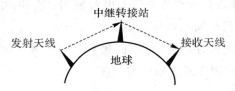

图 8-19 微波中继接力示意图

微波中继转接站接收到前一站的微波信号，进行信号放大处理后再转发到下一站去，就像接力赛跑一样，直到抵达最终收信端。也正是因为这个传输特点，微波通信经常被称为微波中继通信或微波接力通信。

根据前述内容可知，微波天线距离地面越高，传输距离越远，使用中继站就越少。那么干脆把中继站建到天上去，如图 8-20 所示，就形成了卫星通信。

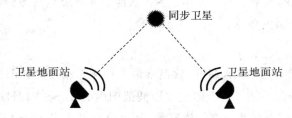

图 8-20 卫星通信示意图

借助地球同步卫星，将微波中继站建在太空，可最大化地扩大微波通信的距离。地球同步卫星距离地面 36 000 km，可以覆盖地球表面积的三分之一，理论上来说，只需要 3 颗卫星（如图 8-21 所示）就能保证地球上的任意两个中继站进行通信。

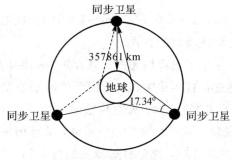

图 8-21 同步卫星通信

3. 移动通信

移动通信是沟通移动用户与固定点用户或移动用户之间的通信方式，是通信双方有一方或两方处于运动中的通信。它是电子计算机与移动互联网发展的重要成果之一，是无线通信技术的现代化应用。

移动通信技术从 20 世纪 80 年代兴起，先后经历了 1G、2G、3G、4G 的发展，目前，已经迈入了 5G 时代。

1G 主要提供模拟语音业务，不提供数据通信业务。美国摩托罗拉公司的工程师马丁·库珀于 1976 年首先将无线电应用于移动电话。同年，国际无线电大会批准了 800 MHz 和 900 MHz 频段用于移动电话的频率分配方案。在此之后一直到 20 世纪 80 年代中期，许多国家都开始建设了基于频分复用技术(Frequency Division Multiple Access，FDMA)和模拟调制技术的第一代移动通信系统。

在模拟通信时代，美国的摩托罗拉公司技术领先，1G 标志就是"大哥大"(如图 8 - 22 所示)。由于采用的是模拟技术，1G 系统的容量十分有限。此外，安全性和干扰也是较大的问题。1G 系统的先天不足，使得它无法真正大规模地普及和应用，价格更是非常昂贵，因此成为当时的一种奢侈品和财富的象征。与此同时，不同国家的 1G 技术标准各不相同，只有"国家标准"，没有"国际标准"，国际漫游成为一个突出问题。

2G 开始进入了数字通信时代，发展最普及的就是 GSM(Global System for Mobile Communications)技术标准。严格意义上，2G 时代只有语音通话业务，没有数据通信业务，到了 2.5G(General Packet Radio Service，GPRS)时代才有了上网业务。2.5G 是移动通信发展的转折，自从手机可以上网，移动通信开始步入快速发展轨道。到了今天，手机的语音通话功能反而已经变成手机中一个附加功能模块了。

2G 时代的行业霸主是诺基亚(见图 8 - 23)，它生产的手机全球市场占有率一度高达 40%，如今任何一个手机厂商都没达到过那么高的市场占有率。但随着 3G 和安卓系统的出现，诺基亚往日的辉煌不再，且已被微软收购。

图 8 - 22　摩托罗拉 8900x

图 8 - 23　诺基亚 1110

3G 时代全球出现了三种标准：欧洲标准的 WCDMA，美国标准的 CDMA2000 和中国标准的 TD - SCDMA。我国的三家电信运营商各选择了其中一种标准，移动的是 TD - SCDMA，联通的是 WCDMA，电信的是 CDMA2000。3G 时代是中国移动通信大发展的时期，历史意义非凡。从 3G 开始，中国主导了一种通信标准，开始逐步参与通信标准的制定。

3G 时代诞生了一家伟大的公司——苹果(见图 8 - 24),这是终端技术的一个转折,从此,手机从功能机时代进入了智能机时代。

图 8 - 24　iPhone 1

4G 技术标准主要有 TD - LTE 和 FDD - LTE 两种。4G 通信技术以 2G、3G 通信技术为基础,添加了一些新技术,使得无线通信的信号更加稳定,还提高了数据的传输速率,而且兼容性更好,通信质量更高。4G 真正进入了多媒体移动通信时代。

2012 年,4G 开始规模化使用,标志着中国手机行业发展的黄金时期,涌现出一批中国制造的手机行业骄子(见图 8 - 25),华为公司是其中的佼佼者。

图 8 - 25　华为 honor

5G 采用毫米波技术,其主要优势首先是数据传输速率高,增强移动宽带(Enhanced Mobile Broadband,eMBB)最高可达 10 Gb/s,比先前的 4G LTE 蜂窝网络快 100 倍,比目前有线互联网的传输速率还快。5G 可应用于 VR/AR、高清视频、全息投影等场景,且具有较低的网络延迟,超高可靠超低时延通信(Ultra-reliable and Low Latency Communications,URLLC)低于 1 ms(而 4G 是 30~70 ms)。另外,5G 也可应用于诸如自动驾驶、人工智能、远程手术等场景,还可应用于大链接(Massive Machine Type Communication,mMTC),每平方公里范围内可接入 100 万台终端。5G 将移动通信扩展到人物互联、物物互联。

5G 的频段被分成了 FR1 和 FR2 两个范围。FR1 的频率范围是 450~6000 MHz,因为频率越低,覆盖能力越强,穿透能力越好,所以 FR1 将是 5G 的主流应用范围。FR2 的频率范围是 24 250~52 600 MHz。

我国 1G 到 5G 使用的频段范围、关键技术和主要应用列表如表 8 - 2 所示。

表 8-4 1G 到 5G 关键指标对比

通信技术	典型频段	传输速率	关键技术	技术标准	服务应用
1G	800/900 MHz	2.4 kb/s	FDMA,模拟语音调制蜂窝网	NMT,AMPS	模拟语音业务
2G	GSM900: 890～915 MHz(上行) 935～960 MHz(下行) GSM1800: 1710～1785 MHz(上行) 1805～1880 MHz(下行)	2.7 kb/s(上行) 9.6 kb/s(下行)	CDMA,TDMA	GSM	数字语音传输
3G	中国电信: 825～835 MHz(上行) 870～880 MHz(下行) 中国移动: 1880～1920 MHz(上行) 2010～2025 MHz(下行) 中国联通: 1920～1980 MHz(上行) 2110～2170 MHz(下行)	CDMA2000 1.8 Mb/s(上行) 3.1 Mb/s(下行) TD-SCDMA 384 kb/s(上行) 2.8 Mb/s(下行) WCDMA 5.76 Mb/s(上行) 7.2 Mb/s(下行)	多址技术,Rake 接收技术,Turbo 编码,RS 卷积联码	CDMA2000,TD-CDMA,WCDMA	同时传送声音和数据信息
4G	中国电信: 2320～2390 MHz(上行) 2635～2655 MHz(下行) 中国移动: 2300～2320 MHz(上行) 2555～2575 MHz(下行) 中国联通: 1880～1900 MHz(上行) 2320～2370 MHz(上行) 2575～2635 MHz(下行)	50 Mb/s(上行) 100 Mb/s(下行)	OFDM,SC-FDMA,MIMO	LTE,LTE-A,Wi-Max	音频、视频、多媒体
5G	中国电信: 3400～3500 MHz 中国移动: 2515～2675 MHz 4800～4900 MHz 中国联通: 3500～3600 MHz	10 Gb/s	毫米波,FBMC,NOMA,全双工技术	eMBB,URLLC,mMTC	高清视频、智能家居、无人驾驶等

8.3.3 广义信道

广义信道是扩大了范围的信道,除了传输媒质外,还包括有关的传输部件和电路,如天线、馈线、调制器、解调器、混频器、功率放大器等。在讨论通信的一般原理时,常采用广义信道的概念。

1. 信道分类

广义信道也可分成调制信道和编码信道两种。

调制信道从研究调制与解调的基本问题出发,它所指的范围是从调制器输出端到解调器输入端,图8-4所示的模拟通信系统模型中的信道就是调制信道,因此调制信道又称为模拟信道。从调制和解调的角度来看,人们只关心解调器输出的信号形式和解调器输入信号与噪声的最终特性,并不关心信号的中间变化过程,因此,定义调制信道对于研究调制与解调问题是方便和恰当的。

在数字通信系统中,若仅着眼于研究编码和译码问题,则可得到另一种广义信道。这是因为,从编码和译码的角度看,编码器的输出仍是数字序列,而译码器的输入同样也是数字序列,它们在一般情况下是相同的数字序列。因此,从编码器输出端到译码器输入端的所有转换器及传输媒质都可以看作是一种广义信道,这种广义信道称为编码信道。由于编码信道的输入和输出都是数字信号,因此编码信道又称为数字信道。

图8-26的通信系统模型将调制信道和编码信道的范围分别用虚线表示了出来,读者可以从中体会这两种广义信道不同的含义。

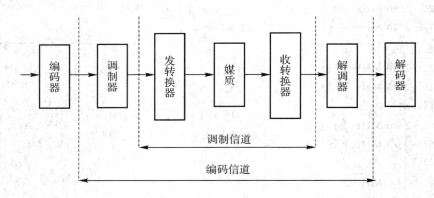

图8-26 调制信道与编码信道

2. 信道模型

为了分析信道的一般特性及其对信号传输的影响,还要进一步建立信道的数学模型。

1) 调制信道模型

在具有调制和解调过程的任何一种通信方式中,调制器输出的已调信号随即被送入调制信道。如果仅仅为了研究调制与解调的性能,只需关心已调信号通过调制信道后的最终结果,而无需关心信号在调制信道中发生了什么。因此,可以用一个输出端叠加有噪声的二端时变线性网络来表示调制信道,如图8-27所示。

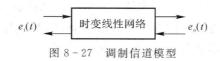

图 8-27　调制信道模型

其输出与输入之间的数学关系式可表示为

$$e_\mathrm{o}(t) = f(e_\mathrm{i}(t)) + n(t) \tag{8-24}$$

式中：$e_\mathrm{i}(t)$——信道输入端的信号电压；

$\quad\quad e_\mathrm{o}(t)$——信道输出端的信号电压；

$\quad\quad n(t)$——与 $e_\mathrm{i}(t)$ 无关的独立噪声；

$\quad\quad f(e_\mathrm{i}(t))$——已调信号通过网络所发生的(时变)线性变化，通常假定：

$$f(e_\mathrm{i}(t)) = k(t)e_\mathrm{i}(t) \tag{8-25}$$

$k(t)$ 乘 $e_\mathrm{i}(t)$ 反映网络特性对 $e_\mathrm{i}(t)$ 的作用是一种乘性干扰，于是式(8-24)又可表示为

$$e_\mathrm{o}(t) = k(t)e_\mathrm{i}(t) + n(t) \tag{8-26}$$

式(8-26)即为信道的数学模型。由以上分析可见，信道对信号的影响可归结为两点：一是乘性干扰 $k(t)$，二是加性干扰 $n(t)$。

实际通信系统中，乘性干扰可能是一个复杂函数，它包括各种线性畸变和非线性畸变。同时，由于信道对信号的延迟特性和损耗特性随时间作随机变化，故往往只能用随机过程来表述。前人的实验和观察表明，有些信道的 $k(t)$ 基本不随时间变化，也就是说，信道对信号的影响是固定的或变化极为缓慢的，这种信道称为恒参信道，可将它等效为一个非时变的线性网络。理论上讲，只要得到这个网络的传输特性，利用信号通过线性系统的分析方法，就可求得已调信号通过恒参信道的变化规律。而有的信道却不然，它们的 $k(t)$ 是随机快速变化的，如短波电离层反射、超短波流星余迹散射、超短波与微波对流层散射等传输媒质构成的信道，这种信道的乘性干扰是随机变化的，因此称为随参信道。随参信道的特性比恒参信道要复杂得多，对信号的影响也要严重得多，其根本原因在于它包含一个复杂的传输媒质，它的主要特征是：对信号的衰耗随时间变化而变化，对信号的延迟随时间变化而变化，存在多径传播现象。

加性干扰又叫加性噪声，按照它的来源，通常可分为人为噪声、自然噪声和内部噪声三类。人为噪声来源于与通信信号无关的其他信号源，如工业电火花、附近的电台等；自然噪声指自然界存在的各种电磁波源，如闪电、雷暴及其他各种宇宙噪声；内部噪声是通信系统设备本身产生的各种噪声，如电子元器件的热噪声、散弹噪声和电源噪声等。从对通信的影响来看，加性噪声也可按性质分为三类，即单频噪声、脉冲噪声和起伏噪声。单频噪声是一种连续波噪声，它的频率可以通过测量予以确定，一般只要采取适当的措施即可加以防止。脉冲噪声是一种偶尔突发的噪声，发生时强度大，很难通过调制技术消除，好在它的持续时间很短。起伏噪声主要包括电子元器件的热噪声、散弹噪声和宇宙噪声，它普遍存在而且对通信过程有着持续不断的影响，是通信原理中需要研究的基本对象，它是一种加性高斯白噪声。

2) 编码信道模型

编码信道是包括调制信道及调制器、解调器在内的信道。它与调制信道模型不同，对

信号的影响只是一种数字序列的变换，即把一种数字序列变成另一种数字序列。

由于编码信道包含调制信道，因而它同样要受到调制信道的影响。但是从编译码的角度看，这个影响反映在解调器的输出数字序列中，即输出数字序列以某种概率发生差错。调制信道的性能越差，或加性噪声越严重，则发生错误的概率就会越大。因此，编码信道的模型可用数字信号的转移概率来描述。图 8-28 所示的就是最常见的二进制数字传输系统的一种简单的编码信道模型。之所以说这个模型是"简单的"，是因为这里假设解调器每个输出码元的差错发生是相互独立的，用编码的术语来说，这种信道是无记忆的（当前码元的差错与其前后码元的差错没有依赖关系）。

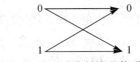

图 8-28　二进制编码信道模型

在这个模型里，把 $P(0|0)$、$P(1|0)$、$P(0|1)$、$P(1|1)$ 称为信道转移概率。以 $P(1|0)$ 为例，其含义是"经信道传输，把 0 转移为 1"的概率。具体地，把 $P(0|0)$ 和 $P(1|1)$ 称为正确转移概率，而把 $P(1|0)$ 和 $P(0|1)$ 称为错误转移概率。根据概率性质可知

$$P(0|0)+P(1|0)=1 \tag{8-27}$$

$$P(0|1)+P(1|1)=1 \tag{8-28}$$

转移概率完全由编码信道的特性决定，一个特定的编码信道就会有相应确定的转移概率。编码信道的转移概率一般需要对实际编码信道做大量的统计分析才能得到。

编码信道还可细分为无记忆编码信道和有记忆编码信道。有记忆编码信道是指信道中码元发生差错的事件不是独立的，即当前码元的差错与其前后码元的差错是有联系的。在此情况下，编码信道的模型要比图 8-28 所示的模型复杂得多，受篇幅限制，在此不展开讨论。

3. 信道容量

在给定的信道条件下，信道传输信息的能力可以用信道容量来描述。在信息论中，香农（Shannon）把信道容量定义为信道中能够可靠地传送信息的最大信息速率，记为 C。根据信道容量与信道中的噪声干扰有关这一思想，香农经过深入研究，提出了存在加性白噪声干扰的连续信道的信道容量公式：

$$C = \mathrm{BW}\,\mathrm{lb}\left(1+\frac{S}{N}\right) \tag{8-29}$$

式中：BW——信道带宽；

　　　S——有用信号的平均功率；

　　　N——噪声信号的平均功率；

　　　$\dfrac{S}{N}$——信号噪声功率比，简称信噪比。式(8-29)就是著名的香农信道容量公式。

香农公式给出了通信系统所能达到的极限信息传输速率，达到极限信息速率的通信系统称为理想通信系统。香农公式说明只要传输速率小于或等于信道容量，总可以找到一种信道编码方式实现无差错的可靠传输；但如果传输速率大于信道容量，则实现无差错的传输是不可能的。香农公式揭示了理想通信系统的存在性，但并没有指出这种通信系统的具

体实现方法，不过它为实际通信系统的设计指明了方向，实现理想通信系统的信道编码方法还需要努力去寻找。

由香农公式可以看出，对于一个信道容量 C 已定的通信系统来说，信道带宽 BW、信噪比 $\dfrac{S}{N}$ 及传输时间三者之间是互相制约的关系。增加信道带宽可以换来对信噪比要求的降低；反之，如果信噪比不变，那么通过增加信道带宽就可以换取传输时间减少的好处。这种信噪比和带宽的可交换性在通信工程中有很大的用处。例如，在宇宙飞船与地面的通信中，飞船上无线发射机的发射功率不可能做得很大，因此可以用增大带宽的方法来换取对信噪比要求的降低；有线载波电话信道的频带比较紧张，若考虑提高频带利用率，则可以用加大发射信号功率来提高信噪比或采用多进制调制的方法来换取较窄的通信频带。

［例 8-4］　已知电视图像由 3×10^5 个像素组成，设每个像素有 64 种色彩，每种色彩有 16 个亮度等级。试计算：

（1）每秒传送 30 个画面所需的信道容量；

（2）如果接收机的信噪比为 30 dB，那么传送彩色图像所需的信道带宽为多少？

解（1）由题意可知：

$$每像素信息量 = \mathrm{lb}(64 \times 16) = 10$$
$$每幅图信息量 = 10 \times 3 \times 10^5 = 3 \times 10^6 \ \mathrm{bit}$$
$$信源信息速率 \ r = 30 \times 3 \times 10^6 = 9 \times 10^7 \ \mathrm{b/s}$$

由信道容量 C 的定义可知，应有

$$C \geqslant r = 9 \times 10^7 \mathrm{b/s}$$

（2）由于

$$\mathrm{SNR} = 30\mathrm{dB}$$

则

$$\frac{S}{N} = 1000$$

故

$$\mathrm{BW} = \frac{C}{\mathrm{lb}\left(1 + \dfrac{S}{N}\right)} \approx 9 \ \mathrm{MHz}$$

习　　题

8-1　计算机下载网络文件的速度是每分钟 100 页，假定每页有 24 行，每行有 80 个字符，每个字符用 8 位二进制码表示，请计算码元速率和信息速率。

8-2　一串联电子系统如图所示，已知线缆 AB 的长度是 50 m，损益为 1 dB/m。电子设备 1 的增益是 20 dB，电子设备 2 的增益是 30 dB，输入 1 V 信号，计算：

（1）A 点处的信号幅度；

（2）B 点处的信号幅度；

（3）C 点处的信号幅度。

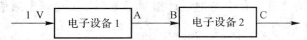

8-3 一串联电子系统如图所示，已知线缆 AB 的长度是 50 m，损益为 1 dB/m。电子设备 1 的增益是 20 dB，电子设备 2 的增益是 30 dB，输入 1 W 信号，计算：

（1）A 点处的信号功率；

（2）B 点处的信号功率；

（3）C 点处的信号功率。

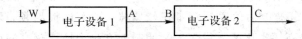

8-4 如图 8-7 所示的电子串联系统，已知各分部的性能指标如下，试求整个电子系统的噪声因子。

	增益 G/dB	噪声系数 NF/dB
电子设备 1	10	2
电子设备 2	20	6

8-5 已知某通信线缆的上限截止频率是 3330 Hz，下限截止频率是 430 Hz，信噪比为 35 dB，试计算该通信线缆的信道容量。

8-6 某一待传输的图片约含 2.25×10^6 个像元。为了很好地重现图片，需要 12 个亮度电平。假设所有这些亮度电平等概率出现，试计算用 3 分钟传送一张图片时所需的信道带宽（设信道中信噪比为 30 dB）。

8-7 试述 5G 移动通信的技术特点及其基于这些技术特点的应用前景。

第 9 章 模拟信号的调制传输

将模拟信号通过调制后传输称为模拟信号的调制传输。模拟调制在 20 世纪通信技术的发展过程中有过辉煌的历史,在广播、电视、短波和超短波通信、微波中继通信、卫星通信、模拟移动通信等领域都得到了广泛的应用。虽然现代通信技术向数字化趋势发展,但数字技术不可能完全取代模拟技术。此外,由于数字调制技术是在模拟调制技术的基础上发展起来的,掌握模拟调制原理是学好数字调制传输的理论基础,因此,本章将对各种模拟调制技术和模拟调制系统展开必要的分析和讨论。

9.1 调制原理

在发送端,用要传送的信源信号去控制高频正弦波的某个参数,使高频正弦波携带这个信源信号的特征,这个过程称为调制。在接收端,通过一定的手段,从携带信源信号特征的高频正弦波中取出原始信源信号的过程称为解调。通常把原始信源信号称为调制信号,也称为基带信号;高频正弦波起到运载原始信号的作用,因此称为高频载波,简称载波;经过调制以后的高频载波则称为已调信号或已调波。高频载波均为频率远高于原始信源信号最高频率的正弦波,有时也可以是高频的脉冲序列。本章仅讨论载波为高频正弦波的情况。

9.1.1 调制的作用

传送信息是人类生活的重要内容之一。无线电通信传送语言、电码或其他信号;无线电广播传送语音、音乐等;电视传送图像、语音、音乐等。这些常见的原始信源信号的频率范围都不高,比如,电话语音信号的最高频率为 4 kHz 左右,电视图像视频信号的最高频率也在 6 MHz 以内,含有丰富的低频甚至直流成分。这种信号不适合在实际信道中直接传输,需要将其转化为高频信号进行传输,原因主要有以下三点:

(1)便于无线电波的发射。

在进行无线传输时,信号以电磁波的形式通过天线辐射到空中。为了获得较高的辐射效率,天线的尺寸必须与电磁波的波长在同一个数量级(一般取波长的四分之一或二分之一)。低频信号由于波长太长、天线尺寸过大而无法实现。

(2)实现信道复用。

多路信源信号要能够在同一物理信道中传输,只有通过调制,将各路信号搬移到不同的高频频段,才能够互不干扰,接收机才有可能把各路信源信号互不混淆地分离开来。

(3)提高发射和接收效率。

在发射机与接收机方面必须采用天线和谐振回路，但语音、音乐、图像信号等的频率相对变化范围很大，导致天线和谐振回路的参数在很宽的范围内变化。因此需要通过调制技术将低频信号变成高频信号，使得频率的相对变化范围减小，趋于一致。

9.1.2　调制方法的分类

调制的方法很多，可以从以下几个方面进行分类。

（1）根据信源信号（基带调制信号）的不同，可以分为模拟调制和数字调制。

模拟调制：基带调制信号是连续信号。

数字调制：基带调制信号是数字信号。

（2）根据载波的不同，可以分为正弦波调制和脉冲调制。

正弦波调制：载波是连续的正弦波。

脉冲调制：载波为周期矩形脉冲序列。

（3）根据调制中改变载波的参数不同，可分为幅度调制和角度调制。

幅度调制，简称调幅，通过改变载波的幅度来携带信源信息。

角度调制，简称调角，通过改变载波的相角来携带信源信息。

角度调制又可分为相位调制（调相）和频率调制（调频）两种。

（4）按调制过程中信号原有频谱结构是否发生变化，可分为线性调制和非线性调制。

线性调制：调制前、后的频谱呈线性搬移关系，频谱的结构形状不发生变化。

非线性调制：调制前、后的频谱不但发生了搬移，而且频谱结构的形状也发生了变化，产生了新的频率分量。

9.2　幅度调制

幅度调制就是用基带调制信号去控制高频载波的幅度，使其按基带调制信号的规律变化的过程。

图 9-1 就是当调制信号为正弦波形时，调幅波的形成过程。由图可以看出，调幅波是载波振幅按照调制信号的大小呈线性变化的高频振荡。它的载波频率维持不变，也就是说，每一个高频波的周期是相等的，因而波形的疏密程度均匀一致，与未调制时的载波波形疏密程度相同。调幅波的外包络（图中用虚线表示）与调制信号波形变化的形状一致。因此，幅度调制也可以理解为是一种通过载波的幅度来携带基带调制信号信息的调制方式。

常用的幅度调制方式除了有常规的双边带调幅，还有抑制载波的双边带调幅 DSB、单边

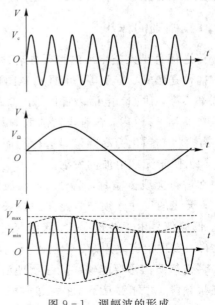

图 9-1　调幅波的形成

带调幅 SSB 和残留边带调幅 VSB 等。

9.2.1　标准调幅

1. 标准调幅的调制模型

标准调幅（Amplitude Modulation，AM）是人们最早发明的一种线性调制方式。由于调制以后的频谱出现了上下两个边带，又称为双边带调幅，为了与后面要讲到的抑制载波的双边带调幅相区分，一般称为常规的双边带调幅或标准调幅，简称 AM。图 9 - 2 所示为标准调幅的调制模型框图，调制信号 $m(t)$ 在叠加一个直流分量 A_0 以后再与高频载波 $c(t)=\cos\omega_c t$ 相乘，得到的输出信号 $s_{AM}(t)$ 就是常规的双边带调幅信号。

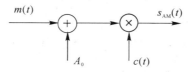

图 9 - 2　标准调幅（AM）的调制模型

2. 标准调幅的数学表达式与频谱

为简化分析，假定调制信号是简谐振荡，其表达式为

$$m(t)=V_\Omega\cos\Omega t \tag{9-1}$$

如果用它来对载波 $v_c(t)=V_c\cos\omega_c t$ 进行调幅，那么在理想情况下，AM 信号的时域表达式为

$$s_{AM}(t)=(V_c+k_a V_\Omega\cos\Omega t)\cos\omega_c t=V_c\left(1+\frac{k_a V_\Omega}{V_c}\cos\Omega t\right)\cos\omega_c t$$

$$=V_c(1+m_a\cos\Omega t)\cos\omega_c t \tag{9-2}$$

式中：k_a——比例系数，称为调幅灵敏度（modulator sensitivity）；

$m_a=\dfrac{k_a V_\Omega}{V_c}$——调幅指数，称为调幅度（modulation index）。

式（9 - 2）所表示的调幅波形如图 9 - 1 所示。由图可知

$$m_a=\frac{\dfrac{1}{2}(V_{\max}-V_{\min})}{V_c} \tag{9-3}$$

m_a 的数值范围为 0（未调幅）～1（百分之百调幅），它的值不应超过 1。如果 $m_a>1$，那么将得到如图 9 - 3(b) 所示的已调波形。由图可知，已调波的包络产生了严重的失真，这种情形叫作过量调幅。这样的已调波经过检波后，不能恢复原来的调制信号的波形。因此，过量调幅必须尽量避免。

由图 9 - 3(a) 可知，调幅波不是一个简单的正弦波形。在最简单的正弦波调制情况下，将调幅波方程式（9 - 2）展开，得

$$s_{AM}(t)=V_c\cos\omega_c t+V_c m_a\cos\Omega t\cos\omega_c t$$

$$=V_c\cos\omega_c t+\frac{V_c m_a}{2}\cos(\omega_c+\Omega)t+\frac{V_c m_a}{2}\cos(\omega_c-\Omega)t \tag{9-4}$$

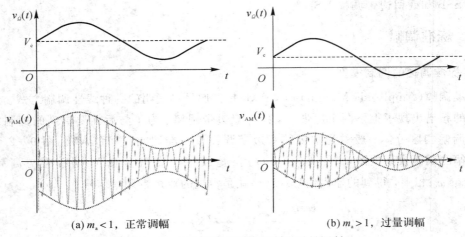

(a) $m_a < 1$，正常调幅   (b) $m_a > 1$，过量调幅

图 9-3　AM 信号的正常调制和过量调制

式(9-4)说明，由正弦波调制的调幅波是由三个不同频率的正弦波组成的：第一项为未调幅的载波；第二项的频率等于载波频率与调制频率之和，叫作上边频（upper sideband）；第三项的频率等于载波频率与调制频率之差，叫作下边频（lower sideband）；后两个频率显然是由于调制产生的新频率。把这三组正弦波的相对振幅与频率的关系画出来，就得到如图 9-4 所示的频谱图。由于 m_a 的最大值不能超过 1，因此边频振幅的最大值不能超过载波振幅的二分之一。

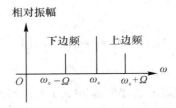

图 9-4　正弦调制的调幅波频谱

以上讨论的是一个单频信号对载波进行调幅的简单情形，这种情况下只产生两个边频。

实际应用中的调制信号是复杂的，如图 9-5(a)所示，图 9-5(b)是其时域波形对应的频谱。

从频谱图可以看出，基带调制信号为频率被限制在 $[0, \omega_H]$ 的低通信号，经过调制以后，基带信号的频谱从零频率的两边被搬移到了高频载波 ω_c 的两边，其频谱由高频载波 ω_c 和上、下两个边带组成（通常称频谱中高于载波频率的部分为上边带，低于载波频率的部分为下边带，上边带的频谱与原调制信号的频谱结构相同，下边带是上边带的镜像），已调信号的最高频率为 $\omega_c + \omega_H$，最低频率为 $\omega_c - \omega_H$。由于一般情况下，总有 $\omega_c \gg \omega_H$，因此，调制以后得到的 AM 信号是位于高频载波 ω_c 的高频带通信号，信号的带宽为基带信号带宽的 2 倍，即

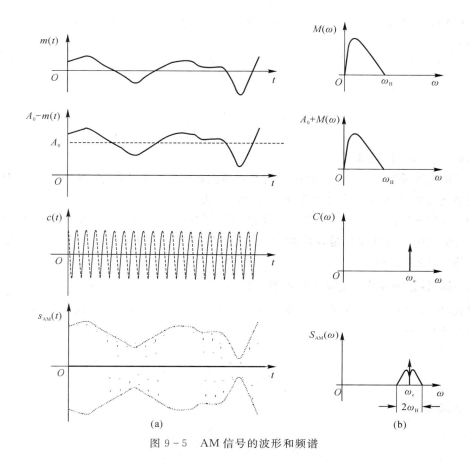

图 9-5 AM 信号的波形和频谱

$$\text{BW}_{\text{AM}} = \omega_{\text{c}} + \omega_{\text{H}} - (\omega_{\text{c}} - \omega_{\text{H}}) = 2\omega_{\text{H}} \tag{9-5}$$

由式(9-5)可知,调幅波所占频带宽度等于调制信号最高频率的2倍。例如,人的语音的信号最高频率设为 5 kHz,则调幅波的带宽即为 10 kHz。为了避免电台之间的相互干扰,对不同频段和不同用途的电台所占频带宽度是有严格规定的。1978 年 11 月 23 日,根据国际电信联盟日内瓦会议协议,我国广播电台所允许占用的带宽为 9 kHz,亦即最高调制频率要限制在 4.5 kHz 以内。

[**例 9-1**] 已知一调幅波方程式为 $s_{\text{AM}}(t) = (10 + 5\cos 1000\pi t)\cos 20\,000\,000\pi t$,

(1) 求载波的幅度和频率;

(2) 求调制信号的频率;

(3) 求调制度;

(4) 求调幅波所占频带宽度;

(5) 如果调制信号的幅度是 4 V,试求调幅灵敏度。

解 由题意可知

$$s_{\text{AM}}(t) = (10 + 5\cos 1000\pi t)\cos 20\,000\,000\pi t$$
$$= 10(1 + 0.5\cos 1000\pi t)\cos 20\,000\,000\pi t$$

所以调制度 $m_{\text{a}} = 0.5$,载波的幅度 $V_{\text{c}} = 10$ V,载波的频率 $f_{\text{c}} = 10\,000\,000$ Hz,调制信号的频

率 $F=500$ Hz，调幅波所占频带宽度是调制信号频率的 2 倍，即 1000 Hz。

因为

$$m_a = \frac{k_a V_\Omega}{V_c}$$

所以

$$k_a = \frac{m_a V_c}{V_\Omega} = 1.25$$

调幅波的基本特点如下：

（1）在时域波形上，它的幅度变化与基带调制信号相关，从信息传递的角度分析，幅度调制就是通过载波幅度来传输信息的一种调制方法；

（2）在频谱结构上，它的频谱仅仅是基带信号频谱在频域内的简单搬移，不会产生新的频率分量，由于这种搬移是线性的，因此幅度调制是一种线性调制，相应地，幅度调制系统也常称为线性调制系统。

3. 标准调幅的功率 P_{AM} 和调制效率 η_{AM}

将式（9-4）所代表的调幅波电源功率输送至等效单位电阻 R 上，则载波与两个边频分别得出如下的功率：

载波功率为

$$P_{OT} = \frac{1}{2} \frac{V_c^2}{R} \tag{9-6}$$

下边频功率为

$$P_{(\omega_c - \Omega)} = \frac{1}{2} \frac{\left(\frac{m_a V_c}{2}\right)^2}{R} \tag{9-7}$$

上边频功率为

$$P_{(\omega_c + \Omega)} = \frac{1}{2} \frac{\left(\frac{m_a V_c}{2}\right)^2}{R} \tag{9-8}$$

于是调幅波总输出功率为

$$P_{AM} = P_{OT} + P_{(\omega_c - \Omega)} + P_{(\omega_c + \Omega)} = P_{OT}\left(1 + \frac{m_a^2}{2}\right) \tag{9-9}$$

式（9-9）说明，调制前后的发射总功率是变化的，调幅波的输出功率随 m_a 的增大而增加，所增加的部分就是两个边频产生的功率 $\frac{m_a^2}{2}P_{OT}$。由于信号包含在边频带里，因此在调幅制中应尽可能地提高 m_a 的值，以增强边带功率，提高传输信号的能力。但在实际传送语音信号时，平均调幅度是很小的。假如声音最强时，能使得 m_a 达到 1，那么声音最弱时，m_a 可能比 0.1 还小。因此，平均调幅度大约为 0.3～0.9。这样，发射机的实际有用信号功率就很小，因而整机发射效率低。这是标准调幅的缺点。

把有用信号功率与总功率的比值定义为调制效率 η_{AM}。由于 AM 信号的总功率由载波功率和边带功率两部分组成，载波功率与基带调制信号无关，边带功率与基带调制信号有关，所以只有边带功率是有用功率。因此，调制效率为

$$\eta_{\mathrm{AM}} = \frac{P_{(\omega_c - \Omega)} + P_{(\omega_c + \Omega)}}{P_{\mathrm{AM}}} \tag{9-10}$$

[例 9-2]   设 $v_{\Omega}(t) = V_{\Omega}\cos\Omega t$，进行 100% 的标准调幅，求此时的调制效率。

解   依题意可知

$$v_{\Omega}(t) = V_{\Omega}\cos\Omega t$$

而 100% 调制就是调幅指数 $m_a = 1$，因此

$$\eta_{\mathrm{AM}} = \frac{P_{(\omega_c - \Omega)} + P_{(\omega_c + \Omega)}}{P_{\mathrm{AM}}} = \frac{0.5\,P_{\mathrm{OT}}}{1.5\,P_{\mathrm{OT}}} = 33.3\%$$

由例 9-2 可知，即使在调幅指数最大，即为 100% 调制时，AM 的调制效率也仅为 33.3%。

在实际应用中，调幅指数一般都小于 1，因此调制效率将会更低。AM 的调制效率低是一个很大的缺点，其主要原因是载波功率占据了信号总功率的大部分，而载波本身并不携带信息。为了提高调制效率，可以采用抑制载波的调幅方式来进行信息传送，由此演变出另一种调幅方式，即抑制载波的双边带调幅。在这种调制方式中，发射机只发射两条边带，不发射载波。更进一步地，如果发射时只发射一条边带，不仅能提高发射效率，还能节省一半的带宽，这种调幅方式称为 SSB 调幅（Single Side Band）。

9.2.2 抑制载波双边带调幅

1. DSB 调幅模型

去掉标准调幅系统中叠加在基带信号 $m(t)$ 上的直流分量，使 $m(t)$ 直接与载波相乘，输出的已调信号就是抑制载波的双边带调幅信号，简称 DSB 调幅。DSB 调幅模型如图 9-6 所示。

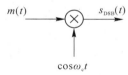

图 9-6   DSB 调幅模型

2. DSB 信号的表达式、频谱及带宽

为了方便讨论，仍假设基带调制信号为单频正弦波 $m(t) = V_{\Omega}\cos\Omega t$，则 DSB 信号的时域表达式为

$$s_{\mathrm{DSB}}(t) = V_{\Omega}\cos\Omega t\cos\omega_c t = \frac{V_{\Omega}}{2}\cos(\omega_c + \Omega)t + \frac{V_{\Omega}}{2}\cos(\omega_c - \Omega)t \tag{9-11}$$

将 DSB 信号的时域表达式（9-11）与 AM 信号的时域表达式（9-4）进行比较，可以清楚地看到，DSB 信号中已经不再存在载波分量。这一变化也可以通过双边带调幅 DSB 的波形和频谱图得到反映。图 9-7 为 DSB 信号的时域波形和频谱的示意图。

由图 9-7(a) 可以看出，由于 $m(t)$ 不含直流，当 $m(t)$ 为负时，$m(t)$ 与载波相乘将使得载波相位翻转 180°，使 DSB 信号的包络不再与 $m(t)$ 成正比，因此，DSB 信号不能通过包络检波来解调。

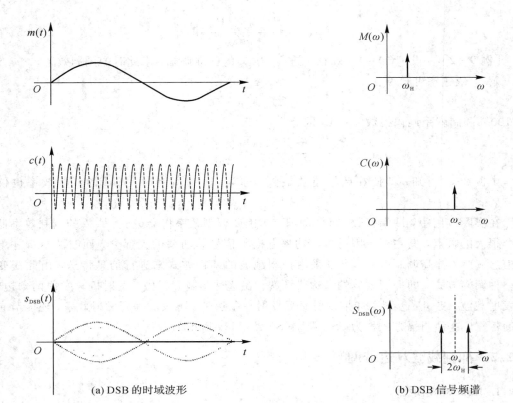

(a) DSB 的时域波形　　　　　　　　(b) DSB 信号频谱

图 9 - 7　　DSB 信号的波形和频谱

从图 9-7(b)可以看出，除了不再含有载频分量的离散谱外（图中载波频率 ω_c 处的冲激函数仅用虚线表示它的位置），DSB 信号的频谱结构与 AM 信号相同，仍由上下对称的两个边带组成，故称 DSB 信号是抑制载波的双边带信号，它的带宽与 AM 信号相同，也为基带信号带宽的 2 倍，即

$$\mathrm{BW_{DSB} = BW_{AM} = 2\,\omega_H} \tag{9-12}$$

3. DSB 信号的功率及调制效率

由于已调信号不再包含载波成分，因此，DSB 信号的全部功率就等于边带功率，即

$$P_{\mathrm{DSB}} = P_{(\omega_c - \Omega)} + P_{(\omega_c + \Omega)} \tag{9-13}$$

显然，DSB 信号的调制效率为 100%。

DSB 信号提高了调制效率，但它所需的传输带宽并未比 AM 信号的带宽小。

9.2.3　单边带调幅

由于 DSB 信号的上、下两个边带是完全对称的，皆携带了调制信号的全部信息，因此从信息传输的角度来考虑，仅传输其中一个边带就够了。这就产生了另一种新的调制方式——单边带调幅（SSB）。

1. SSB 信号的产生

产生 SSB 信号最基本的方法有滤波法和相移法。

1）滤波法

用滤波法实现单边带调制的原理如图 9-8 所示，图中的 $H_{\mathrm{SSB}}(\omega)$ 为单边带滤波器。

将 $H_{\mathrm{SSB}}(\omega)$ 设计成具有理想高通特性 $H_{\mathrm{HSB}}(\omega)$ 或理想低通特性 $H_{\mathrm{LSB}}(\omega)$ 的单边带滤波器，从而只让所需的一个边带通过，而滤除另一个边带。产生上边带信号时，$H_{\mathrm{SSB}}(\omega)$ 为 $H_{\mathrm{HSB}}(\omega)$；产生下边带信号时，$H_{\mathrm{SSB}}(\omega)$ 为 $H_{\mathrm{LSB}}(\omega)$。

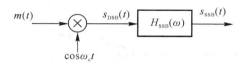

图 9-8　SSB 信号的滤波法产生

图 9-9 所示为滤波法形成上、下边带信号的频谱转换过程。

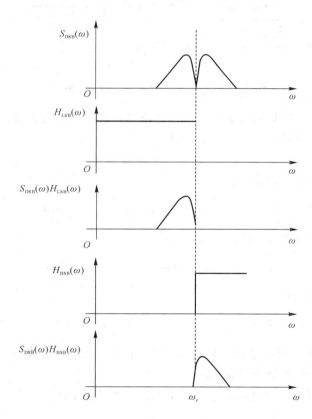

图 9-9　滤波法形成上、下边带信号的频谱转换过程

用滤波法形成 SSB 信号虽然简单、直观，但存在的一个难点，就是单边带滤波器不易制作。因为完全理想特性的滤波器是不可能实现的，实际滤波器从通带到阻带总有一个过渡带。滤波器的实现难度与过渡带相对于载频的归一化值有关，过渡带的归一化值愈小，分割上、下边带就愈难实现。而一般基带调制信号都含有丰富的低频成分，经过调制后得到的 DSB 信号的上、下边带之间的间隔很窄，要想精确地通过一个边带而滤除另一个边

带，要求单边带滤波器在 f_c 附近具有陡峭的截止特性，即很窄的过渡带，这就使得滤波器的设计与制作非常困难，有时甚至无法实现。为此，实际应用中往往采用多级调制的办法，目的在于降低每一级过渡带的归一化值，以减小实现难度。

2）相移法

相移法是利用移相的方法消去不需要的边带，相移法 SSB 调制器的一般模型如图 9-10 所示。

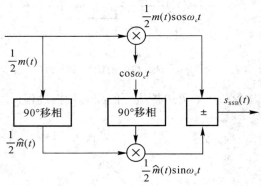

图 9-10 相移法 SSB 调制器的一般模型

图 9-10 中两个平衡调幅器的调制信号电压和载波电压都是互相移相 90°。因此，假设基带调制信号为单频正弦波 $m(t) = V_\Omega \cos\Omega t$，则

$$\hat{m}(t) = V_\Omega \sin\Omega t \tag{9-14}$$

可以得到下边带信号的时域表达式为

$$s_{\text{SSB下}}(t) = \frac{1}{2}m(t)\cos\omega_c t + \frac{1}{2}\hat{m}(t)\sin\omega_c t \tag{9-15}$$

同理，也可以得到上边带信号的时域表达式为

$$s_{\text{SSB上}}(t) = \frac{1}{2}m(t)\cos\omega_c t - \frac{1}{2}\hat{m}(t)\sin\omega_c t \tag{9-16}$$

故单边带信号的时域表达式为

$$s_{\text{SSB}}(t) = \frac{1}{2}m(t)\cos\omega_c t \pm \frac{1}{2}\hat{m}(t)\sin\omega_c t \tag{9-17}$$

[例 9-3] 已知调制信号 $m(t) = \cos 2000\pi t + \cos 4000\pi t$，载波为 $\cos 10\,000\pi t$，进行单边带调制，请写出上边带信号的表达式。

解 根据单边带信号的时域表达式，可确定上边带信号为

$$s_{\text{SSB上}}(t) = \frac{1}{2}m(t)\cos\omega_c t - \frac{1}{2}\hat{m}(t)\sin\omega_c t$$

$$= \frac{1}{2}(\cos 2000\pi t + \cos 4000\pi t)\cos 10\,000\pi t -$$

$$\frac{1}{2}(\sin 2000\pi t + \sin 4000\pi t)\sin 10\,000\pi t$$

$$= \frac{1}{2}(\cos 12\,000\pi t + \cos 14\,000\pi t)$$

因为相移法不是依靠滤波器来抑制另一个边带的,所以这种方法原则上能把相距很近的两个边频带分开,而不需要多次重复调制和复杂的滤波器,这是相移法的突出优点。但这种方法要求调制信号的移相网络和载波的移相网络在整个频带范围内都要准确地移相 90°。这点在实际应用中是无法实现的。

2. SSB 信号的带宽、功率和调制效率

从 SSB 信号调制原理图中可以清楚地看出,SSB 信号的频谱是 DSB 信号频谱的一个边带,其带宽为 DSB 信号的一半,与基带信号带宽相同,即

$$\mathrm{BW_{SSB}} = \frac{1}{2}\mathrm{BW_{DSB}} = \omega_{\mathrm{H}} \qquad (9-18)$$

由于仅包含一个边带,因此 SSB 信号的功率为 DSB 信号的一半,即

$$P_{\mathrm{SSB}} = \frac{1}{2}P_{\mathrm{DSB}} \qquad (9-19)$$

因为 SSB 信号不含有载波成分,故单边带调幅的调制效率也为 100%。

9.2.4　包络检波与同步检波

1. 包络检波

包络检波器通常由半波整流器和低通滤波器组成。它属于非相干解调,电路实现简单。图 9-11 是一个常用的二极管峰值包络检波器,它由二极管 VD 和 RC 低通滤波器组成。

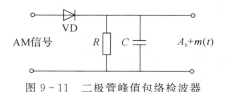

图 9-11　二极管峰值包络检波器

图 9-11 中 R 是负载电阻,它的数值较大;C 是负载电容,它的取值满足在高频时的容抗远小于 R,可视为短路,而在低频时的容抗远大于 R,可视为开路。当输入的 AM 信号较大时,因为负载电容 C 的高频阻抗很小,所以信号电压大部分加载在二极管 VD 上。在 AM 信号正半周,二极管导通,并对电容 C 充电。由于二极管导通时的内阻很小,因此充电电流很大,使电容 C 上的电压在短时间内就接近 AM 信号的峰值。此时,二极管导通与否,就由输入 AM 信号和电容端的电压差决定。当差值小于零时,二极管截止,电容器会通过负载电阻 R 放电。由于放电常数 RC 远大于高频电压的周期,故放电很慢。当电容器上的电压下降不多时,AM 信号的第二个正半周的电压又超过了电容器端的电压,使二极管导通。这样不断循环反复,得到的波形形状和 AM 信号的包络基本一致,也就是从已调波的幅度中提取出了原基带调制信号,因此,AM 信号解调又叫作峰值包络检波法,广播接收机中多采用此法。

2. 同步检波

DSB、SSB 均是抑制载波的调幅方法,其已调信号的包络不能直接反映调制信号的信息,因而一般不能采用包络检波方法来解调,而宜采用同步检波方法。

同步检波又称相干解调，它的一般模型如图 9-12 所示。解调与调制的实质一样，均是频谱搬移。调制是把基带信号的频谱搬到了载频位置，这一过程可以通过一个相乘器与载波相乘来实现。解调则是调制的逆过程，即把在载频位置已调信号的频谱搬回到原基带位置，因此同样可以用相乘器来实现。

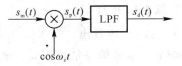

图 9-12 同步检波的一般模型

同步检波时，为了无失真地恢复原基带信号，接收端必须产生一个与接收到的已调载波严格同步（同频同相）的本地载波（相干载波），它与接收的已调信号相乘后，经低通滤波器取出低频分量，即可得到原始的基带调制信号。

同步检波适用于所有的线性调制信号的解调。实现同步检波的关键是与载波信号严格同步的相干载波的产生。如不能做到严格的同步，同步检波后将会使原始基带信号减弱，甚至带来严重的失真，这在传输数字信号时尤为严重，因此数字通信对同步检波的同步要求较高。

9.3 角 度 调 制

角度调制与线性调制不同，已调信号频谱不再是原调制信号频谱的简单线性搬移，而是频谱的非线性变换，会产生与频谱搬移不同的新的频率成分，故又称为非线性调制。

角度调制可分为频率调制（FM）和相位调制（PM）两种，即载波的幅度保持不变，而载波的频率或相位随基带信号变化的调制方式。

角度调制信号的一般表达式为

$$s_\mathrm{m}(t) = A\cos[\omega_\mathrm{c}t + \varphi(t)] \tag{9-20}$$

式中：A——载波的恒定振幅；

$\omega_\mathrm{c}t + \varphi(t)$——信号的瞬时相角，$\varphi(t)$ 称为相对于载波相位 $\omega_\mathrm{c}(t)$ 的瞬时相位偏移。

9.3.1 相位调制与频率调制

1. 相位调制

载波的幅度不变，调制信号 $m(t)$ 控制载波的瞬时相位偏移 $\varphi(t)$，使 $\varphi(t)$ 按 $m(t)$ 的规律变化，称之为相位调制（PM）。

令 $\varphi(t) = k_\mathrm{p}m(t)$，其中 k_p 为调相器灵敏度（modulator sensitivity），其含义是单位调制信号幅度引起 PM 信号的相位偏移量，单位是弧度/伏（rad/V）。

因此，调相波的表达式为

$$s_\mathrm{PM}(t) = A\cos[\omega_\mathrm{c}t + k_\mathrm{p}m(t)] \tag{9-21}$$

对于调相波，其最大相位偏移为

$$\Delta\varphi_\mathrm{max} = k_\mathrm{p}\,|m(t)|\,|_\mathrm{max} \tag{9-22}$$

2. 频率调制

载波的振幅不变，调制信号 $m(t)$ 控制载波的瞬时角频率偏移，使载波的瞬时角频率偏移按 $m(t)$ 的规律变化，则称之为频率调制（FM）。

令 $\dfrac{\mathrm{d}\varphi(t)}{\mathrm{d}t}=K_{\mathrm{f}}m(t)$，即 $\varphi(t)=\displaystyle\int_{-\infty}^{t}k_{\mathrm{f}}m(\tau)\mathrm{d}\tau$，其中 k_{f} 为调频器灵敏度（modulator sensitivity），

其含义是单位调制信号幅度引起 FM 信号的频率偏移量，单位是赫兹/伏（Hz/V）。

因此，调频波的表达式为

$$s_{\mathrm{FM}}(t)=A\cos\left[\omega_{\mathrm{c}}t+\int_{-\infty}^{t}k_{\mathrm{f}}m(\tau)\mathrm{d}\tau\right] \qquad (9-23)$$

其最大角频率偏移为

$$\Delta\omega_{\max}=\left|\frac{\mathrm{d}\varphi(t)}{\mathrm{d}t}\right|_{\max}=k_{\mathrm{f}}\left|m(t)\right|_{\max} \qquad (9-24)$$

3. 单频调制时的调相波

令 $m(t)=V_{\Omega}\cos\Omega t$，则有

$$s_{\mathrm{PM}}(t)=A\cos(\omega_{\mathrm{c}}t+m_{\mathrm{p}}\cos\Omega t) \qquad (9-25)$$

式中：$m_{\mathrm{p}}=k_{\mathrm{p}}\left|m(t)\right|_{\max}$ 为调频指数（modulation index），代表 PM 波的最大相位偏移。

4. 单频调制时的调频波

令 $m(t)=V_{\Omega}\cos\Omega t$，则有

$$s_{\mathrm{FM}}(t)=A\cos(\omega_{\mathrm{c}}t+m_{\mathrm{f}}\sin\Omega t) \qquad (9-26)$$

式中：$m_{\mathrm{f}}=k_{\mathrm{f}}\left|\displaystyle\int_{0}^{t}m(t)\mathrm{d}t\right|_{\max}$ 为调频指数，代表 FM 波的最大相位偏移。

将式（9-25）和式（9-26）进行对比可知，FM 和 PM 非常相似，如果预先不知道调制信号的具体形式，是无法判断已调信号是调频信号还是调相信号的。

式（9-25）和式（9-26）的推导见表 9-1 所列。

表 9-1　调频波和调相波的比较

	调频波	调相波
数学表达式	$A\cos(\omega_{\mathrm{c}}t+m_{\mathrm{f}}\sin\Omega t)$	$A\cos(\omega_{\mathrm{c}}t+m_{\mathrm{p}}\cos\Omega t)$
瞬时角频率	$\omega_{\mathrm{c}}+k_{\mathrm{f}}m(t)$	$\omega_{\mathrm{c}}+k_{\mathrm{p}}\dfrac{\mathrm{d}m(t)}{\mathrm{d}t}$
瞬时相位	$\omega_{\mathrm{c}}t+k_{\mathrm{f}}\displaystyle\int_{0}^{t}m(t)\mathrm{d}t$	$\omega_{\mathrm{c}}+k_{\mathrm{p}}m(t)$
最大角频率偏移	$k_{\mathrm{f}}\left|m(t)\right|_{\max}$	$k_{\mathrm{p}}\left|\dfrac{\mathrm{d}m(t)}{\mathrm{d}t}\right|_{\max}$
最大相位偏移	$k_{\mathrm{f}}\left|\displaystyle\int_{0}^{t}m(t)\mathrm{d}t\right|_{\max}$	$k_{\mathrm{p}}\left|m(t)\right|_{\max}$

对 m_f 和 m_p 进一步推导，有

$$m_f = k_f \left| \int_0^t m(t)\,\mathrm{d}t \right|_{\max} = \frac{k_f V_\Omega}{\Omega} = \frac{\Delta\omega_{\max}}{\Omega} = \frac{\Delta f_{\max}}{F} \tag{9-27}$$

$$m_p = k_p \left| m(t) \right|_{\max} = k_f V_\Omega = \frac{k_f V_\Omega \Omega}{\Omega} = \frac{\Delta\omega_{\max}}{\Omega} = \frac{\Delta f_{\max}}{F} \tag{9-28}$$

式中：$\Delta\omega_{\max}$——最大角频率偏移；

$\quad\quad \Delta f_{\max}$——最大频率偏移。

将式(9-27)和式(9-28)进行对比可知，无论是调频还是调相，最大频移和调制指数之间的关系是相同的，即

$$m_f = m_p = m = \frac{\Delta f_{\max}}{F} = \frac{\Delta\omega_{\max}}{\Omega} \tag{9-29}$$

[例 9-4] 已知调制信号 $m(t) = 5\cos 2\pi \times 10^3 t$，调角信号 $s(t) = 10\cos(2\pi \times 10^6 t + 10\cos 2\pi \times 10^3 t)$，判断该调角信号是调频信号还是调相信号，试求调制指数、最大频偏、载波频率和载波振幅。

解 由题意可知，该调角信号的瞬时相位正比于调制信号，对照表 9.1，可知其是调相信号。

所以调制指数 $m_p = 10$，最大频偏 $\Delta f_{\max} = m_p F = 10$ kHz，载波频率为 10^6 Hz，载波振幅为 10 V。

5. PM 与 FM 之间的关系

从表 9.1 可以看出，无论是调频还是调相，瞬时频率和瞬时相位都在同时随着时间发生变化。在调频时，瞬时频率的变化与调制信号呈线性关系，瞬时相位的变化与调制信号积分呈线性关系。在调相时，瞬时相位的变化与调制信号呈线性关系，瞬时频率的变化与调制信号微分呈线性关系。

若将调制信号先微分，而后进行调频，则得到的是调相信号，如图 9-13(b)所示；同样，若将调制信号先积分，而后进行调相，则得到的是调频信号，如图 9-14(b)所示。

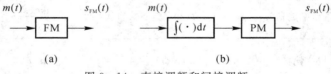

图 9-13 直接调相和间接调相

图 9-13(b)所示的产生调相信号的方法称为间接调相法，图 9-14(b)所示的产生调频信号的方法称为间接调频法。相对而言，图 9-13(a)所示的产生调相信号的方法称为直接调相法，图 9-14(a)所示的产生调频信号的方法称为直接调频法。由于实际相位调制器的调节范围不可能超出 $(-\pi, \pi)$，因而直接调相和间接调频的方法仅适用于相位偏移和频率偏移不大的窄带调制情形，而直接调频和间接调相则适用于宽带调制情形。

图 9-14 直接调频和间接调频

从以上分析可见，调频与调相并无本质区别，两者之间可以互换。鉴于在实际应用中多采用 FM 信号，下面集中讨论频率调制。

9.3.2　调频信号的频谱和带宽

由于调频波和调相波的方程式相似，因此只需要分析其中一种频谱，结论对另一种也完全适用。所不同的是一个用的是 m_f，另一个用的是 m_p。

现在来求式(9-26)所表示的调频信号的频谱。

令 $A=1$，将公式展开，得

$$
\begin{aligned}
s_{FM}(t) &= \cos(\omega_c t + m_f \sin\Omega t) \\
&= \cos(m_f \sin\Omega t)\cos\omega_c t - \sin(m_f \sin\Omega t)\sin\omega_c t
\end{aligned}
\tag{9-30}
$$

式中：$\cos(m_f \sin\Omega t)$ 和 $\sin(m_f \sin\Omega t)$ 都是周期函数，可以分别将它们展开为傅里叶级数，即

$$
\cos(m_f \sin\Omega t) = J_0(m_f) + 2\sum_{n=1}^{\infty} J_{2n}(m_f)\cos 2n\Omega t
\tag{9-31}
$$

$$
\sin(m_f \sin\Omega t) = 2\sum_{n=0}^{\infty} J_{2n+1}(m_f)\sin(2n+1)\Omega t
\tag{9-32}
$$

式中：$J_n(m_f)$ 是 n 阶第一类贝塞尔函数，其数值可以用如下无穷级数计算：

$$
J_n(m_f) = \sum_{m=0}^{\infty} \frac{(-1)^m \left(\dfrac{m_f}{2}\right)^{n+2m}}{m!(n+m)!}
\tag{9-33}
$$

所以

$$
\begin{aligned}
s_{FM}(t) = {}& J_0(m_f)\cos\omega_c t \\
& + J_1(m_f)\left[\cos(\omega_c+\Omega)t - \cos(\omega_c-\Omega)t\right] \\
& + J_2(m_f)\left[\cos(\omega_c+2\Omega)t - \cos(\omega_c-2\Omega)t\right] \\
& + \cdots
\end{aligned}
$$

分析上式，可知由单频调制的调频波的频谱具有如下特点：

(1) 调频波具有无数多对边频分量，分别位于 ω_c 两侧相距 $n\Omega$ 的位置上，它们的振幅由对应的各阶贝塞尔函数值确定。因此，角度调制不像调幅调制那样是调制信号频谱的线性搬移，而是一种频谱的非线性变换。

(2) 频谱相对 ω_c 对称。

(3) 理论上讲，调频波的带宽是无穷的，但当 m_f 一定时，边频分量的幅度与贝塞尔函数有关，当 n 大到一定值时，函数值会小到可以忽略，以至滤除这些边频分量对调频波形不会产生显著影响。因此，忽略小于某值的边频分量，调频波的带宽是有限的。

若将小于调制载波振幅 10% 的边频分量略去不计，则频谱宽度可由下式近似求得：

$$
BW_{FM} = 2(\Delta\omega_{max} + \Omega) = 2(m_f+1)\Omega
\tag{9-34}
$$

(4) 频谱结构与 m_f 密切相关。当调制频率 Ω 一定时，增大 m_f，则有影响的边频分量数增多，频谱展宽，如图 9-15 所示。

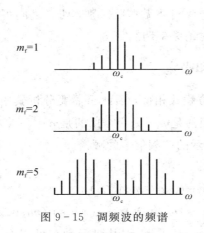

图 9 - 15   调频波的频谱

（5）根据式（9-33），可以计算调频波的功率为

$$P_{\mathrm{FM}} = P_{\omega_c} + P_{\omega_c - \Omega} + P_{\omega_c + \Omega} + P_{\omega_c - 2\Omega} + P_{\omega_c + 2\Omega} + \cdots$$
$$= \mathrm{J}_0^2(m_{\mathrm{f}}) + 2\mathrm{J}_1^2(m_{\mathrm{f}}) + 2\mathrm{J}_z^2(m_{\mathrm{f}}) + \cdots \tag{9-35}$$

根据贝塞尔函数的性质，$\sum_{n=-\infty}^{\infty} \mathrm{J}_n^2(m_{\mathrm{f}}) = 1$，所以调频调制前后的总功率保持不变。说明在调频时，总能量保持不变，能量只是从载波向边频分量转移，这和调幅调制是不同的。

综上所述，调频波和调相波的频谱结构以及频带宽度与调制指数有密切关系。其规律是：调制指数越大，应当考虑的边频分量的数目就越多，无论对于调频还是调相均是如此。这是它们的共同性质。但是当调制信号振幅恒定时，调频波的调制指数 m_{f} 与调制角频率 Ω 成反比，而调相波的调制指数 m_{p} 与调制角频率 Ω 无关。因此，它们的频谱结构、频带宽度与调制频率之间的关系就互不相同。

9.3.3   调频信号的产生和解调

1. FM 信号的产生

调频信号的产生有两种方法：直接调频和间接调频。

1）直接调频

调频就是用调制信号控制载波的频率变化。直接调频就是用调制信号直接控制载波振荡器的频率，使其按调制信号的规律线性地变化。

可以由外部电压控制振荡频率的振荡器叫作压控振荡器（VCO）。每个压控振荡器自身就是一个 FM 调制器，因为它的振荡频率正比于输入控制电压，即

$$\omega(t) = \omega_c + k_{\mathrm{f}} m(t) \tag{9-36}$$

若用调制信号作控制电压信号，就能产生 FM 波。如果被控制的振荡器是 LC 振荡器，则只需控制振荡回路的某个电抗元件（L 或 C），使其参数随调制信号变化。目前常用的电抗元件是变容二极管。用变容二极管实现直接调频，由于电路简单，性能良好，已成为最广泛采用的调频电路之一。为了提高频率稳定度，实际应用中还常常采用锁相环（PLL）调制器，可以获得高质量的调频信号。图 9-16 是锁相环（PLL）实现的 FM 调制器的原理框图。

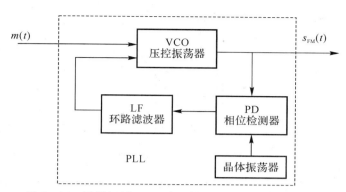

图 9 - 16　用锁相环(PLL)实现的 FM 调制器的原理框图

2）间接调频

调制信号 $m(t)=V_\Omega\cos\Omega t$ 对载波进行调相可得到调相波。进一步，如果将调制信号换成 $\int_0^t m(t)\mathrm{d}t$，即先将调制信号积分，然后对载波进行调相，这样原先输出的调相波就变成了调频波，这种方法称为间接法，又称阿姆斯特朗(Armstrong)法，图 9 - 17 是间接法的实现框图。

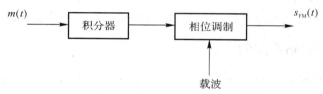

图 9 - 17　间接法产生宽带调频信号的实现框图

2. FM 已调信号的解调

调频信号的解调有相干解调和非相干解调两种。由于非相干解调不需相干载波，易于在接收端实现，因而它是 FM 系统的主要解调方式。

调频信号的一般表达式为

$$s_{FM}(t)=A\cos\left[\omega_c t+k_f\int_0^t m(t)\mathrm{d}t\right] \tag{9-37}$$

则解调器的输出应为

$$m_o(t)\propto k_f m(t) \tag{9-38}$$

也就是说，调频信号的解调是要产生一个与输入调频信号的频率呈线性关系的输出电压。完成这种频率/电压转换关系的器件是频率检波器，简称鉴频器。

鉴频器有多种，图 9 - 18 描述了一种用振幅鉴频器进行非相干解调的特性与原理框图。图中，微分器和包络检波器构成了具有近似理想鉴频特性的鉴频器。微分器的作用是把幅度恒定的调频波 $s_{FM}(t)$ 变成幅度和频率都随调制信号 $m(t)$ 变化的调幅调频波 $s_d(t)$，即

$$s_d(t)=-A\left[\omega_c+k_f m(t)\right]\sin\left[\omega_c t+k_f\int_0^t m(t)\mathrm{d}t\right] \tag{9-39}$$

包络检波器则将其幅度变化检出并滤去直流，再经低通滤波后即得解调输出，即

$$m_o(t)=k_d k_f m(t) \tag{9-40}$$

式中：k_d 为鉴频器灵敏度（$V/(rad \cdot s^{-1})$）。

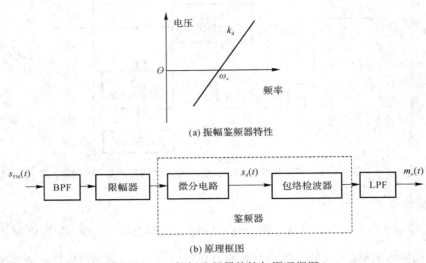

(a) 振幅鉴频器特性

(b) 原理框图

图 9 - 18　振幅鉴频器特性与原理框图

图 9-18 中，限幅器的作用是消除信道中的噪声和其他原因引起的调频波的幅度起伏，带通滤波器是让调频信号顺利通过，同时滤除带外噪声及高次谐波分量。

9.3.4　各种模拟调制系统的性能比较

以上介绍了各种模拟调制方法，为了便于在实际通信系统中选择应用，现列表对各种调制方法的主要性能指标和应用做一比较性的总结（见表 9-2），且假设所有调制与解调系统都具有理想特性，AM 的调幅指数为 100%。

表 9 - 2　不同模拟调制方式的比较总结

调制方式	信号带宽 BW	设备复杂度	主 要 应 用
DSB	2Ω	中等	点对点的专用通信，低带宽信号多路复用系统
SSB	Ω	较高	短波无线电通信，话音频分多路通信
AM	2Ω	最低	中短波无线电广播
FM	$2(m_f+1)\Omega$	中等	微波中继、超短波小功率电台（窄带）；卫星通信、调频立体声广播（宽带）

从表 9-2 可知：

（1）AM 调制的优点是接收设备简单，成本低。缺点是：调制效率低，功率大部分白白消耗在载波上；抗干扰能力差，信号带宽较宽，频带利用率不高。因此，AM 制式用于通信质量要求不高的场合，目前主要用在中波和短波的调幅广播中。

（2）DSB 调制的优点是功率利用率高，但带宽与 AM 相同，频带利用率不高，接收机要求采用相干解调，设备较复杂，一般只用在点对点的专用通信及低带宽信号多路复用系统中。

（3）SSB 调制的优点是功率利用率和频带利用率都较高，抗干扰能力优于 AM，而带宽只有 AM 的一半；缺点是发送和接收设备都比较复杂。SSB 制式普遍用在可用频率比较拥挤的场合，如短波波段的无线电台和频分多路复用系统中。

（4）FM 波的幅度恒定不变，这使得它对非线性器件不敏感，抗快衰落能力较强。利用自动增益控制和带通限幅可以消除快衰落造成的幅度变化效应，因而 FM 调制广泛应用于长距离高质量的通信系统中，如空间和卫星通信、调频立体声广播、超短波电台等。FM 的缺点是调制指数越大，虽然抗噪声性能越好，但占据带宽越宽，频带利用率越低。

习　　题

9-1　已知调制信号 $m(t) = \cos 2000\pi t$，载波为 $2\cos 10\,000\pi t$，$m_a = 0.5$，分别写出 AM、DSB、上边带、下边带信号的表达式，并画出频谱。

9-2　已知线性调制信号表达式如下：

（1）$f(t) = \cos\Omega t\,\cos\omega_c t$；

（2）$f(t) = (1 + 0.5\sin\Omega t)\cos\omega_c t$；

式中，$\omega_c = 6\Omega$。试分别画出这两个线性调制信号的时域波形和频谱图。

9-3　有一调幅波，载波功率是 100 W。试求当 $m_a = 1$ 和 $m_a = 0.3$ 时每一边频的功率。

9-4　已知载波频率为 100 MHz，载波振幅为 5 V，调制信号为 $\cos 2\pi \times 10^3 t + 2\cos 2\pi \times 500t$，最大频率偏移为 20 kHz，试写出调频波的数学表达式。

9-5　已知载波频率为 25 MHz，载波振幅为 4 V，调制信号为 $A\cos\Omega t$，其频率是 400 Hz，最大频率偏移为 10 kHz。试求：

（1）调频波的数学表达式；

（2）调相波的数学表达式。

若调制信号频率变为 2 kHz，所有其他参数不变，试写出：

（3）调频波的数学表达式；

（4）调相波的数学表达式。

9-6　已知角调制信号为 $s(t) = \cos(\omega_c t + 100\cos\Omega t)$

（1）如果它是调相信号，并且 $k_p = 2$，试求调制信号 $m(t)$；

（2）如果它是调频信号，并且 $k_f = 2$，试求调制信号 $m(t)$。

9-7　已知调频信号 $s_{FM}(t) = 10\cos[10^6\pi t + 8\cos(10^3\pi t)]$，调频器灵敏度 $k_f = 200$ Hz/V，试求：

（1）载波频率 f_c；

（2）调频指数 m_f；

（3）最大频偏；

（4）调制信号 $m(t)$。

9-8　在 50 Ω 的负载电阻上，有一调角信号，其表示式为

$$x(t) = 10\cos[10^8\pi t + 3\sin(2\pi \times 10^3 t)]$$

（1）信号平均功率为多少？

（2）最大频偏为多少，传输带宽为多少？

（3）最大相位偏移为多少？

（4）你能否确定这是调频波还是调相波？

9 - 9　已知某调角信号 $s(t)=A_0\cos(10^4\pi t+5\cos10\pi t))$，调制信号 $s_1(t)=\sin10\pi t$，判断该调角信号是调频波还是调相波，并求调制灵敏度。

9 - 10　若调制信号频率是 400 Hz，振幅为 2.4 V，调制指数为 60，求最大频偏。当调制信号频率减小为 250 Hz，同时振幅上升到 3.2 V 时，调制指数将变成多少？

9 - 11　调频波中心频率是 10 MHz，最大频偏是 50 kHz，调制信号是正弦波。试求调频波在以下三种情况的频带宽度：

（1）调制频率为 500 kHz；

（2）调制频率为 500 Hz；

（3）调制频率为 10 kHz。

第 10 章　信 源 编 码

上一章介绍了模拟通信系统的各种调制方式,这些调制方式曾经在早期的无线通信和有线通信中发挥了重要的作用,一些经典的方法目前仍然有着广泛的应用,是现代通信技术的基础。

20 世纪 80 年代以后,随着超大规模集成电路工艺的成熟以及计算机和数字信号处理技术的进步,数字通信系统得到了迅速的发展,大多数的模拟通信系统已逐渐被数字通信系统所取代。由于在实际应用中,许多信源的输出都是模拟信号,要利用数字通信系统传输模拟信号一般还需要三个步骤:

(1) 把模拟信号数字化,即模/数(A/D)转换;

(2) 进行数字方式的传输;

(3) 把数字信号还原为模拟信号,即数/模(D/A)转换。

其中,A/D 转换将原始的模拟信号转换为数字信号,这一工作由数字通信系统模型中的信源编码模块来实现,而相应的 D/A 转换则由信源译码模块来实现。信源译码是信源编码的逆过程,理解了信源编码的原理,信源译码就可迎刃而解。

信源编码除了完成把模拟信号数字化的工作之外,还要对数字信号进行压缩,在不损害通信质量的前提下,尽可能降低数字信源的信息速率,提高信息传输的有效性。本章将对信源编码的基本原理及常用方法进行介绍。

10.1　信源编码的基本概念

语音和图像是人们生活中遇到的最常见的信息源。常规的通信主要就是语音通信和图像通信。语音信源的编码称为语音编码,图像信源的编码称为图像编码,两者的基本原理是一致的。下面将主要通过语音编码技术来介绍信源编码。

信源编码的任务就是对模拟信号进行加工和编码,得到相应的数字信号。它有两个基本功能:一是完成模/数(A/D)转换,即将模拟的信息源转换成数字信号,以实现模拟信号的数字化传输;二是提高信息传输的有效性,即通过某种数据压缩算法减少码元数目,降低码元速率和信息速率,从而减少信息冗余度,提高系统的传输效率。

现有的语音编码技术可以分为波形编码和参量编码两大类。其中,波形编码是将模拟信号的时域波形直接变换为数字代码的信源编码技术。语音波形编码的数据速率通常为16~64 kb/s,接收端可还原的信号质量较好,但数据速率较高。参量编码则是利用信号处理技术提取语音信号中的特征参量,将特征参量变换为数字代码的间接编码方法。语音参量编码的数据速率可在 16 kb/s 以下，是较先进的现代信源编码技术，数据速率低是它的优点，但接收端可还原的信号质量相对要差一些。本章主要介绍目前用得比较广泛的几种波形编码方法，即脉冲编码调制（Pulse Code Modulation，PCM）、差分脉冲编码调制（Dif-ferential PCM，DPCM）和增量调制（Delta Modulation，ΔM 或 DM）。

10.2　脉冲编码调制

脉冲编码调制（PCM）简称脉码调制。该技术实现于 20 世纪 40 年代，由于当时是从信号调制的观点来研究的，因此称为脉冲编码调制。它不仅适用于通信领域，还广泛应用于计算机、遥控遥测、数字仪表、广播电视等许多领域。

PCM 系统的原理框图如图 10－1 所示。在发送端，首先，对输入模拟信号进行抽样，将时间上连续的模拟信号变成时间上离散的抽样信号。为了有足够的时间进行量化，由保持电路将抽样信号作短暂保存，实际电路中常将抽样和保持电路做在一起，合称为抽样保持电路。量化器将幅度上仍然连续的抽样信号进行幅度离散化，得到数字量。编码器将量化后的数字量进行二进制编码，最终输出 PCM 信号。编码后的 PCM 信号可以直接在信道中进行基带传输，也可以通过数字调制后进行频带传输。

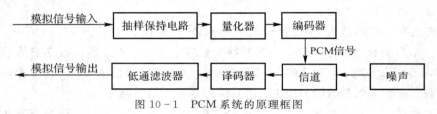

图 10－1　PCM 系统的原理框图

在接收端，译码器将收到的 PCM 信号还原成量化后的抽样样值脉冲序列，然后通过低通滤波器滤除高频分量，便可得到与原输入信号十分相似的模拟信号。

从 PCM 系统的基本原理框图可以看出，模拟信号数字化的过程主要包括三个步骤，即抽样、量化和编码。

10.2.1　抽样与抽样定理

抽样是将模拟信号数字化的第一步，量化和编码都是在它的基础上进行的。抽样将时间连续、取值也连续的模拟信号变为时间离散、取值连续的离散模拟信号，这一步又称为脉冲振幅调制（Pulse Amplitude Modulation，PAM），它在 PCM 系统中是模拟信号数字化的必经过程。为了使接收端能恢复出与信号源原始信号相同的模拟信号，应确保抽样的过程不引起信号失真，而如何才能避免因抽样而引起信号失真，就是抽样定理要解决的问题。

根据模拟信号是低通型的还是带通型的，抽样定理分为低通抽样定理和带通抽样定理；根据用来抽样的脉冲序列是等间隔的还是非等间隔的，抽样可分为均匀抽样和非均匀抽样；根据用来抽样的脉冲序列是冲激序列还是非冲激序列，抽样可分为理想抽样和实际抽样。其中，实际抽样又可分为自然抽样和平顶抽样。

以下分别介绍低通抽样定理和带通抽样定理。

1. 低通抽样定理

对于频带被限制在$(0, f_H)$内的连续模拟信号$m(t)$，如图$10-2$(a)所示，若以$T_s \leqslant \dfrac{1}{2f_H}$的时间间隔对其进行等间隔（均匀）抽样，根据由此得到的抽样信号就可以不失真地重建原信号$m(t)$。也就是说，当抽样频率f_s大于连续模拟信号$m(t)$中的最高频率f_H两倍时，抽样后的数字信号就能完整地保留原始信号中的信息（这里将最低抽样频率$f_s = 2f_H$称为奈奎斯特抽样速率，低通信号的抽样定理也常称为奈奎斯特抽样定理）。

[**例 10 - 1**]　已知模拟信号$34 + 5\cos(3200\pi t) + 8\sin(4200\pi t)$，试求抽样频率$f_s$。

解　该模拟信号包含三个频率，即 0 Hz、1600 Hz 和 2100 Hz，所以可应用低通抽样定理，则

$$f_s = 2f_H = 2 \times 2100 = 4200 \text{ Hz}$$

在实际应用中，抽样频率f_s必须比$2f_H$还略大一些。例如，电话语音信号的最高频率约为 3400 Hz，而通常采用的抽样频率是 8000 Hz。

2. 带通抽样定理

实际生活中遇到的信号源信号有些是带通信号，如图$10-2$(b)所示，它的信号带宽 BW 远远小于它的最高频率f_H，这时若仍按照$2f_H$的抽样频率进行抽样，则对信号频谱浪费很大，可以根据带通抽样定理来进行抽样。

设一个带通模拟信号$m(t)$的频带宽度$\text{BW} = f_H - f_L$，f_H为信号最高频率，f_L为信号最低频率，其频谱如图$10-2$所示。

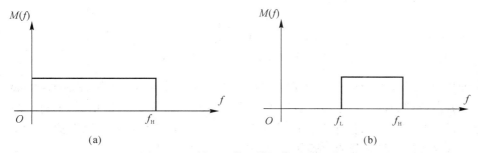

图 10 - 2　低通和带通模拟信号的频谱

其最低抽样频率为$f_{s\,\min}$：

$$f_{s\,\min} = 2\text{BW}\left(1 + \frac{k}{n}\right) \tag{10-1}$$

式中：BW——信号带宽；

n——商$\dfrac{f_H}{\text{BW}}$的整数部分，$n = 1, 2, \cdots$；

k——商$\dfrac{f_H}{\text{BW}}$的小数部分，$0 < k < 1$。

只要抽样频率f_s大于$f_{s\,\min}$，由此得到的抽样信号就可以不失真地重建原信号$m(t)$。

[**例 10 - 2**]　已知模拟信号$5\cos(3200\pi t) + 8\sin(4200\pi t)$，试求抽样频率$f_s$。

解　该模拟信号包含两个频率，即 1600 Hz 和 2100 Hz，最低频率大于 0，所以可应用

带通抽样定理,则

$$\mathrm{BW} = f_{\mathrm{H}} - f_{\mathrm{L}} = 2100 - 1600 = 500 \ \mathrm{Hz}$$

由

$$\frac{f_{\mathrm{H}}}{\mathrm{BW}} = \frac{2100}{500} = 4.2$$

得

$$n = 4, \ k = 0.2$$

所以

$$f_{\mathrm{s}} = 2\mathrm{BW}\left(1 + \frac{k}{n}\right) = 2 \times 500\left(1 + \frac{0.2}{4}\right) = 1050 \ \mathrm{Hz}$$

对比例 10 - 1,抽样频率显著减小。

由式(10 - 1)可推知,最低采样频率和带通带宽之间满足:

$$2\mathrm{BW} \leqslant f_{\mathrm{s\,min}} \leqslant 4\mathrm{BW}$$

图 10 - 3 所示为 $f_{\mathrm{s\,min}}$ 与 f_{L} 的关系曲线。

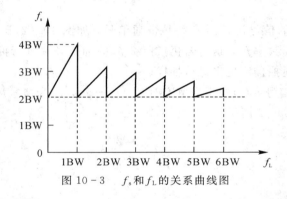

图 10 - 3 f_{s} 和 f_{L} 的关系曲线图

由图可见,当 $f_{\mathrm{L}} = 0$ 时, $f_{\mathrm{s}} = 2\mathrm{BW} = 2f_{\mathrm{H}}$,即为低通模拟信号的抽样情况,与低通抽样定理一致;当 f_{L} 增大时, f_{s} 越来越趋近于 $2\mathrm{BW}$。 f_{L} 很大即意味着该信号是一个窄带信号,在实际生活中遇到的带通信号大多是窄带信号。所以当 f_{L} 很大时,不论 f_{H} 是否为 BW 的整数倍,带通信号的抽样只要满足最小抽样频率 $f_{\mathrm{s\,min}} \geqslant 2\mathrm{BW}$ 即可。

10.2.2 量化

经过抽样后的信号在量值上还是连续的,必须进一步处理才能变为数字信号。利用预先规定的有限个电平来表示模拟信号抽样值的过程称为量化。量化器将时间离散、取值连续的 PAM 信号变换为时间离散、取值也离散的量化信号(多电平数字信号)。

设模拟信号的抽样值为 $m(kT_{\mathrm{s}})$,其中 k 是整数, T_{s} 是抽样间隔时间,该抽样值仍然是一个模拟量,因为它可以有无数个可能的连续取值。现用 N 位二进制数字来代表此抽样值的大小,则只能有 $M = 2^{N}$ 个不同的抽样值。因此,需要将抽样值的大小范围划分成 M 个区间,每个区间用一个电平表示,称为量化电平。凡是落入某个量化区间的模拟抽样信号都由该量化区间的量化电平值表示。

图 10 - 4 是一个量化过程的示例。其中, $m(kT_{\mathrm{s}})$ 是模拟信号的抽样值, $m_{q}(kT_{\mathrm{s}})$ 是量

化后的信号量化值，q_1、q_2、q_3、q_4、q_5、q_6是量化电平，m_1、m_2、m_3、m_4、m_5是量化区间的端点，则量化过程可以由下面的公式给出：

$$m_{q_i}(kT_s) = q_i, \quad m_{i-1} \leqslant m(kT_s) \leqslant m_i, \quad i = 1, 2, \cdots, 6 \tag{10-2}$$

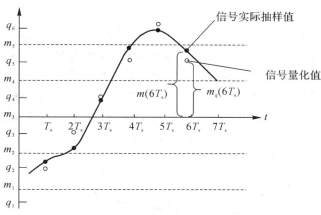

图 10 - 4　量化过程

图 10 - 4 中，实心黑点表示实际抽样值，空心圈表示抽样信号的量化值。

上述量化过程的分析是在一个独立的量化器中完成的，量化器的输入信号为 $m(kT_s)$，输出信号为 $m_q(kT_s)$。$m_q(kT_s)$ 和 $m(kT_s)$ 一般情况下总是不同的，这样，量化必然使输出产生误差，这个误差 N_q 称为量化噪声。

根据量化区间是等间隔划分的还是非等间隔划分的，可以将量化分为均匀量化和非均匀量化两种情况。下面分别讨论这两种量化方法。

1. 均匀量化

将抽样后信号的取值域按等间隔划分的量化称为均匀量化。

在均匀量化中，量化电平一般取为量化区间的中点。设模拟抽样信号的取值范围为 (a, b)，量化电平数为 M，则在均匀量化时的量化间隔为

$$\Delta v = \frac{b - a}{M} \tag{10-3}$$

量化区间的端点

$$m_i = a + i\Delta v, \quad i = 0, 1, \cdots, M \tag{10-4}$$

第 i 个量化区间的量化电平为

$$q_i = \frac{m_i + m_{i-1}}{2}, \quad i = 0, 1, \cdots, M \tag{10-5}$$

量化间隔 Δv 在量化器的取值范围确定以后，由量化电平数 M 所决定，M 越大，量化精度越高，信号量化噪声也就越小。因此，为了取得较高的量化精度，M 需要取得大一点；但 M 过大，编码器的位数就要增加，对数据传输速率的要求就要提高。因此，M 的取值必须兼顾这两方面的要求。

对于一个给定电平数 M 的量化器，量化间隔 Δv 是确定的，所以量化噪声 N_q 也是确定不变的。但是抽样信号的强度和大小可能会在很大范围内变化。在量化间隔 Δv 确定以后，

当信号较大时，信号量噪比较大；当信号较小时，信号量噪比也随之减小。在信号很小时，信号量噪比可能无法达到给定的要求。为了克服这一缺点，改善小信号时的信号量噪比，在实际应用中常采用非均匀量化的方法。

2. 非均匀量化

非均匀量化的基本思想是：当信号较大时，采用较大的量化间隔 Δv；当信号较小时，采用较小的量化间隔。这样，不论信号大小如何变化，量化信噪比基本保持不变。

实际应用中，非均匀量化的实现方法通常是将信号抽样值先进行非线性压缩，再进行均匀量化。所谓非线性压缩，就是用一个非线性电路将输入的小信号适当放大，而将输入的大信号压缩变小。如图 10-5 所示，设输入电压为 x，经非线性压缩后的输出电压为 y，则

$$y = f(x) \tag{10-6}$$

y 与 x 之间的函数关系是非线性的。

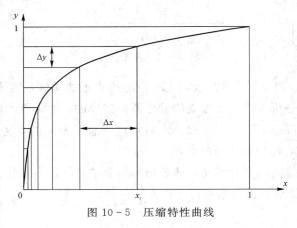

图 10-5 压缩特性曲线

在图 10-5 中，横坐标 x 采用非均匀刻度，而纵坐标 y 是均匀刻度的。输入电压 x 越小，量化间隔也越小，从而改善了小信号时的信号量噪比。

目前，广泛采用的两种压缩特性是 A 压缩律和 μ 压缩律，它们的近似实现方法分别是 13 折线法和 15 折线法。我国大陆、欧洲各国以及国际间互联时采用 A 压缩律及相应的 13 折线法，北美、日本和韩国等少数国家和地区采用 μ 压缩律及相应的 15 折线法。下面分别介绍这两种压缩律及其近似实现方法。

1) A 压缩律及 13 折线法

A 压缩律（简称 A 律）的压缩特性表达式为

$$y = \begin{cases} \dfrac{Ax}{1+\ln A}, & 0 < x \leqslant \dfrac{1}{A} \\[3mm] \dfrac{1+\ln Ax}{1+\ln A}, & \dfrac{1}{A} < x \leqslant 1 \end{cases} \tag{10-7}$$

式中：x——归一化输入电压；

$\qquad y$——归一化输出电压；

$\qquad A$——压缩参数，表示压缩的程度，一般取 $A=87.6$。

由式(10-7)可知，A 律表达式是一条连续的平滑曲线，用电子线路很难准确地实现。

因此，实际应用中往往采用近似于 A 律的 13 折线法来实现，其特性曲线如图 10-6 所示。

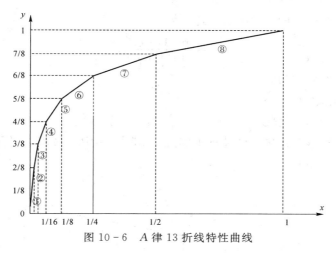

图 10-6　A 律 13 折线特性曲线

图中，x 在 $(0,1)$ 区间中分为不均匀的 8 段。方法是：先对 $0\sim1$ 段进行对分，取中点 $1/2$；然后对左边的 $0\sim1/2$ 段进行对分，取中点 $1/4$；再对左边的 $0\sim1/4$ 段进行对分，取中点 $1/8$；以此类推，直到对 $0\sim1/64$ 段进行对分，取中点 $1/128$。而 y 在 $(0,1)$ 区间中分为均匀的 8 段，将与这 8 段相应的坐标点 (x,y) 相连，就得到了一条折线，其折线段号及各段折线的斜率如表 10-1 所示。

表 10-1　A 律 13 折线的斜率

折线段号	1	2	3	4	5	6	7	8
斜率	16	16	8	4	2	1	1/2	1/4

考虑到输入电压 x 有正负极性，所以在坐标系的第三象限还有对原点奇对称的另一半曲线，如图 10-7 所示。因为第一象限及第三象限中的第一、第二段折线的斜率都相同，所以这四段折线可合成一段折线。因此，在正负两个象限中共有 13 段折线，故简称 A 率 13 折线法。

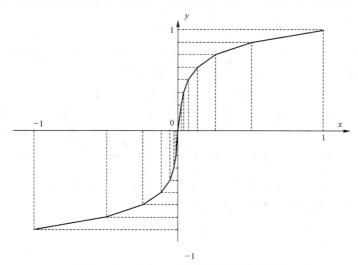

图 10-7　A 律 13 折线的完整特性曲线

2）μ 压缩律和 15 折线法

μ 压缩律（简称 μ 律）的压缩特性表达式为

$$y = \frac{\ln(1 + \mu x)}{\ln(1 + \mu)} \tag{10-8}$$

式中：x——归一化输入电压；

　　　　y——归一化输出电压；

　　　　μ——压缩参数，一般取 $\mu = 255$。

同样，由于 μ 律很难用电子线路准确实现，实际应用中常采用 15 折线法来近似实现，其特性曲线如图 10-8 所示。

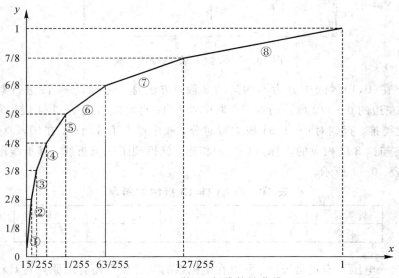

图 10-8　μ 律 15 折线特性曲线

图 10-8 中 x 在 $(0,1)$ 区间中分为不均匀的 8 段，各转折点的 x 值按照下式计算：

$$x = \frac{256^y - 1}{255} = \frac{256^{\frac{i}{8}} - 1}{255} = \frac{2^i - 1}{255} \tag{10-9}$$

而 y 在 $(0,1)$ 区间中分为均匀的 8 段，将与这 8 段相应的坐标点 (x, y) 相连，就得到了一条折线，其折线段号及各段折线的斜率如表 10-2 所示。

表 10-2　μ 律 15 折线的斜率

折线段号	1	2	3	4	5	6	7	8
斜率/255	1/8	1/16	1/32	1/64	1/128	1/256	1/512	1/1024

当考虑到输入电压 x 的正负极性时，仅第一象限和第三象限的第一段折线斜率相同，可以连成一段折线。所以两个象限中得到的是 15 段折线，简称为 μ 律 15 折线法。

10.2.3　编码与解码

量化后的信号已经是取值离散的数字信号，但还需用一定的码组形式表示。编码是将时间离散、取值也离散的量化信号转变成二进制数字信号的过程。编码的逆过程称为解码或译码。

1. 码制的选择

编码可以采用二进制码，也可以采用多进制码。考虑到二进制码具有较强的抗干扰能力，且易于产生，因此 PCM 的编码中一般采用二进制码。

按照二进制的自然规律排列的二进制码称为自然二进制码，这是最常见的二进制码。但在 PCM 的编码中，经常采用的却是另外一种码，称为折叠二进制码。它用左边第 1 位表示信号的极性，信号为正时用"1"表示，信号为负时用"0"表示，而用剩下的其余位表示信号幅值的大小。折叠二进制码与自然二进制码的比较如表 10-3 所示。从表中可以看出，折叠二进制码除最高位符号相反外，其上下两部分呈现折叠对称关系。因此，当第 1 位确定极性后，双极性电压可以用单极性编码的方式来处理，从而简化编码过程。此外，由表中还可以看出，若折叠二进制码产生误码，则对小信号的影响较小。例如，码组"1000"在传输或处理过程中产生一位错误，变为"0000"。采用自然二进制码时将从 8 变为 0，误差为 8；而采用折叠二进制码时，将从 8 变为 7，误差为 1。在话音通信中，小信号出现的概率较大，因此，采用折叠二进制码有利于降低话音通信的噪声。

表 10-3 自然二进制码与折叠二进制码的比较

量化值序号	量化电压极性	自然二进制码	折叠二进制码
15	正极性	1111	1111
14		1110	1110
13		1101	1101
12		1100	1100
11		1011	1011
10		1010	1010
9		1001	1001
8		1000	1000
7	负极性	0111	0000
6		0110	0001
5		0101	0010
4		0100	0011
3		0011	0100
2		0010	0101
1		0001	0110
0		0000	0111

2. 编码位数的选择

编码位数的选择与量化值数目有关。量化值越大，编码位数也需要得越多。但编码位数越多,信号的传输量及存储量也随之增多,而且编码器也会越复杂。通常,PCM 采用 8 位编码就可以满足通信质量的要求。

我国采用的 A 律 13 折线编码就采用了 8 位二进制折叠码,其码位排列方法如图 10 - 9 所示。

C_1	$C_2 C_3 C_4$	$C_5 C_6 C_7 C_8$
极性码	段落码	段内码

图 10 - 9 码位排列规则

具体为:第 1 位 C_1 表示量化值的极性正负,正值用"1"表示,负值用"0"表示;后面的 7 位表示量化值的绝对值大小。其中第 2 至第 4 位($C_2 C_3 C_4$)是段落码,表示量化值位于 8 段中的某一段落。将每一段落平均分为 16 个量化间隔,取每个量化间隔的中间值为量化电平。最后 4 位($C_5 C_6 C_7 C_8$)为段内码,表示量化值所在某一段落内 16 个量化间隔中某一量化间隔的量化电平。段落码和段内码的编码规则如表 10 - 4 和表 10 - 5 所示。段内码虽然是按量化间隔均匀编码的,但因为各个段落的长度不等,所以不同段落的量化间隔是不同的。其中,第 1 段和第 2 段最短,其量化间隔为 $\frac{1}{128} \times \frac{1}{16} = \frac{1}{2048}$,此量化间隔称为 1 个量化单位。

表 10 - 4 段落码编码规则

段落序号	段落码 $C_2 C_3 C_4$	段落范围 (量化单位)
8	111	1024~2048
7	110	512~1024
6	101	256~512
5	100	128~256
4	011	64~128
3	010	32~64
2	001	16~32
1	000	0~16

表 10 - 5 段内码编码规则

量化间隔	段内码 $C_5 C_6 C_7 C_8$	量化间隔	段内码 $C_5 C_6 C_7 C_8$
15	1111	7	0111
14	1110	6	0110
13	1101	5	0101
12	1100	4	0100
11	1011	3	0011
10	1010	2	0010
9	1001	1	0001
8	1000	0	0000

[例 10 - 3]　设输入信号抽样值的归一化动态范围在 -1 至 1 之间，将此动态范围划分为 4096 个量化单位，即将 1/2048 作为一个量化单位。当输入抽样值为 1270 个量化单位时，采用 A 律 13 折线编码，试求编码器输出码组，并计算量化误差。

解　设编码器输出码组为 $C_1C_2C_3C_4C_5C_6C_7C_8$，则有：

(1) 确定极性码 C_1：因为输入抽样值 1270 为正极性，所以 $C_1 = 1$。

(2) 确定段落码 $C_2C_3C_4$：段落码的编码规则如表 10 - 4 所示。由表可见，输入抽样值 1270 个量化单位落在第 8 段，因此，段落码 $C_2C_3C_4 = 111$。

(3) 确定段内码 $C_5C_6C_7C_8$：由于输入抽样值落在第 8 段内，即段落范围为 1024～2048 个量化单位。现将第 8 段均匀地划分为 16 个量化间隔，则每个量化间隔为 64 个量化单位。由段内码的编码规则可得到段内码与抽样值的关系，如表 10 - 6 所示。由表可见，输入抽样值 1270 个量化单位落在第 8 段内的第 3 个量化间隔中，即 1216～1280 个量化单位之中，因此，段内码 $C_5C_6C_7C_8 = 0011$。

表 10 - 6　段内码与抽样值的关系

量化间隔	起止范围 /量化单位	段内码 $C_5C_6C_7C_8$	量化间隔	起止范围 （量化单位）	段内码 $C_5C_6C_7C_8$
15	1984～2048	1111	7	1472～1536	0111
14	1920～1984	1110	6	1408～1472	0110
13	1856～1920	1101	5	1344～1408	0101
12	1792～1856	1100	4	1280～1344	0100
11	1728～1792	1011	3	1216～1280	0011
10	1664～1728	1010	2	1152～1216	0010
9	1600～1664	1001	1	1088～1152	0001
8	1536～1600	1000	0	1024～1088	0000

因此，编码器输出码组为 $C_1C_2C_3C_4C_5C_6C_7C_8 = 11110011$。

由上面的分析可知，输入抽样值位于第 8 段内的第 3 个量化间隔中，取该量化间隔的中点 $\dfrac{1216+1280}{2} = 1248$（量化单位）为输出量化电平。将输入抽样值和此量化电平相比，可得量化误差为 $1270 - 1248 = 22$（量化单位）。

3. 编码/译码原理

PCM 编码的实现方法和实现电路有很多，比较常用的是逐次比较型编码及译码。

实现 A 律 13 折线特性的逐次比较型编码器的原理如图 10 - 10 所示，其中编码器包含了量化和编码两个功能。

图中各部分的主要功能如下：

(1) 整流器：将输入的双极性信号变成单极性信号，并输出极性码 C_1。

(2) 保持电路：在整个编码周期内保持输入信号的幅值不变。

(3) 比较器：编码器的核心，它将输入信号电流（或电压）I_s 与本地译码器输出的各个称为权值电流的标准电流 I_w 进行 7 次比较，从而得到 $C_2 \sim C_8$。每比较一次，得到一位二进制码，当 $I_s > I_w$ 时，输出"1"码，反之输出"0"码。

（4）本地译码器：由记忆电路、7/11 变换电路和恒流源组成，用于产生每次比较所需的各个权值电流 I_w。其中，记忆电路用于寄存各次比较的结果。除第一次比较外，其余各次比较均要依据其前几次比较的结果来确定权值电流 I_w。

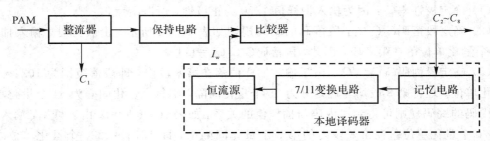

图 10 - 10　逐次比较型编码器原理框图

因此，7 次比较中的前 6 次比较结果均应由记忆电路寄存下来。7/11 变换电路将 7 位的非均匀量化码变换成 11 位的均匀量化码。恒流源也称 11 位线性解码电路或电阻网络，用来产生各个权值电流 I_w。

以上介绍的是逐次比较法的编码原理，相应的译码原理如图 10 - 11 所示，其核心部分与编码器中的本地译码器类似。

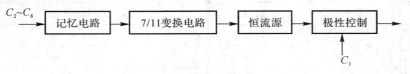

图 10 - 11　逐次比较型译码器原理框图

10.3　差分脉冲编码调制

前面介绍的 PCM 系统传输 1 路数字电话信号的数据速率为 64 kb/s，理论上需要占用 32 kHz 带宽，而传输 1 路模拟电话仅需要 4 kHz 带宽。相比之下，传输 PCM 信号占用的带宽大很多，也就是说，数字通信将比模拟通信付出更多的带宽成本，这是数字通信不如模拟通信的地方。但是由于数字通信带来的好处远远超过它的缺点，因此 PCM 系统仍然得到了广泛的应用。当然，还是要想办法尽可能地降低数字电话信号的传输速率，降低信号带宽，提高频带利用率。常用的改进办法是采用预测编码。预测编码的方法有多种，差分脉冲编码调制（DPCM），简称差分脉码调制，是其中广泛应用的一种基本的预测方法。

在 DPCM 中，每个抽样值不是独立地编码，而是将前一个抽样值作为预测值，取当前抽样值和预测值之差进行差值编码并传输，此差值称为预测误差。话音信号等连续变化的信号，其相邻抽样值之间具有一定的相关性，当前抽样值和其预测值比较接近，因此，两者差值的可能取值范围要比抽样值本身的取值范围小。这样就可以用较少的编码位数来对预测误差进行编码，从而达到降低数据传输速率的目的。

图 10 - 12 给出了 DPCM 系统原理框图。在图 10 - 12(a)中，输入模拟信号为 $m(t)$，它

在时刻 kT_s 被抽样，抽样信号 $m(kT_s)$ 在图中简写为 m_k，其中 T_s 为抽样间隔时间，k 为整数。此抽样信号 m_k 和预测器输出的预测值 m_k' 相减，得到预测误差 e_k。e_k 经过量化后得到量化预测误差 r_k。r_k 除了用于编码并输出外，还用于更新下一个预测值。它和原预测值 m_k' 相加，作为预测器新的输入 m_k^*。如果不考虑量化器的量化误差，即 $e_k = r_k$，则有

$$m_k^* = r_k + m_k' = e_k + m_k' = (m_k - m_k') + m_k' = m_k \tag{10-10}$$

因此，可以把 m_k^* 看作是带有量化误差的抽样信号 m_k。预测器的输出和输入关系为

$$m_k' = m_{k-1}^* \tag{10-11}$$

式(10-11)表明，预测值 m_k' 就是前一个带有量化误差的抽样信号值。

由图 10-12(b)可见，译码器中的预测器输入端和相加器的连接电路和编码器中的完全一样。因此，在无传输误码的情况下，即当编码器的输出就是译码器的输入时，这两个相加器的输入信号相同，即 $r_k = r_k'$。此时，译码器的输出信号 $m_k^{*'} = m_k^*$，即等于带有量化误差的信号抽样值 m_k。

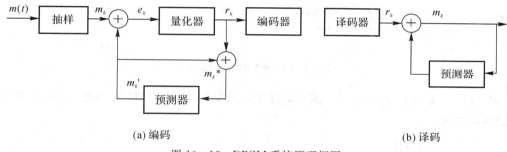

(a)编码　　　　　　　　　　　　　　(b)译码

图 10-12　DPCM 系统原理框图

在图 10-12 中，预测器可以直接用一个延迟电路来实现，其延迟时间为一个抽样间隔时间 T_s。

10.4　增量调制

增量调制(ΔM 或 DM)可以看成是 DPCM 一种最简单的特例。当 DPCM 系统中量化器的量化电平数取为 2 时，DPCM 系统就成为增量调制系统。在增量调制中，只用一位编码表示相邻样值的相对大小，从而反映抽样时刻信号的变化趋势，而与样值本身的大小无关。图 10-13 是增量调制系统的原理框图。图 10-13(a)中预测误差 $e_k = m_k - m_k'$ 被量化成两个电平 $+\sigma$ 和 $-\sigma$，即量化器输出信号 r_k 只取两个值 $+\sigma$ 或 $-\sigma$。σ 值称为量化台阶，$+\sigma$ 表示上升一个量化台阶，$-\sigma$ 表示下降一个量化台阶。因此，可以对 r_k 用一位二进制编码表示。例如，用"1"表示"$+\sigma$"，而用"0"表示"$-\sigma$"。

在实际使用中，通常用一个积分器来代替图 10-13 中的"延迟相加电路"，并将抽样器放到相加器后面，与量化器合并成为抽样判决器，如图 10-14 所示。图中编码器输入模拟信号为 $m(t)$，它与预测信号 $m'(t)$ 相减，得到预测误差 $e(t)$。然后用周期为 T_s 的冲激序列 $\delta_{T_s}(t)$ 对预测误差 $e(t)$ 进行抽样。若抽样值为正值，则输出 $+\sigma$(用"1"表示)；若抽样值为负值，则输出 $-\sigma$(用"0"表示)，从而输出二进制数字信号。

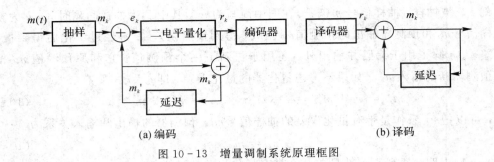

(a) 编码　　　　　　　　　　　　　　(b) 译码

图 10 - 13　增量调制系统原理框图

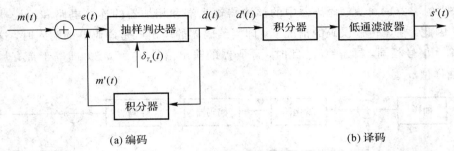

(a) 编码　　　　　　　　　　　　　　(b) 译码

图 10 - 14　增量调制系统原理框图

图 10 - 15 是增量调制的一个例子，其中，因积分器含有抽样保持电路，故预测信号 $m'(t)$ 为阶梯波形。

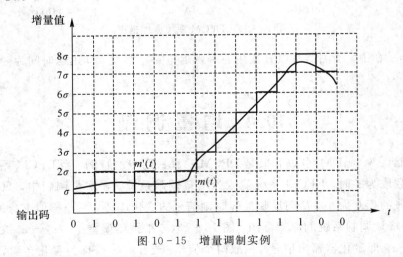

图 10 - 15　增量调制实例

在增量调制的译码中，译码器只要每收到一个"1"码元就使其输出升高一个 σ，而每收到一个"0"码元就使其输出降低一个 σ，这样即可恢复出图 10 - 15 中的阶梯波形。再通过低通滤波器对阶梯波形平滑后，就得到非常接近于编码器输入的模拟信号。

习　　题

10 - 1　已知一基带信号 $m(t) = \cos(2\pi t) + 2\cos(4\pi t)$，对其进行理想抽样，为了在接

收端能不失真地从已抽样信号 $m_s(t)$ 中恢复 $m(t)$，试问抽样间隔应如何选择。

10 - 2　已知模拟信号 $m(t) = 10 + 5\cos(1234\pi t) + 8\sin(5678\pi t) + 4\sin(13579t)$，试求抽样频率 f_s。

10 - 3　已知模拟信号带宽是 5.5 kHz，下限截止频率 f_L 是 4.5 kHz，试求抽样频率 f_s？

10 - 4　设信号 $m(t) = 9 + A\cos\omega t$，其中，$A \leqslant 10$ V。若 $m(t)$ 被均匀量化为 40 个电平，试确定所需的二进制码组的位数 N 和量化间隔 Δv。

10 - 5　采用 13 折线 A 律编码，设最小量化间隔为 1 个量化单位，已知输入抽样值为 +635 量化单位。

(1) 试求此编码器输出码组(采用自然二进制码)；

(2) 计算量化误差。

10 - 6　采用 13 折线 A 律编码电路，设接收端收到的码组为"01010011"，最小量化间隔为 1 量化单位，并已知段内码改用折叠二进制码。试问译码器输出为多少量化单位？

10 - 7　采用 13 折线 A 律编码，设最小量化间隔为 1 个量化单位，已知输入抽样值为 -95 量化单位。

(1) 试求此编码器输出码组(采用自然二进制码)；

(2) 计算量化误差。

10 - 8　已知话音信号的最高频率 $f_m = 3400$ Hz，求：

(1) 若采用 PCM 系统传输，需要的最小信道容量是多少？

(2) 若采用 3 位 DPCM 系统传输，需要的最小信道容量是多少？

(3) 若采用 DM 系统传输，需要的最小信道容量是多少？

第11章　数字信号的基带传输

　　数字通信是当今通信技术的主流。数字通信中传输的数字信息可以来自计算机输出的二进制序列，电传机输出的代码，或者是来自模拟信号经数字化处理后的 PCM 码组等。在实际传输中，一般需要根据系统的要求和信道的情况，进行不同形式的编码，并用一组离散的波形来表示。

　　这组波形如果是未经调制的信号，则往往包含丰富的低频分量，甚至直流分量，因而称为数字基带信号。在某些具有低通特性的有线信道中，特别是在传输距离不太远的情况下，数字基带信号可以直接传输。这种不经载波调制而直接传输数字基带信号的系统称为数字基带传输系统。相应地，包括调制和解调过程的传输系统称为数字调制传输系统。

　　虽然在实际应用场合，数字基带传输不如调制传输那样广泛，但对于基带传输系统的研究仍然具有十分重要的意义，这是因为：

　　(1) 在利用对称电缆构成的近程数据通信系统中，广泛采用了基带传输方式。

　　(2) 数字基带传输中包含调制传输的许多基本问题，基带传输系统的许多问题也是调制传输系统必须考虑的问题。

　　(3) 一个采用线性调制的频带传输系统可以等效为基带传输系统来研究。

　　因此，数字基带传输还在不断发展和改进之中。

　　本章在分析数字基带信号的基础上，主要对数字基带传输系统的原理和特性进行讨论。

11.1　数字基带信号波形

11.1.1　单极性非归零波形

　　单极性非归零波形是一种最简单、最常用的基带信号形式。它在一个码元时间内用脉冲的有、无来表示"1"或"0"码，也就是说，脉冲的正电平和零电平分别对应着二进制代码"1"和"0"。这种波形的特点是电脉冲之间无间隔，极性单一，有直流分量，适用于近距离传输。

1. 规则

单极性非归零波形规则如图 11-1 所示。

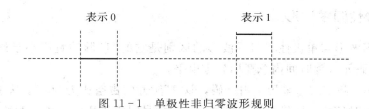

图 11-1　单极性非归零波形规则

2．举例

单极性非归零波形示例如图 11-2 所示。

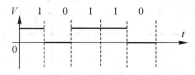

图 11-2　单极性非归零波形示例

11.1.2　双极性非归零波形

双极性非归零波形的正、负电平分别对应于二进制代码"1""0"，因为正负电平的幅度相等、极性相反，所以当"0""1"符号等概出现时无直流分量。另外，接收端恢复信号的判决电平为零，可不受信道特性变化的影响，抗干扰能力也较强。因此，这种波形有利于在信道中传输。

1．规则

双极性非归零波形规则如图 11-3 所示。

图 11-3　双极性非归零波形规则

2．举例

双极性非归零波形示例如图 11-4 所示。

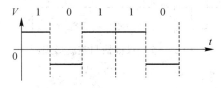

图 11-4　双极性非归零波形示例

11.1.3　单极性归零波形

单极性归零波形与单极性非归零波形的区别是它的"1"脉冲宽度小于码元宽度,每个"1"脉冲在小于码元宽度时间内总要回到零电平。

通常情况下,归零波形采用半占空码,即"1"脉冲的占空比为 50%。从单极性 RZ 波形可以直接提取定时信息,是其他波形提取位定时信号时常采用的一种过渡波形。

1. 规则

单极性归零波形规则如图 11-5 所示。

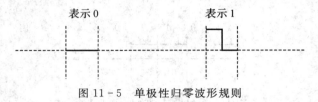

图 11-5　单极性归零波形规则

2. 举例

单极性归零波形示例如图 11-6 所示。

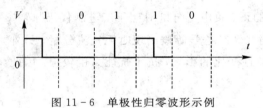

图 11-6　单极性归零波形示例

11.1.4　双极性归零波形

双极性归零波形是双极性波形的归零形式,兼有双极性和归零波形的特点。每个码元时间内,"1"脉冲和"0"脉冲都要回到零电平,这样相邻码元脉冲之间必定留有零电位的间隔。这使得接收端容易识别每个码元的起止时刻,有利于同步脉冲的提取,所以应用较为广泛。

1. 规则

双极性归零波形规则如图 11-7 所示。

图 11-7　双极性归零波形规则

2. 举例

双极性归零波形示例如图 11-8 所示。

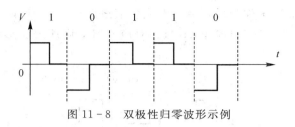

图 11-8　双极性归零波形示例

11.1.5　差分波形

差分波形不是用码元本身的电平来表示消息代码，而是用相邻码元电平的跳变和不变来表示消息代码。它以电平跳变表示"1"，以电平不变表示"0"，当然上述规定也可以反过来。

1. 规则

差分波形规则如图 11-9 所示。

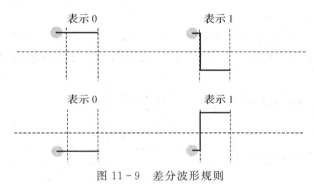

图 11-9　差分波形规则

2. 举例（假设初始值为高电平）

差分波形示例如图 11-10 所示。

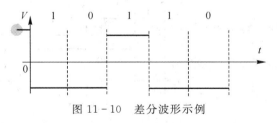

图 11-10　差分波形示例

由于差分波形是以相邻脉冲电平的相对变化来表示代码，而不是用电平或极性本身代表信息，因此称它为相对码波形，而相应地称前面的单极性或双极性波形为绝对码波形。用差分波形传送代码可以消除设备初始状态的影响，特别是在相位调制系统中用于解决载波相位模糊问题。

11.1.6　多电平波形

前述信号都是一个二进制符号对应一个脉冲，实际上存在多于一个二进制符号对应一个脉冲的情形，这种波形统称为多电平波形或多值波形。例如，让两个二进制符号"00"对应－3E，"01"对应－E，"10"对应＋E，"11"对应＋3E，则所得波形为4电平波形，如图11－11所示。

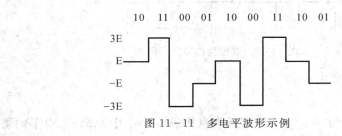

图 11－11　多电平波形示例

由于这种波形的一个脉冲可以代表多个二进制符号，在波特率相同的情况下，可提高其比特率，因此多电平波形在高数据速率传输系统中得到了广泛的应用。

上面对几种基本的数字基带信号波形进行了介绍。当然，除了矩形波形以外，根据实际需要，还可以采用高斯脉冲、升余弦脉冲等其他形式，对信号波形的选择应视具体情况而定。

［例 11－1］　设二进制符号序列为 1 1 0 0 1 0 0 0 1 1 1 0，试以矩形脉冲为例，分别画出相应的单极性非归零码波形、双极性非归零码波形、单极性归零码波形、双极性归零码波形和差分波形。

解　根据题意，画出各码波形如图 11－12 所示。

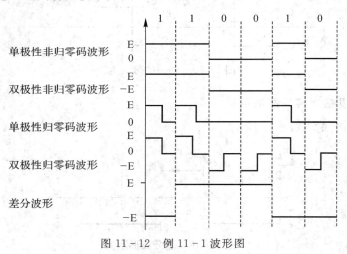

图 11－12　例 11－1 波形图

11.2　数字基带传输码型

在实际的基带传输系统中，并不是所有的基带波形都能在信道中传输。数字信号能否在系统中可靠有效地传输，与信道的特性和信号的码字波型（简称码型）有着很大的关系。选择合适的信号码型与信道匹配是一项重要的工作。

在选择传输码型时，一般应考虑以下几个方面：

（1）基带码型信号无直流分量。因为绝大多数的传输系统不能传送直流信号，如果信号码型中有直流分量，将会使接收到的信号波形因丢失直流成分而发生畸变，严重时接收端无法正确恢复信号。

（2）要含有丰富的位定时信息，便于接收端从接收信号中提取定时脉冲。这是因为在数字系统中，只有接收端的时钟与发送端的时钟同步，才能在最佳时刻对接收信号进行判决。

（3）信号功率谱主瓣宽度窄，即高频扩展尽量少，以节省传输频带并减少码间串扰。

（4）不受信息源统计特性的影响，能适应信息源的变化，不会因信码统计特性的变化而影响系统传输。

（5）具有内在的检错能力，传输码型应具有一定的规律性，以便利用这一规律性进行宏观监测。

（6）编译码设备要尽可能简单，以降低延时和设备成本。

下面在前面介绍的各种基带波形的基础上，重点讨论几种实用的基带传输码型。

11.2.1　AMI 码

AMI(Alternative Mark Inversion)码的全称是传号交替反转码。其编码规则为：将消息码的"1"（传号）交替地变换为"$+1$"和"-1"，而"0"（空号）保持不变。例如：

消息码：　　　　　　　1 0 0 　1 　1 0 0 0 0 　1 0 　1

对应的 AMI 码为：　$+1$ 0 0 　-1 　$+1$ 0 0 0 0 　-1 0 　$+1$

图 11-13 为这个 AMI 码的波形。

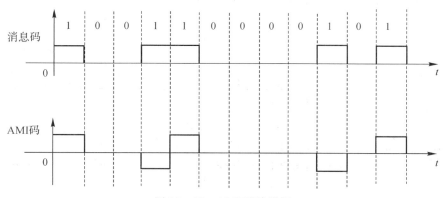

图 11-13　AMI 码波形图

AMI 码的传号交替反转，使得基带信号出现正负脉冲交替而零电位保持不变的规律。对应的波形是具有正、负、零三种电平的脉冲序列。

AMI 码的优点是没有直流成分，且高、低频分量少，能量集中在频率为 1/2 码速处；编译码电路简单，可利用传号极性交替这一规律观察误码情况；如果它是 AMI 归零码波形，接收后只要全波整流，就可变为单极性归零波形，从中提取位定时分量。

AMI 码的缺点是如果出现长时间的连"0"串，信号的电平长时间不跳变，会造成提取位定时信息的困难，所以必须采取专门措施进行处理。有效方法之一就是采用 HDB_3 码。

11. 2. 2　HDB₃码

HDB₃(3nd Order High Density Bipolar)码的全称是三阶高密度双极性码，它是 AMI 码的改进型，解决了 AMI 码在长时间连 0 时可能出现的位同步信息丢失问题。

HDB₃码的编码过程如下：

(1) 换码：检查信码中"0"的个数。当出现 4 个连"0"时，将这 4 个连"0"用"B00V"或者"000V"替换，替换规则如下：当两个相邻 V 码之间"1"的个数是偶数时，用"B00V"替换；当两个相邻 V 码之间"1"的个数是奇数时，用"000V"替换。

(2) 编码：按 AMI 码的规则编码，即传号极性交替，直到遇到 B 码或者 V 码。

(3) 特殊码处理：B 码与前一个非"0"码的极性相反，V 码与前一个非"0"码的极性相同，并让后面的非"0"码从 V 码之后再进行极性交替变化。

[**例 11 - 2**]　设二进制消息码为 100001000011100000001，试以矩形脉冲为例，画出相应的 HDB₃码波形。

消息码	1	0	0	0	0	1	0	0	0	0	1	1	1	0	0	0	0	0	0	1
换码	1	0	0	0	V	1	0	0	0	0	1	1	1	B	0	0	V	0	0	1
编码	1	0	0	0	1	−1	0	0	0	0	1	−1	1	−1	0	0	−1	0	0	1

解　图 11 - 14 给出了消息码、AMI 码、HDB₃码的波形。

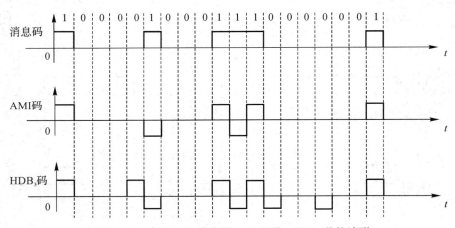

图 11 - 14　例 11 - 2 消息码、AMI 码、HDB₃码的波形

从例 11 - 2 可以看出：HDB₃码中连续"0"码的个数不会超过 3 个；相邻 V 码的极性必定相反，V 码与其前一个相邻的非"0"脉冲的极性相同；相邻 B 码的极性也相反，B 码与其前一个相邻的非"0"脉冲的极性相反；同一四连零组中，B 码和 V 码之间有两个"0"码。

虽然 HDB₃码的编码规则比较复杂，但译码却很简单。从上述编码原理可以看出，每一个符号 V 总是与前一非"0"符号同极性(包括 B 在内)。这就是说，从收到的符号序列中可以很容易地找到 V，于是也可以断定 V 符号及其前面的 3 个符号必是连"0"符号，从而可以恢复 4 个连"0"码，再将所有"−1"变成"+1"后便可得到原消息代码。

11.2.3　双相码

双相码又称曼彻斯特(Manchester)码,如图 11−15(a)所示。它用一个周期的正负对称方波表示"0",而用其反相波形表示"1"。一种规定是:"0"码用"01"两位码表示,"1"码用"10"两位码表示。例如:

消息码:　　 1　 1　 0　 0　 1　 0　 1

双相码:　　 10　 10　 01　 01　 10　 01　 10

双相码只有极性相反的两个电平,在每个码元周期的中心点都存在电平跳变,所以含有丰富的位定时信息。又因为这种码的正、负电平各半,所以无直流分量,编码过程也简单,缺点是占用带宽加倍。

11.2.4　密勒码

密勒(Miller)码是双相码的一种变形,如图 11−15(b)所示。编码规则是:"1"码用码元间隔中心点出现跃变来表示,即用"10"或"01"表示。"0"码有两种情况:单个"0"时,在码元间隔内不出现电平跃变,且在相邻码元的边界处也不跃变;连"0"时,在两个"0"码的边界处出现电平跃变,即"00"与"11"交替。

密勒码中也不会出现多于 4 个连码的情况,这个性质也可以用来进行检错。

11.2.5　CMI 码

CMI(Coded Mark Inversion)码的全称是传号反转码,它是一种双极性二电平码,如图 11−15(c)所示。编码规则是:"1"码交替用"11"和"00"两位码表示,"0"码固定地用"01"表示。

CMI 码含有丰富的位定时信息,不会出现三个以上的连码。

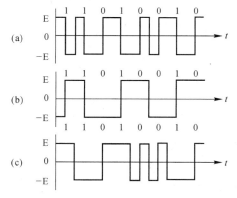

图 11−15　双相码、密勒码和 CMI 码的波形

根据传输码应具备的特性,可以得到以下结论:因为非归零码含有直流且低频丰富,不易提取时钟,无检测差错能力,不适合作为传输码;AMI 码无直流、低频少,虽无时钟但有办法提取,有检测差错能力,可以作为传输码;HDB$_3$ 码无直流、低频少,虽无时钟但易提取,有检测差错能力,并弥补了 AMI 码受长串连 0 的影响,但电路略比 AMI 码复杂,可以作为传输码。双相码、密勒码和 CMI 码都符合传输码的基本要求,可根据实际应用场合进行选择。

11.3 数字基带传输系统

数字基带传输系统模型如图 11-16 所示，它主要由信道信号形成器、信道、接收滤波器和抽样判决器组成，为了保证系统可靠有序地工作，还有同步系统。

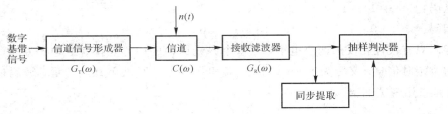

图 11-16 数字基带传输系统模型

系统各部分功能简述如下：

（1）信道信号形成器。信道信号形成器的作用就是把原始基带信号变换成适合于信道传输的基带信号。因为基带传输系统的输入是由终端设备或编码器产生的脉冲序列，其频带很宽，所以不适合直接送到信道中传输。

（2）信道。它是允许基带信号通过的媒质，通常为有线信道，如双绞线、同轴电缆等。信道的传输特性通常不满足无失真传输条件，因此会引起波形失真。另外信道还会引入噪声 $n(t)$。

（3）接收滤波器。它的主要作用是接收信号，尽可能地滤除带外噪声，对信道特性进行均衡，使输出的基带波形有利于抽样判决。

（4）抽样判决器。它是在传输特性不理想及噪声背景下，在规定时刻（由位定时脉冲控制）对接收滤波器的输出波形进行抽样判决，以恢复或再生基带信号。

（5）位定时脉冲和同步提取。用来抽样的位定时脉冲依靠同步提取电路从接收信号中提取，位定时的准确与否将直接影响判决效果。

习　　题

11-1　设有一数字序列为 1011000101，请画出相应的单极性非归零码、单极性归零码、差分码和双极性归零码的波形。

11-2　设有一数字序列为 0011010101，请画出相应的单极性非归零码、单极性归零码、双极性归零码、AMI 码和四电平码的波形。

11-3　设有一数字码序列为 10010000010110000000001，试编为 AMI 码和 HDB$_3$ 码，并分别画出编码后的波形。（假设第一个非零码编为 -1）

11-4　设有一数字码序列为 1010000011000011，试编为 AMI 码和 HDB$_3$ 码，并分别画出编码后的波形。（假设第一个非零码编为 -1）

11-5　已知信息代码为 10110010，试确定相应的双相码和 CMI 码，并分别画出它们的波形图。

第 12 章　数字信号的调制传输

基带数字信号包含丰富的低频成分，甚至有直流分量，适合于在具有低通特性的有线信道中近距离直接传输，但实际生产和生活中的大部分通信信道（尤其是无线信道）是高频带通信道，无法有效传输基带数字信号。为解决这个问题，可将数字基带信号调制到高频载波上，使基带信号变成高频带通信号，以和实际信道相匹配。将数字基带信号调制到高频载波上的过程称为数字调制，由于调制传输借助了正弦载波的幅度、频率或相位来传输数字基带信号，因此调制传输也叫作载波传输。

本章将讨论数字信号的调制传输原理，并介绍一些目前已被广泛采用的先进的高效调制方法和技术。

12.1　二进制数字调制

数字调制最简单的情况是二进制调制。在二进制数字调制过程中，载波的幅度、频率、相位只有两种变化状态。相应的调制方式有二进制幅度调制、二进制频率调制和二进制相位调制。由于数字信号有离散取值的特点，数字调制往往采用数字信号控制开关来实现调制过程，因此，幅度调制又称为幅移键控（Amplitude Shift Keying，ASK），频率调制又称为频移键控（Frequency Shift Keying，FSK），相位调制又称为相移键控（Phase Shift Keying，PSK）。

12.1.1　二进制幅移键控

二进制幅移键控（2ASK）最简单的形式为通-断键控（On Off Keying，OOK），即载波在数字二进制信号的控制下通或断。信号的时域表达式为

$$s_{\mathrm{OOK}}(t) = \sum_n a_n \cos \omega_c t \qquad (12-1)$$

式中：ω_c——载波角频率；

　　a_n——第 n 个码元的电平值，当传递数字信息"1"时，$a_n = 1$，传递数字信息"0"时，$a_n = 0$。

因此，这种 OOK 信号的典型波形如图 12-1 所示。

在一般情况下，调制信号是具有一定波形形状的二进制脉冲序列，可表示为

$$B(t) = \sum_n a_n g(t - n T_s) \qquad (12-2)$$

式中：$g(t)$——表示一定波形形状的单个码元的基带波形函数，常采用高度为 1、宽度为 T_s 的方波脉冲；

T_s——码元持续时间(基带信号的码元周期);

a_n——单极性数字信号(传递数字信号"1"时,$a_n=1$;传递数字信号"0"时,$a_n=0$)。

因此,二进制幅移键控信号的一般时域表达式为

$$s_{ASK}(t) = \left[\sum_n a_n g(t-nT_s) \right] \cos \omega_c t \qquad (12-3)$$

可见,2ASK信号为单极性脉冲序列与正弦载波的乘积。

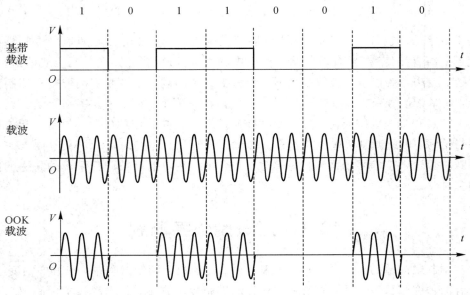

图 12-1 OOK/2ASK 信号的时域波形

显然,2ASK 可以用一个乘法器来实现,如图 12-2 所示,对于 OOK 来说,乘法器就是一个受控开关电路。

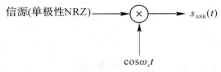

图 12-2 2ASK 调制器框图

二进制幅移键控信号的解调可以采用非相干解调(包络检波)或相干解调来实现,由于被传输的是数字信号"1"和"0",因此在每个码元间隔内,对低通滤波器的输出还要经过一个抽样判决电路,实现基带信号的恢复,这种基带信号恢复电路还兼有信号波形整形的作用,只要判决没有错误,从数字调制信号中可以不失真地恢复出原来的二进制基带信号。

2ASK 曾是最早运用于无线电报的数字调制方法,由于它本质上是一种幅度调制信号,在传输过程中,信号幅度容易受噪声电压的干扰,从而造成误码,因此在现代通信中已很少单独使用,但它是研究其他数字调制技术的基础。

12.1.2 二进制频移键控

二进制频移键控(2FSK)利用载波的频率变化来传递数字信息。在 2FSK 中,载波的频

率随二进制基带信号在 f_1 和 f_2 两个频点之间变化，因此，其时域表达式为

$$s_{2\text{FSK}}(t) = \left[\sum_n a_n g(t - nT_s)\right]\cos\omega_1 t + \left[\sum_n \overline{a_n} g(t - nT_s)\right]\cos\omega_2 t \quad (12-4)$$

式中：$\omega_1 = 2\pi f_1$，$\omega_2 = 2\pi f_2$；

$\overline{a_n}$——a_n 的反码（若 $a_n = 1$，则 $\overline{a_n} = 0$）。

在最简单也是最常用的情况下，$g(t)$ 为单个矩形脉冲，其时域波形如图 12-3 所示。

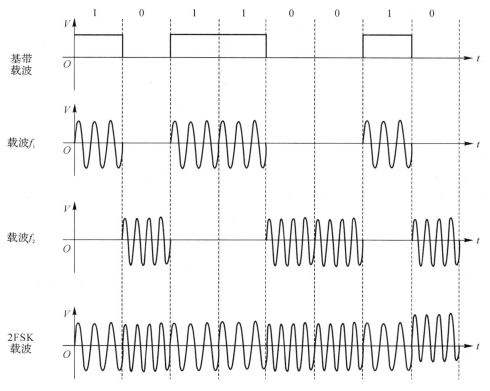

图 12-3　2FSK 信号时域波形

从图 12-3 中可以看出，二进制频移键控信号可以看作两个不同载频的 2ASK 信号之和。

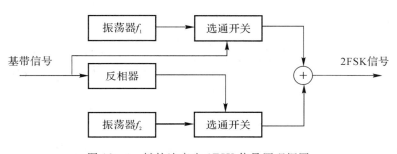

图 12-4　键控法产生 2FSK 信号原理框图

在 2FSK 信号中，当载波频率发生变化时，载波的相位既可以是连续变化的也可以是不连续变化的。如采用键控法产生 2FSK 信号，其相位往往是不连续的，图 12-4 是键控法

产生 2FSK 信号的原理框图，受二进制基带信号控制的电子开关使信号在两个独立的载波频率发生器之间不断切换，合成输出 2FSK 信号。

2FSK 信号的解调也有非相干解调和相干解调两种。由于 2FSK 信号可以看作两个不同频率 2ASK 信号的合成，因此 2FSK 接收机也可以由两个并联的 2ASK 接收机组成。2FSK 信号还可以采用过零检测法来解调，有兴趣的读者可以参阅其他相关书籍。

12.1.3　二进制相移键控

二进制相移键控(2PSK)利用载波的相位变化来传递数字信息，载波的幅度和频率保持不变。2PSK 通常采用初始相位为 0 和 π 的载波来表示二进制数"1"和"0"，这时，2PSK 信号的时域表达式为

$$s_{2PSK}(t) = \left[\sum_n a_n g(t - nT_s) \right] \cos \omega_c t \qquad (12-5)$$

式中：当传输数字"1"时，$a_n = 1$；当传送数字"0"时，$a_n = -1$。即传送"1"时，载波初位相为 0；传送"0"时，载波初位相为 π。

这种以载波的不同初位相直接表示相应二进制信息的数字调制方式称为二进制绝对相移键控。按照这样的规则，2PSK 信号可以看作一个双极性非归零码与载波的乘积，图 12-5 是一个典型的 2PSK 信号波形。

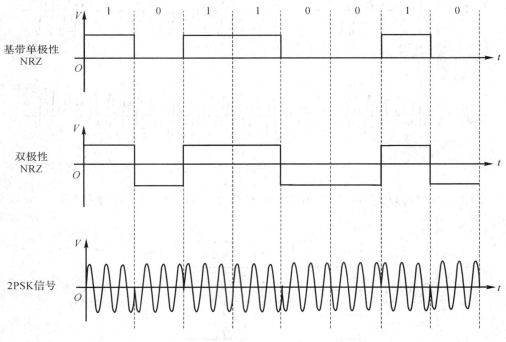

图 12-5　一个典型的 2PSK 信号的时域波形

由此可以得到产生 2PSK 信号调制器的一种方法：先将二进制数字信息源的单极性非归零码转换成双极性非归零码，然后与载波相乘，就可以得到 2PSK 信号波形。图 12-6 是这种调制器的原理框图。

图 12 - 6　2PSK 调制器原理框图

将式(12-5)和式(12-3)进行比较,可以发现它们在形式上是相似的,其区别在于:2PSK 信号是双极性脉冲序列对载波的双边带调制,而 2ASK 信号是单极性脉冲序列对载波的双边带调制,由于双极性脉冲序列没有直流分量,所以 2PSK 是一种抑制载波的双边带调制。

2PSK 信号只能采用相干解调的方法来解调,图 12 - 7 是 2PSK 信号相干解调原理框图。

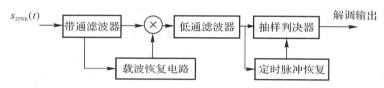

图 12 - 7　2PSK 信号相干解调原理框图

在相干解调的过程中,如何产生与发送端同频同相的本地载波是关键,必须对 2PSK 信号进行非线性变换,运用锁相环技术恢复载波。由于经锁相环恢复出来的本地载波有可能与发送端载波同相,也有可能与发送端载波反相,这种相位关系的不确定性称为"180°相位模糊"或叫做"倒 π 现象"。

"倒 π 现象"的存在易造成解调以后的数字基带信号与发送的基带信号完全反相,这是不允许的。因此,在实际应用中,2PSK 方式并不建议使用,而采用 2DPSK 差分相移键控方式。

12.1.4　二进制差分相移键控

二进制差分相移键控 2DPSK 和 2PSK 不同,它不是利用载波初相位的绝对数值来表示数字信息,而是利用前后两个码元的载波相位的相对变化值来表示数字信息,所以又称为相对相移键控。

假设 $\Delta\varphi$ 为当前码元与前一码元载波的相位差,可以定义一种数字信息与 $\Delta\varphi$ 之间的关系:

$$\Delta\varphi = \begin{cases} 0, & \text{表示数字信息"0"} \\ \pi, & \text{表示数字信息"1"} \end{cases} \qquad (12-6)$$

数字信息与 $\Delta\varphi$ 之间的这种关系称为传号差分码关系,按照这个规则,可以得到一组二进制数字信息与其对应的 2DPSK 信号的载波相位关系(见表 12 - 1)。

表 12-1　传号差分码关系下二进制数字信息与 2DPSK 的载波相位关系

二进制数字信息		1	0	1	0	0	1	1	0	1	1	1	0	0	0	1	1
2DPSK 信号初位相	0	π	π	0	0	0	π	0	0	π	0	π	π	π	π	0	π
	π	0	0	π	π	π	0	π	π	0	π	0	0	0	0	π	0
Δφ		0	π	π	π	0	0	π	π	0	0	π	π	0	0	0	π

从表 12-1 中可以发现，对应二进制数字信息，2DPSK 信号的载波初相位根据第一个参考码元的相位会有两种完全相反的情况，但由于它所包含的信息并不在载波初位相的绝对值上，而在相邻两个码元的相对相位差上，因此，不管接收端是哪种情况，或者说不管接收端是否发生"倒 π 现象"，相邻码元之间的相位差 Δφ 始终是唯一的，这样就解决了绝对码存在的相位模糊问题。

类似地，可以定义另一种差分码，它的数字信息与 Δφ 之间的关系为

$$\Delta\varphi = \begin{cases} 0 & \text{，表示数字信息"1"} \\ \pi & \text{，表示数字信息"0"} \end{cases} \tag{12-7}$$

它的载波相位遵循遇"0"变而遇"1"不变的规律，称为空号差分码关系。具体的二进制信息与 2DPSK 信号载波的相位关系可以按以上办法得出，这里就不再重复了。

实际应用中，2DPSK 信号的实现并不复杂，可以在 2PSK 的基础上进行。在数字信号的基带传输中，已经提到过差分码的概念，差分码就是一种反映前后两个码元关系的相对码。2DPSK 可以这样来实现：先将基带信号的绝对码转换为相对码，然后按照 2PSK 的调制方式，对相对码进行绝对相移键控，最终输出的就是 2DPSK 信号，实现框图如图 12-8所示。

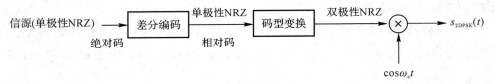

图 12-8　2DPSK 调制器原理框图

传号差分码的编码规则为

$$b_n = a_n \oplus b_{n-1} \tag{12-8}$$

式中：

b_n——第 n 个相对码；

a_n——第 n 个绝对码；

$\oplus$——模 2 加运算；

b_{n-1}——b_n 的前一个码元，最初的 b_{n-1} 可以任意设定。

按照这个编码规则，可以先将绝对码变成相对码，相应的信号波形如图 12-9 所示。按照相对码基带波形再进行 2PSK 调制，就可以得到 2DPSK 信号波形。

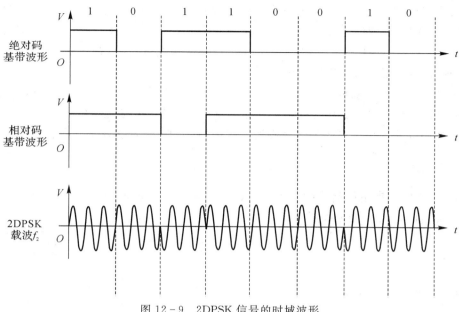

图 12 - 9　2DPSK 信号的时域波形

接收端在收到 2DPSK 信号以后，解调得到的是相对码，因此还要把相对码恢复为绝对码，恢复时按照下面的规则译码：

$$\hat{a}_n = \hat{b}_n \oplus \hat{b}_{n-1} \tag{12-9}$$

式中：$\hat{a}_n$——第 n 个绝对码元；

$\hat{b}_{n-1}$——$\hat{b}_n$ 前一个码元。

表 12 - 2 将输入端发送的二进制数字信息与接收端最后恢复的数字信息放在一起进行对照，可以清楚地看到，采用 2DPSK 调制方式传送信息，无论接收端是否发生"倒 π 现象"，最终译码结果都是唯一的。这就解决了绝对相移键控的相位模糊问题。

表 12 - 2　2DPSK 发送方式中发送端数字信息与接收端数字信息

发送二进制数字信息	绝对码a_n		1	0	1	0	0	1	1	0	1	1	1	0	0	0	1	1
	相对码b_n	0	1	1	0	0	0	1	0	0	1	0	1	1	1	1	0	1
		1	0	0	1	1	1	0	1	1	0	1	0	0	0	0	1	0
接收二进制数字信息	相对码$\hat{b}_n$	0	1	1	0	0	0	1	0	0	1	0	1	1	1	1	0	1
		1	0	0	1	1	1	0	1	1	0	1	0	0	0	0	1	0
	绝对码$\hat{a}_n$		1	0	1	0	0	1	1	0	1	1	1	0	0	0	1	1

12.2　多进制数字调制

在二进制数字调制中，每个码元只传输 1 bit 信息，频带利用率最高为 1 bit/(s・Hz)。如果采用多进制数字调制，就能够提高频带利用率。

要实现多进制数字调制，首先必须得到多进制的数字基带信号。通常，将多进制的数目 M 取为 2 的幂次，即 $M = 2^n$。和二进制数字调制类似，当携带信息的参量分别为载波的幅度、频率或相位时，相应的多进制调制方式有多进制幅度键控（MASK）、多进制频移键控（MFSK）和多进制相移键控（MPSK）等。

采用多进制数字调制可以提高频带利用率，当信道频带宽度一定时，通过多进制数字调制，就能够得到比二进制数字调制更高的信息传输速率。但是这个好处不是凭空得到的，它是以要求通信系统提供更高的信号发送功率或更高的传输信噪比为代价换来的。

12.2.1 多进制幅度键控

在 M 进制的幅度键控信号中，载波幅度有 M 种取值。设基带信号的码元周期为 T_s，M 进制幅度键控信号的时域表达式为

$$s_{\text{MPSK}}(t) = \left[\sum_n a_n g(t - n T_s) \right] \cos \omega_c t \qquad (12-10)$$

式中：$g(t)$——基带信号的波形函数；

       ω_c——载波的角频率；

       a_n——幅度值，有 M 种取值。

由式（12-10）可知，MASK 信号相当于 M 个电平的基带信号对载波进行双边带调幅。下面以 4ASK 信号的调制为例来说明 MASK 信号波形的基本特点。

图 12-10 为一个 4ASK 信号时域波形，其中（a）为四电平基带信号的波形，（b）为调制后的 4ASK 信号波形，显然，这个 4ASK 波形可以看作是（c）中 3 个 2ASK 波形的合成，而且这 3 个 2ASK 信号的码速率都和 4ASK 信号码速率相同。推而广之，任何 MASK 信号也都可以看作是 $M-1$ 个不同振幅的 2ASK 信号的合成。由于 M 进制基带信号的每个码元携带有 $\text{lb}M$ bit 的信息，因此，在带宽相同的情况下，MASK 信号的信息速率是 2ASK 信号的 $\text{lb}M$ 倍。换一个角度分析，也可以认为，在信息速率相同的情况下，MASK 信号的带宽仅为 2ASK 信号带宽的 $\dfrac{1}{\text{lb}M}$。

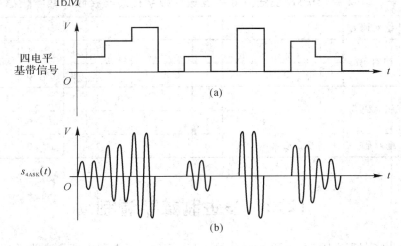

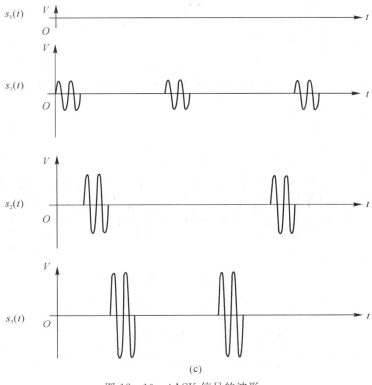

(c)

图 12 - 10　4ASK 信号的波形

为了方便讨论，这里采用的基带波形一般都是矩形波，实际应用中，为了限制信号频谱带宽，常采用如升余弦滚降或部分响应信号等波形。

MASK 信号的解调和 2ASK 信号的解调原理相同，可以采用非相干解调的包络检波，也可以采用相干解调方法。

12.2.2　多进制频移键控

多进制频移键控(MFSK)是 2FSK 的简单推广，下面以 4 进制频移键控为例来说明多进制频移键控的调制方法。

4FSK 信号波形如图 12 - 11 所示，4 个不同频率的载波分别代表一个 4 进制码元，每个码元含有 2 bit 信息。和 2FSK 相似，要求每个载波频率之间的距离足够大，使不同的频率能通过不同中心频率的滤波器进行分离。

MFSK 调制器原理和 2FSK 基本相同，这里不再赘述。MFSK 解调器也分为非相干解调和相干解调两类。图 12 - 12 是非相干解调器的原理方框图，图中，M 路带通滤波器用来分离 M 个不同频率的码元，当某个码元输入时，这 M 个带通滤波器的输出中仅有一个是信号加噪声，其他各路都只有噪声。只有有信号的一路的检波输出电压最大，故解调器将按照这一路的检波电压做出正确的码元判决。

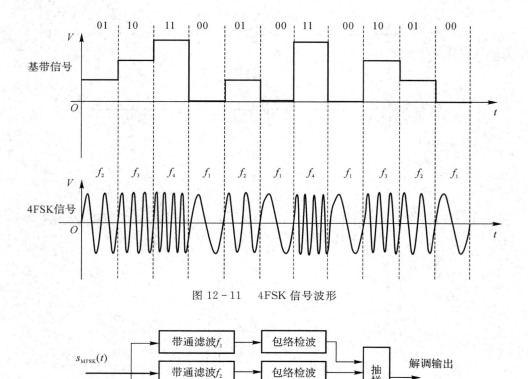

图 12-11 4FSK 信号波形

图 12-12 MFSK 非相干解调原理框图

12.2.3 多进制相移键控

多进制相移键控采用多个幅度相同、频率相同而相位不同的载波来表示基带信号码元。前述 2PSK 信号一般采用初相位为 0 和 π 的载波来表示二进制数 "1" 和 "0",对于多进制相移键控信号 MPSK,其单个码元的一般表达式可写作:

$$s_{\text{MPSK}}(t) = A\cos(\omega_c t + \varphi_i), \quad i = 0, 1, \cdots, M-1 \tag{12-11}$$

式中:A——载波幅度;

φ_i——载波初位相,φ_i 的取值依据是它代表的基带信号码元,因此,有 M 种取值,通常它们是等间隔的,即

$$\varphi_i = \frac{2\pi i}{M}, \quad i = 0, 1, \cdots, M-1 \tag{12-12}$$

由于 $\cos\theta_k = \cos(2\pi - \theta_k)$,多进制的 MPSK 信号不能像 2PSK 那样采用一个相干载波进行相干解调,而需要用两个正交的相干载波进行解调,因此,可将 MPSK 信号码元的表达式展开,写成如下形式:

$$s_{\mathrm{MPSK}}(t) = A\cos(\omega_{\mathrm{c}}t + \varphi_i) = a_i\cos\omega_{\mathrm{c}}t - b_i\sin\omega_{\mathrm{c}}t \tag{12-13}$$

式中：

$$a_i = A\cos\varphi_i, \quad b_i = A\sin\varphi_i$$

可见，MPSK 信号可以看作由正弦和余弦两个正交载波合成的信号，也就是说，MPSK 信号实际上是两个特定的 MASK 信号之和。

MPSK 信号是相位不同的等幅载波信号，用矢量图可以简单形象地进行描述。如果以 0 相位载波作为参考矢量，可画出 $M=2$、4、8 三种情况下 MPSK 信号的矢量图，如图 12-13 所示。图 12-13 中，(a)和(b)分别是载波的初位相 $\theta_0 = 0$ 和 $\theta_0 = \dfrac{\pi}{M}$ 时的情形。从图中可以看出，当 $M=2$ 时，载波相位可以取 0 和 π(这实际上就是前面讨论过的 2PSK)，也可以取 $\dfrac{\pi}{2}$ 和 $\dfrac{3\pi}{2}$(这是另一种 2PSK)。当 $M=4$ 时，4 种相位分别是 0、$\dfrac{\pi}{2}$、π、$\dfrac{3\pi}{2}$ 或 $\dfrac{\pi}{4}$、$\dfrac{3\pi}{4}$、$\dfrac{5\pi}{4}$、$\dfrac{7\pi}{4}$。当 $M=8$ 时，8 种相位分别是 0，$\dfrac{\pi}{4}$、$\dfrac{\pi}{2}$、$\dfrac{3\pi}{4}$、π、$\dfrac{5\pi}{4}$、$\dfrac{3\pi}{2}$、$\dfrac{7\pi}{4}$ 或 $\dfrac{\pi}{8}$、$\dfrac{3\pi}{8}$、$\dfrac{5\pi}{8}$、$\dfrac{7\pi}{8}$、$\dfrac{9\pi}{8}$、$\dfrac{11\pi}{8}$、$\dfrac{13\pi}{8}$、$\dfrac{15\pi}{8}$。

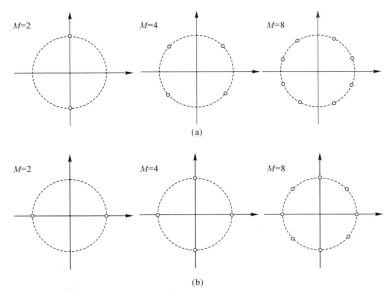

图 12-13　MPSK 信号的矢量图表示

在 MPSK 中，随着 M 的增大，相位之间的相位差减小，系统的抗干扰性能降低，因此，实际应用中 4PSK 和 8PSK 比较常用。

MPSK 信号的产生主要有正交调制法和相位选择法两种。以 4PSK(又称为 QPSK)为例，图 12-14 是用正交调制法产生 4PSK 信号的原理框图。

输入的串行二进制码元先进行串并变换变成速率减半的码序列，按照编码规则分别产生双极性二电平信号 $I(t)$ 和 $Q(t)$，然后分别与同相载波和正交载波相乘，再相加合成 4PSK 信号。

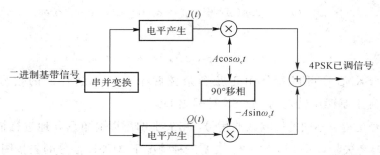

图 12 - 14　正交调制法产生 QPSK 信号的原理框图

图 12 - 15 是用相位选择法产生 4PSK 信号的原理框图。

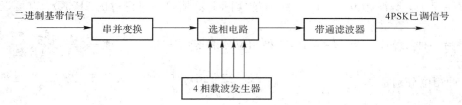

图 12 - 15　相位选择法产生 4PSK 信号的原理框图

载波发生器产生 4 种相位的载波，输入信息经串并变换后形成双比特码，控制一个相位选择电路，每次选择其中一个载波，经带通滤波器滤除高频干扰后输出。这是一种全数字化的方法，适合于载波频率较高的现代通信系统。8PSK 信号的产生可以在此基础上进一步构造，这里就不做介绍了。

MPSK 信号的解调一般都采用正交相干解调，图 12 - 16 是一种 4PSK 正交相干解调的原理框图。

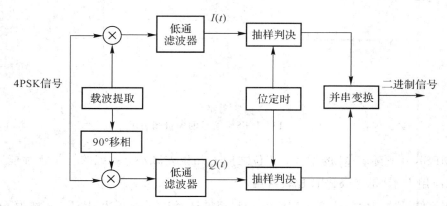

图 12 - 16　4PSK 信号正交相干解调原理框图

在 MPSK 相干解调过程中，和 2PSK 一样，恢复载波时存在相位模糊的问题，因此实际应用中也要采用相对调相的方法。这种调制方法称为多进制差分相移键控，简称 MDPSK。实现 MDPSK 的办法一般是先将基带信号码元转换成多进制差分码，然后按照

MPSK 信号调制方法进行调制。解调时，可以采用相干解调加差分译码的方法，还可以采用差分相干解调即延迟解调方法。

12.3　新型数字调制技术

12.3.1　正交振幅调制

多进制相移键控 MPSK 在带宽和功率占用方面都具有优势，因此很快就得到了广泛的应用。但是随着 M 的增大，相邻相位的距离逐渐减小，使噪声容限随之减小，可靠性下降。为了寻找更高效的调制方法，同时改善在 M 较大时的抗干扰性能，人们研制出了正交幅度调制 QAM 等新型数字调制技术。

正交幅度调制（Quadrature Amplitude Modulation，QAM）是一种振幅相位联合键控调制方式，和 MPSK 不同，它使载波的幅度和相位同时承载信息，使振幅和相位作为两个独立的参量同时受到调制，在一个码元周期内的 QAM 信号可表示为

$$s_k(t) = A_k \cos(\omega_c t + \theta_k) \tag{12-14}$$

将该式的三角函数部分展开，可得

$$s_k(t) = A_k \cos \omega_c t \cos \theta_k - A_k \sin \omega_c t \sin \theta_k \tag{12-15}$$

令

$$A_k \cos \theta_k = X_k, \ -A_k \sin \theta_k = Y_k$$

则

$$s_k(t) = X_k \cos \omega_c t - Y_k \sin \omega_c t \tag{12-16}$$

在式（12-16）中，如果让 θ_k 仅取 $\dfrac{\pi}{4}$ 和 $-\dfrac{\pi}{4}$，A_k 仅取 A 和 $-A$，则 QAM 信号就是前面介绍的 4PSK。因此，4PSK 又称为正交相移键控（Quadrature Phase Shift Keying，QPSK）。QPSK 是一种最简单的 QAM 信号，比较有代表性的 QAM 调制信号是 16QAM，它的矢量图如图 12-17 所示，图中黑点表示码元的位置，可以看出，它是由同相和正交两个矢量合成的。进一步，还可以画出 64QAM 和 256QAM 信号的矢量图，如图 12-18 所示。它们总称为 MQAM 信号，由于 MQAM 信号的矢量图分布在整个矢量平面上，因此又把 MQAM 信号的矢量图称为星座图。

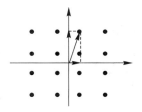

图 12-17　16QAM 星座图

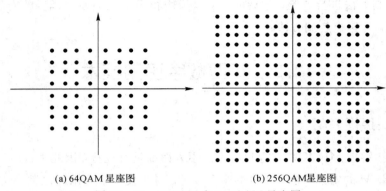

(a) 64QAM 星座图　　　　　　　(b) 256QAM 星座图

图 12 - 18　64QAM 和 256QAM 星座图

下面以 16QAM 信号为例来说明 QAM 信号的产生方法。

第一种方法是正交调幅法，即用两路相互正交的独立的 4ASK 信号叠加形成 16QAM 信号。同相 4ASK 信号和正交 4ASK 信号各有 4 种幅度值，将这两路信号相加就能够合成 16QAM 信号。

第二种方法是复合相移法，它用两路独立的 QPSK 信号合成产生 16QAM 信号，如图 12 - 19 所示。从图中可以看出，虚线大圆上的 4 个小黑点表示第一个 QPSK 信号的矢量点，在 4 个黑点位置上可以再叠加第二个 QPSK 矢量（图中虚线小圆上的 4 个大黑点），由此来合成 16QAM 信号。

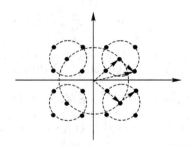

图 12 - 19　16QAM 信号的复合相移法形成

MQAM 信号由于同时利用了载波的幅度和相位两个参数来传递信息，因此可以在相同的调制效率下取得比 MPSK 更高的噪声容限。这可以从 16QAM 和 16PSK 星座图中清楚地看出来，图 12 - 20 分别画出了这两种信号的星座图。

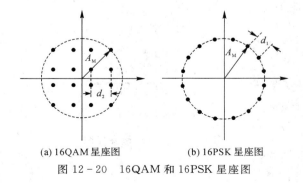

(a) 16QAM 星座图　　　　　　(b) 16PSK 星座图

图 12 - 20　16QAM 和 16PSK 星座图

大圆半径代表最大振幅 A_M，图 12-20(b) 中，16PSK 的星座点均匀地分布在这个大圆上，相邻星座点之间的欧氏距离可以近似计算为

$$d_1 \approx A_M \left(\frac{\pi}{8} \right) = 0.393 A_M \qquad (12-17)$$

16QAM 信号的星座点呈正方形分布在大圆内，各星座点之间的欧氏距离为

$$d_2 = \frac{\sqrt{2}}{3} A_M = 0.471 A_M \qquad (12-18)$$

码元星座点之间的距离越大，这种调制方法的噪声容限就越大，抗干扰能力就越强。显然，16QAM 的噪声容限要大于 16PSK。

12.3.2 最小频移键控

MPSK 虽然是效率比较高的调制方式，但由于存在相位不连续，容易引起包络起伏，造成信号频谱扩展的问题，如果能够采用相位连续变化的调制方式，就能从根本上解决这个问题。但是相移键控是通过不同的相位来区别信息码元的，无法彻底解决这个问题，于是人们又把目光转到频移键控方式上来，提出了最小频移键控调制方式。

最小频移键控（Minimum Shift Keying，MSK）是 2FSK 调制方式的改进。2FSK 虽然具有易于实现、解调方便等优点，但占用频带宽度比 2PSK 宽，如果不采取一些特殊措施，其相邻码元之间的载波相位不能保证连续。而 MSK 调制方式所选的两个载波频率是正交的，并且调频指数最小，因此在码元转换时保证了载波相位的连续性，这样就比 2PSK 具有更高的数据传输速率，而且带外频谱分量衰减更快，因此 MSK 又称为快速频移键控。

1. MSK 信号的正交性

MSK 信号的第 k 个码元可表示为

$$s_{MSK}(t) = \cos \left(\omega_c t + \frac{\pi}{2} \frac{a_k}{T_s} + \varphi_k \right), \quad kT_s \leqslant t \leqslant (k+1)T_s \qquad (12-19)$$

式中：

ω_c——载波角频率；

$a_k = \pm 1$，当数字基带信号为 1 时，取 $a_k = 1$，当数字基带信号为 0 时，取 $a_k = -1$；

φ_k——第 k 个码元的初相位。

对式（12-19）做进一步整理，可得

$$s_{MSK}(t) = \cos \left[2\pi \left(f_c + \frac{a_k}{4T_s} \right) t + \varphi_k \right], \quad kT_s \leqslant t \leqslant (k+1)T_s \qquad (12-20)$$

从式（12-20）可以看出，MSK 信号根据基带码元值，其载波频率在中心频率两边摆动，当 $a_k = 1$ 时，载波频率为

$$f_2 = f_c + \frac{1}{4T_s} \qquad (12-21)$$

当 $a_k = -1$ 时，载波频率为

$$f_1 = f_c - \frac{1}{4T_s} \qquad (12-22)$$

两个频率之差为

$$\Delta f = f_2 - f_1 = \frac{1}{2T_s} \qquad (12-23)$$

可以证明，对于相干解调，这是保证 2FSK 信号正交的最小频率差。最小频率差等于码元传输速率的一半，对应的调频指数为

$$\beta = \frac{\Delta f}{f_s} = \Delta f \cdot T_s = \frac{1}{2} \qquad (12-24)$$

最小频移键控的名称由此而得。

2. MSK 信号的相位连续性

为了研究 MSK 信号的相位变化，将式(12-19)改写为

$$s_{MSK}(t) = \cos[\omega_c t + \theta_k(t)] \qquad (12-25)$$

式中：$\theta_k(t) = \frac{\pi}{2}\frac{a_k}{T_s}t + \varphi_k$ 是 MSK 信号在第 k 个码元期间的附加相移。

根据相位连续条件，要求在 $t = kT_s$ 时满足 $\theta_{k-1} = \theta_k$，即

$$\frac{\pi a_{k-1}}{2T_s}kT_s + \varphi_{k-1} = \frac{\pi a_k}{2T_s}kT_s + \varphi_k$$

可得

$$\varphi_k = \varphi_{k-1} + (a_{k-1} - a_k)\frac{\pi k}{2} \qquad (12-26)$$

也就是说，φ_k 应满足

$$\varphi_k = \varphi_{k-1}, \quad a_k = a_{k-1}$$
$$\varphi_k = \varphi_{k-1} \pm k\pi, \quad a_k \neq a_{k-1}$$

才能保证码元间相位连续。

可见，MSK 信号在第 k 个码元的起始相位不但与当前的 a_k 有关，还与前一个 a_{k-1} 和 φ_{k-1} 有关，即 MSK 信号的前后码元存在相关性。用相干法解调时，可以假设 φ_{k-1} 的初始参考值为 0，于是 φ_k 的取值只有两种可能，即

$$\varphi_k = 0 \quad \text{或} \quad \varphi_k = \pm\pi$$

MSK 信号在码元转换时的相位连续性可以用相位网格图形象地反映出来，如图 12-21所示。

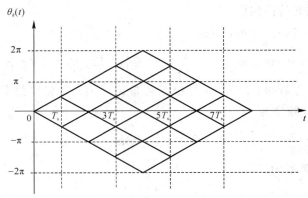

图 12-21　MSK 相位网格图

[**例 12 – 1**]　已知载波频率 $f_c = \dfrac{1.75}{T_s}$，初相位为 0。

（1）当数字基带信号 $a_k = \pm 1$ 时，求 MSK 信号的两个频率 f_1 和 f_2；

（2）求对应的最小频差和调频指数；

（3）若基带信号如图 12 – 22(a)所示，试画出对应的 MSK 信号波形图。

解　（1）当 $a_k = -1$ 时，信号频率 f_1 为

$$f_1 = f_c - \frac{1}{4T_s} = \frac{1.75}{T_s} - \frac{1}{4T_s} = \frac{1.5}{T_s}$$

当 $a_k = 1$ 时，信号频率 f_2 为

$$f_2 = f_c + \frac{1}{4T_s} = \frac{1.75}{T_s} + \frac{1}{4T_s} = \frac{2}{T_s}$$

（2）最小频差 Δf 为

$$\Delta f = f_2 - f_1 = \frac{2}{T_s} - \frac{1.5}{T_s} = \frac{1}{2T_s}$$

调频指数为

$$m_f = \frac{\Delta f}{f_s} = \Delta f \times T_s = \frac{1}{2T_s} \times T_s = 0.5$$

（3）根据以上计算结果和基带信号波形，可以画出对应的 MSK 信号波形，如图 12 – 22(b)所示。从图中可以看出，MSK 信号波形相位在码元转换时刻是连续的，而且在一个码元周期里，对应波形恰好相差 1/2 载波周期。

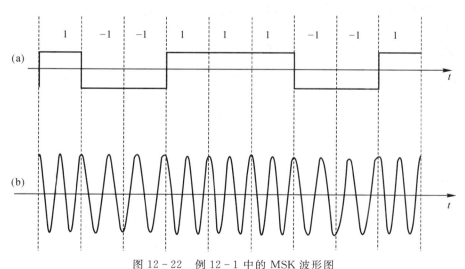

图 12 – 22　例 12 – 1 中的 MSK 波形图

习　　题

12 – 1　设发送的二进制信息为 1011010011，试分别画出 OOK、2FSK、2PSK 及 2DPSK 信号的波形示意图。

12 – 2　已知某 2ASK 系统的码元传输速率为 1000 B，所用的载波信号为 $A\cos(4\pi \times 10^6 t)$，

设所传送的数字信息为 100110,试画出相应的 2ASK 信号波形示意图。

12-3 已知某 2FSK 系统的码元传输速率为 1000 B,已调信号的载频分别为 1000 Hz 和 2000 Hz。

(1) 设所传送的数字信息为 011001,试画出相应的 2FSK 信号波形示意图;

(2) 试讨论这时的 2FSK 信号应选择怎样的解调器解调。

12-4 假设在某 2DPSK 系统中,载波频率为 2400 Hz,码元速率为 1200 B,已知相对码序列为 1100010111。

(1) 试画出 2DPSK 信号波形;

(2) 若采用差分相干解调法接收该信号,试画出解调系统的各点波形。

12-5 在 2DPSK 系统中,输入数字信息为 1000110101。

(1) 求传号差分码(设初始相对码为 0);

(2) 求 2DPSK 发送信号的载波相位(设相对码 0 对应的载波相位为 π)。

12-6 待传送二进制数字序列为 1011010011。

(1) 试画出 QPSK 信号波形,假定 $f_c = R_b = \dfrac{1}{T_s}$,4 种双比特码 00、10、11、01 分别用相位偏移 0、$\dfrac{\pi}{2}$、π、$\dfrac{3\pi}{2}$ 的振荡波形表示;

(2) 写出 QPSK 信号表达式。

12-7 已知发送数字信息为 1011001011,码元传输速率为 1000 B。现采用 MSK 调制,$a_k = \pm 1$ 对应数字信息"1"和"0",载波频率 f_c 为 1750 Hz。

(1) 求数字信息"1"和"0"分别对应的频率;

(2) 画出相应的 MSK 信号波形示意图。

第 13 章　信 道 编 码

数字信号在传输过程中，由于噪声等外来干扰以及信道自身传输特性不理想，码元波形易失真，从而造成接收端在收到信号以后会产生错误的判决。衡量数字信号传输质量的一个重要指标就是误码率。由于发送功率不能无限增加，信道带宽又受到各种条件的限制，有效降低误码率的办法就是采用信道编码来提高信息传输的可靠性。

信道编码又称差错控制编码，它的基本思路就是在发送端将被传输的数据信息进行适当的加工，在这些数据信息中增加一些冗余的比特，称为监督码，使原来彼此相互独立没有关联的信息码与监督码之间按照某种特定的规则形成一定的相关性。如果数据在传输过程中发生了错误，信息码和监督码原来的相关性就会被破坏，接收端就可以据此来发现数据传输中的错误（检错），并且进一步通过相关性来纠正这些错误，从而恢复出正确的码序列（纠错）。

随着差错控制编码理论的完善和数字技术的发展，信道编码在通信系统、计算机网络、磁记录与存储中都得到了广泛的应用。信道编码理论已经发展成为一门独立的学科。本章首先介绍差错控制的基本手段和差错控制编码的基本原理，然后通过学习线性分组码的编码、解码方法，帮助读者初步了解信道编码技术。

13.1　数字通信系统的差错控制

13.1.1　差错控制的方式

常用的差错控制方式有三种：前向纠错（Forward Error Correction，FEC）、检错重发（Automatic Repeat for Request，ARQ）和混合纠错（Hybrid Error Correction，HEC）。

FEC 系统的原理框图如图 13-1(a)所示。发送端将待发送的数据经编码后形成能够纠正错误的码组，接收端收到这些码组后，通过译码能自动发现错误，并直接纠正传输中产生的错误。由于前向纠错方式不需要反馈通道，因此特别适合于只能提供单向信道的场合，同时也适合一点发送多点接收的广播方式。为了能够自动发现错误并纠错，纠错码应具有较强的纠错能力，纠错能力和所加入的冗余码的多少有关，这将造成编码效率的降低并增大编译码设备的复杂性。因此，寻找纠错能力强、编码效率高的纠错码一直是人们的努力目标。由于能自动纠错，不要求重发，因而接收信号的延时小，实时性好，在移动通信、卫星通信系统等实时传输要求很高的通信方式中，FEC 得到了广泛的应用。

ARQ 的原理框图如图 13-1(b)所示。发送端将待发送的数据经编码后发出能够检错的码组，接收端收到后进行检验，再通过反向信道反馈给发送端一个应答信号。发送端接收到应答信号后进行分析，如果接收端认为有错，发送端就把储存在缓冲存储器中的原有码组副本读出后重新传输，直到接收端正确收到信息为止。

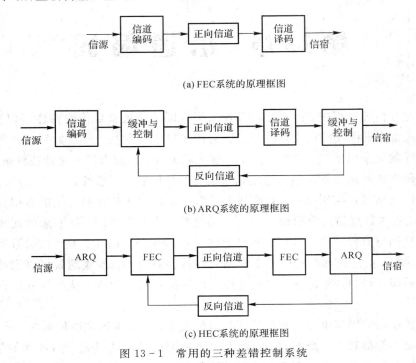

(a) FEC系统的原理框图

(b) ARQ系统的原理框图

(c) HEC系统的原理框图

图 13-1　常用的三种差错控制系统

ARQ差错控制方式有以下特点：

（1）编码简单，效率高，只需要少量的冗余码就能获得极低的输出误码率。

（2）系统必须提供信息反馈通道，因此不能在单向传输系统中应用。

（3）当信道干扰增大，数据传输中错误较多时，由于需要反复进行传输，会导致通信效率降低，甚至无法保证数据的实时传输。

因此，检错重发（ARQ）又有等候重发、返回重发和选择重发等多种实现策略，以改善ARQ的性能，它适用于半双工通信和数据网之间的通信，不适合在实时要求严格的移动通信等场合使用。

HEC 是 FEC 方式和 ARQ 方式的结合，如图 13-1(c)所示。发送端对发送数据进行具有自动检错和纠错功能的编码，接收端在收到码组后，先进行错误情况判断，如果出现的错误在编码的纠错能力之内，就自动进行错误纠正。若信道干扰严重，出现的错误虽能被检测出来，但超过了编码的纠错能力，则经过反馈通道请求发送端重发该组数据。

HEC 方法的差错控制可以分为内外两层。其内层采用 FEC 方式，纠正部分差错；外层采用 ARQ 方式，重传那些虽已检出但未纠正的差错。HEC 方式在实时性和译码复杂性方面是 FEC 和 ARQ 方式的折中，适用于环路延迟大的高速数据传输系统。

13.1.2　常用的检错码

在了解差错控制编码原理之前，先来认识几种简单的检错码，为进一步学习差错控制编码的原理做准备。这些检错码的编码原理简单，有一定的检错能力，且容易实现，所以已得到实际应用。

1. 奇偶校验码

奇偶校验码是最简单也是最基本的检错码，又称为奇偶监督码。它的编码原理是把信息码元先分组，在每组最后加上一位监督码元。无论该组信息码元有多少位，监督码元只有 1 位。奇偶校验码又分为奇校验码和偶校验码两种，若信息码组加上监督码元后整个码组中"1"的个数为偶数，则称为偶校验码；反之，若信息码组加上监督码元后整个码组中"1"的个数为奇数，则称为奇校验码。

例如，信息码元每两位一组，加一位校验位，使码组中 1 的总数为 0 或 2，即构成偶校验码。这时许用码组就是 000、011、101、110。接收端译码时，对各码元进行模 2 加运算，其结果应为 0。如果传输过程中码组中任何一位发生了错误，则收到的码组必定不再符合偶校验的条件，因而能发现错误。

一般情况下，奇偶校验码的编码规则可以用公式表示。设码组长度为 n，表示为 $a_{n-1}a_{n-2}a_{n-3}\cdots a_0$，其中前 $n-1$ 位为信息位，第 n 位为校验位，则偶校验时应满足：

$$a_0 \oplus a_1 \oplus \cdots \oplus a_{n-1} = 0 \tag{13-1}$$

奇校验时应满足：

$$a_0 \oplus a_1 \oplus \cdots \oplus a_{n-1} = 1 \tag{13-2}$$

这种奇偶校验码只能发现单个和奇数个错误，而不能检测出偶数个错误，因此它的检错能力不高。但是由于二进制码在传输过程中出现一个错误的概率远远超过同时出现多个错误的概率，因此该码的编码方法简单且实用性很强，很多计算机数据传输系统和其他要求较低的纠错编码场合都采用了这种校验码。

2. 恒比码

恒比码是从某确定码长的码组中挑选那些 1 和 0 的个数比例为恒定值的码作为许用码组。在检测时，只要计算接收码组中 1 的数目是否正确，就可以知道有没有发生错误。

国内通信中采用的五单位数字保护电码就是一种五中取三的恒比码，即每个码组的长度为 5，其中必有 3 个 1。这样，可能编成的不同码组数目等于从 5 中取 3 的组合数 $C_5^3 = \dfrac{5!}{3! \times 2!} = 10$，这 10 种许用码组恰好可用来表示 10 个阿拉伯数字，如表 13-1 所示。

表 13-1　五单位数字保护电码

数字	电码	数字	电码
0	01101	5	00111
1	01011	6	10101
2	11001	7	11100
3	10110	8	01110
4	11010	9	10011

不难看出，恒比码能够检测码组中所有奇数个错误及部分偶数个错误。该码的主要优点是简单，适用于传输字母和符号。实践应用表明，使用这种编码能使差错率明显降低。

从以上简单编码的例子可以看出，差错控制编码的基本原理就是通过增加码的冗余度来实现检错和纠错的。

13.1.3 差错控制编码分类

按照信息码元和附加的监督码元之间的检验关系，可以将差错控制编码分为线性码和非线性码。若信息码元与监督码元之间为线性关系，即监督码元是信息码元的线性组合，则称为线性码。反之，若两者不存在线性关系，则称为非线性码。

按照信息码元和监督码元之间的约束方式，可以将差错控制编码分为分组码和卷积码。在分组码中，监督码元仅与本码组的信息码元有关，而与其他码组的信息码元无关。但在卷积码中，码组中的监督码元不但与本组信息码元有关，而且与前面码组的信息码元也有约束关系，就像链条那样一环扣一环，所以卷积码又称为连环码或链码。

13.1.4 差错控制编码原理

从以上几种简单差错控制编码的实例可以看出，当采用不同的编码方式时，检错和纠错的能力是不同的。由于差错控制编码的基本思想是在被传输的信息中附加一些监督码元，因此检错和纠错的能力是靠增加信息量的冗余度换来的。

以 3 位二进制码组为例，可以简要说明检错与纠错的基本原理。3 位二进制码组共有 8 种组合：000，001，010，011，100，101，110，111。假如这 8 种组合都用来传递消息，在传输过程中，若发生一位误码，则码组中的一个码字就会错误地变成另一个码字，接收端不能发现错误，因为任何一个码字都是许用码组中的一员。但是如果只选取其中的 000、011、101、110 作为许用码组来传递消息，这时就相当于只传递了 00、01、10、11 这 4 种消息，码字中的第 3 位是附加的，其作用是保证许用码组中每个码字 1 码的个数为偶数，除了以上许用码组中 4 种码字以外的另外 4 个码字均不满足这种校验关系，故称另外四种码字为禁用码组。在接收时，一旦发现出现禁用码组，就表明传输过程中发生了错误。用这种简单的校验关系就可以发现 1 位错误或者 3 位错误。由于发生 3 位全错的概率很小，因此基本就能肯定是发生了 1 位错误，但这时还不能纠正错误，因为不知道是哪一位发生了错误。若进一步将许用码组限制为 000 和 111 两种，则可以根据发生一位错误的概率最大的原则，判定究竟错在哪一位，从而来纠正错误。可见，码组之间的距离与码组的差错控制能力有重要的关系。为此，要先介绍一下编码理论中的两个重要概念。

1. 码重

在差错控制编码中，码字中非零码元的数目称为该码字的重量，简称码重。例如，码字 001 的码重为 1，码字 110 的码重为 2。

2. 码距

定义两个码字对应码位上具有不同码元的位数为码字间的汉明(Hamming)距离，简称码距。一个编码码组中码字间的最小码距为这个码组的最小码距，记为 d_{min}。在上述 3 位二进制码组的例子中，8 种码字均为许用码组时，码字间的最小距离为 1，因此码组的最小码距为 1，即 $d_{\min} = 1$；当选用 4 种码组为许用码组时，最小码距 $d_{\min} = 2$；当选用两种许用码组时，$d_{\min} = 3$。

3 位二进制编码码组之间的码距可以用一个三维立方体形象地表示，如图 13 - 2 所示。

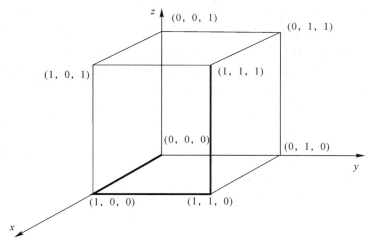

图 13 - 2　3 位二进制编码码距的几何解释

图 13 - 2 中，立方体各顶点分别表示码组中 8 种可能的码字，三位码元顺序表示 x、y、z 轴的坐标。由立方体的图示可知，码距即为从一个顶点沿任何一个相邻边到达另一个顶点所经过的最少边数。图中用粗线表示出了从 $(0, 0, 0)$ 到 $(1, 1, 1)$ 之间一条最短的路径，所以 $d_{\min} = 3$。

通过以上分析可知，一种编码的最小码距直接关系到这种编码的检错和纠错能力，因此最小码距是编码码组的重要参数。一般情况下，对于分组码，有如下结论：

（1）在一个编码码组内，如要能检测 e 个误码，要求的最小码距为

$$d_{\min} \geqslant e + 1 \tag{13 - 3}$$

（2）在一个编码码组内，如要能纠正 t 个误码，要求的最小码距为

$$d_{\min} \geqslant 2t + 1 \tag{13 - 4}$$

（3）在一个编码码组内，如要纠正 t 个误码，同时检测 $e(\geqslant t)$ 个误码，要求的最小码距为

$$d_{\min} \geqslant t + e + 1 \tag{13 - 5}$$

可见，差错控制编码提高了通信系统的可靠性，但这是用降低有效性的代价换来的。在差错控制能力相同的前提下，人们希望找到编码效率尽可能高，同时译码方法尽量简单的编码方法，这是使差错控制编码实用化的关键。作为学习差错控制编码的基础，本章仅讨论线性分组码中的汉明码和循环码，只使用矩阵和多项式等数学工具。对编码理论有兴趣的读者可以进一步深入学习差错控制编码的其他专著。

13.2　线 性 分 组 码

13.2.1　线性分组码的构成

线性分组码是一种建立在代数学基础上的纠错编码，码组的信息位与监督位之间存在

确定的代数约束关系，由此构成一组许用码组。由于接下来讨论的都是二进制编码，码元取值仅为"0"和"1"，因此在代数运算和数学表达式中，均应遵循二进制运算规则，加法和减法统一为模 2 加，采用符号⊕表示。

设线性分组码由 n 位二进制码元组成，分别记作 c_1，c_2，$\cdots$，c_n，则可以用一个行矩阵 $C = [c_1 \quad c_2 \quad \cdots \quad c_n]$ 来表示这个线性分组码码组。假设这 n 位二进制码元的前 k 位为信息码元，后 $r = n - k$ 位为监督码元。若将前 k 位信息码元另记作 d_1，d_2，$\cdots$，d_k，则可以用另一个行矩阵 $D = [d_1 \quad d_2 \quad \cdots \quad d_k]$ 来表示这个信息码组。线性分组码 C 中的 n 个元素应该是 D 中 k 个元素的线性组合，用联立方程可表示为

$$\begin{cases} c_1 = d_1 \\ c_2 = d_2 \\ \quad \vdots \\ c_k = d_k \\ c_{k-1} = h_{11}d_1 \oplus h_{12}d_2 \oplus \cdots \oplus h_{1k}d_k \\ c_{k-2} = h_{21}d_1 \oplus h_{22}d_2 \oplus \cdots \oplus h_{2k}d_k \\ \quad \vdots \\ c_n = h_{r1}d_1 \oplus h_{r2}d_2 \oplus \cdots \oplus h_{rk}d_k \end{cases}$$

将此联立方程写成矩阵方程形式，就是

$$C = D \cdot G \tag{13-6}$$

矩阵 G 为这个联立方程的系数矩阵，称为线性分组码的生成矩阵。

$$G = \begin{bmatrix} 1 & 0 & 0 & \cdots & 0 & h_{11} & h_{21} & \cdots & h_{r1} \\ 0 & 1 & 0 & \cdots & 0 & h_{12} & h_{22} & \cdots & h_{r2} \\ \vdots & \vdots & \vdots & & \vdots & \vdots & \vdots & & \vdots \\ 0 & 0 & 0 & \cdots & 1 & h_{1k} & h_{2k} & \cdots & h_{rk} \end{bmatrix} \tag{13-7}$$

显然，生成矩阵是一个 $k \times n$ 矩阵，它的前 k 列是一个 $k \times k$ 的单位矩阵 I_k，后 $r = n - k$ 列构成一个 $k \times r$ 矩阵 P，因此，生成矩阵又可以写成：

$$G = [I_k \quad P] \tag{13-8}$$

其中：

$$I_k = \begin{bmatrix} 1 & 0 & 0 & \cdots & 0 \\ 0 & 1 & 0 & \cdots & 0 \\ \vdots & \vdots & \vdots & & \vdots \\ 0 & 0 & 0 & \cdots & 1 \end{bmatrix} \tag{13-9}$$

$$P = \begin{bmatrix} h_{11} & h_{21} & \cdots & h_{r1} \\ h_{12} & h_{22} & \cdots & h_{r2} \\ \vdots & \vdots & & \vdots \\ h_{1k} & h_{2k} & \cdots & h_{rk} \end{bmatrix} \tag{13-10}$$

则式(13-6)可以表示成

$$C = D[I_k \quad P] = [DI_k \quad DP] = [D \quad DP] = [D \quad C_r] \tag{13-11}$$

可见，一个线性分组码码组矩阵 C 由信息矩阵 D 和校验矩阵 C_r 组成，也就是说，n 位

线性分组码的前 k 位为信息位，后 r 位为监督位。这样生成的线性分组码 (n, k) 称为系统码。

编码之前，信息码组有 k 位码元，因此，共有 2^k 种组合，编码之后的码组有 n 位码元，而 n 位码元共有 2^n 种组合，显然，$2^n > 2^k$。这也就是说，线性分组码的编码方法实际上是从 2^n 个可用码组中选出 2^k 个许用码组的过程。在信息传递过程中，只要出现非许用码组的码字，系统就认为传递发生了错误，这样就能在一定范围内实现自动检错和纠错。这里的关键是如何寻找适当的矩阵 $\boldsymbol{P}$，来构成一种实现方法简单、编码效率高的分组码。

可以证明，生成矩阵 $\boldsymbol{G}$ 的各行是线性无关的，只有这样，才能根据 $\boldsymbol{G}$ 构成 2^k 种不同的码组。线性分组码具有封闭性，即一种线性分组码中的任意两个码字之和仍为这个码组中的一个码字。由于具有封闭性，码组中任意两个码字之间的距离必定是另一个码字的码重，因此，线性分组码的最小码距就是这个码组中非零码字的最小码重。

[**例 13 - 1**]　已知 $(6, 3)$ 码的生成矩阵为

$$\boldsymbol{G} = \begin{bmatrix} 1 & 0 & 0 & 1 & 0 & 1 \\ 0 & 1 & 0 & 0 & 1 & 1 \\ 0 & 0 & 1 & 1 & 1 & 0 \end{bmatrix}$$

试求：

（1）系统码和各个码组的码重；

（2）最小码距 $d_{\min}$ 和该分组码的纠错能力。

解　（1）已知 $k = 3$，即信息码为 3 位，3 位信息码共有 8 种组合，故信息码组矩阵为

$$\boldsymbol{D} = \begin{bmatrix} 0 & 0 & 0 \\ 0 & 0 & 1 \\ 0 & 1 & 0 \\ 0 & 1 & 1 \\ 1 & 0 & 0 \\ 1 & 0 & 1 \\ 1 & 1 & 0 \\ 1 & 1 & 1 \end{bmatrix}$$

故系统码为

$$\boldsymbol{C} = \boldsymbol{D} \cdot \boldsymbol{G} = \begin{bmatrix} 0 & 0 & 0 \\ 0 & 0 & 1 \\ 0 & 1 & 0 \\ 0 & 1 & 1 \\ 1 & 0 & 0 \\ 1 & 0 & 1 \\ 1 & 1 & 0 \\ 1 & 1 & 1 \end{bmatrix} \begin{bmatrix} 1 & 0 & 0 & 1 & 0 & 1 \\ 0 & 1 & 0 & 0 & 1 & 1 \\ 0 & 0 & 1 & 1 & 1 & 0 \end{bmatrix} = \begin{bmatrix} 0 & 0 & 0 & 0 & 0 & 0 \\ 0 & 0 & 1 & 1 & 1 & 0 \\ 0 & 1 & 0 & 0 & 1 & 1 \\ 0 & 1 & 1 & 1 & 0 & 1 \\ 1 & 0 & 0 & 1 & 0 & 1 \\ 1 & 0 & 1 & 0 & 1 & 1 \\ 1 & 1 & 0 & 1 & 1 & 0 \\ 1 & 1 & 1 & 0 & 0 & 0 \end{bmatrix}$$

各码组的码重如表 13 - 2 所示。

表 13-2 例 13-1 中码组的码重

编码码组	码重	编码码组	码重
000000	0	100101	3
001110	3	101011	4
010011	3	110110	4
011101	4	111000	3

(2) 由表 13-2 可知，编码码组的非零码组的最小码重为 3，故该码组的最小码距为

$$d_{\min} = 3$$

因此，该(6,3)线性分组码具有纠 1 个错，或检 2 个错，或纠 1 个错同时检 1 个错的能力。

13.2.2 线性分组码的译码与纠错

具有式(13-8)形式的生成矩阵称为典型生成矩阵，由典型生成矩阵导出的线性分组码必然是系统码。将 P 矩阵进行转置，再在右边加上 $r \times r$ 单位矩阵 I_r，可以得到监督矩阵 H，即

$$H = \begin{bmatrix} P^{\mathrm{T}} & I_r \end{bmatrix} \tag{13-12}$$

监督矩阵反映了线性分组码的信息位与监督位之间的约束关系，在解码时可以利用监督矩阵来实现检错和纠错。

由式(13-11)式(13-12)可以推出，线性分组码 C 和它的监督矩阵 H 满足以下关系：

$$CH^{\mathrm{T}} = 0 \tag{13-13}$$

假设接收的接收码组为 B，B 是一个 n 位码的行矩阵，即

$$B = \begin{bmatrix} b_1 & b_2 & \cdots & b_n \end{bmatrix}$$

若信息在传递和接收的过程中受到干扰，致使接收码组 B 与发送码组 C 不同，产生误码，用行矩阵 E 来表示这个误差，则有

$$B \oplus C = E \tag{13-14}$$

式(13-14)中，$E = \begin{bmatrix} e_1 & e_2 & \cdots & e_n \end{bmatrix}$ 称为误差矩阵。由于在实际的数字传输系统中，码字错 1 位的概率最大(如果错码较多，就超出了线性分组码的检错能力范围)，E 的码重一般很小，也就是说，$\begin{bmatrix} e_1 & e_2 & \cdots & e_n \end{bmatrix}$ 中往往只有一位为 1，其余位均为 0，这种误差矩阵又称为错误图样。

因此，可将接收码组写成正确码组 C 与错误图样 E 之和，即

$$B = C \oplus E \tag{13-15}$$

接收到码组 B 以后，先通过监督矩阵计算出校正子 S：

$$S = BH^{\mathrm{T}} \tag{13-16}$$

将式(13-15)代入式(13-16)，并考虑式(13-13)，可得

$$S = (C \oplus E)H^{\mathrm{T}} = CH^{\mathrm{T}} \oplus EH^{\mathrm{T}} = EH^{\mathrm{T}} \tag{13-17}$$

这样，只要根据式(13-14)在接收端事先建立一个校正子 S 与错误图样 E 之间的对照表，就能用查表的方法找到发生错误的码元，从而由

$$C = B \oplus E \qquad\qquad (13-18)$$

得到正确的译码。

[**例 13 - 2**]　已知 $(6,3)$ 分组码的生成矩阵同例 $13-1$，列出校正子 S 与错误图样 E 的对照表，如收到码组 $B = [1\ \ 1\ \ 1\ \ 0\ \ 1\ \ 1]$，求对应的正确码组 C。

解　已知生成矩阵为

$$G = \begin{bmatrix} 1 & 0 & 0 & 1 & 0 & 1 \\ 0 & 1 & 0 & 0 & 1 & 1 \\ 0 & 0 & 1 & 1 & 1 & 0 \end{bmatrix} = \begin{bmatrix} I_k & P \end{bmatrix}$$

则监督矩阵为

$$H = \begin{bmatrix} P^{\mathrm{T}} & I_r \end{bmatrix} = \begin{bmatrix} 1 & 0 & 1 & 1 & 0 & 0 \\ 0 & 1 & 1 & 0 & 1 & 0 \\ 1 & 1 & 0 & 0 & 0 & 1 \end{bmatrix}$$

$$S = EH^{\mathrm{T}} = \begin{bmatrix} 0 & 0 & 0 & 0 & 0 & 0 \\ 1 & 0 & 0 & 0 & 0 & 0 \\ 0 & 1 & 0 & 0 & 0 & 0 \\ 0 & 0 & 1 & 0 & 0 & 0 \\ 0 & 0 & 0 & 1 & 0 & 0 \\ 0 & 0 & 0 & 0 & 1 & 0 \\ 0 & 0 & 0 & 0 & 0 & 1 \end{bmatrix} \begin{bmatrix} 1 & 0 & 1 \\ 0 & 1 & 1 \\ 1 & 1 & 0 \\ 1 & 0 & 0 \\ 0 & 1 & 0 \\ 0 & 0 & 1 \end{bmatrix} = \begin{bmatrix} 0 & 0 & 0 \\ 1 & 0 & 1 \\ 0 & 1 & 1 \\ 1 & 1 & 0 \\ 1 & 0 & 0 \\ 0 & 1 & 0 \\ 0 & 0 & 1 \end{bmatrix}$$

由此可列出 S 和 E 的对照表如表 $13-3$ 所示。

表 13 - 3　循环码错误图样与校正子对照表

E	S
000000	000
100000	101
010000	011
001000	110
000100	100
000010	010
000001	001

若收到的码组为 $B = [1\ \ 1\ \ 1\ \ 0\ \ 1\ \ 1]$，则由

$$S = BH^{\mathrm{T}} = [1\ \ 1\ \ 1\ \ 0\ \ 1\ \ 1] \begin{bmatrix} 1 & 0 & 1 \\ 0 & 1 & 1 \\ 1 & 1 & 0 \\ 1 & 0 & 0 \\ 0 & 1 & 0 \\ 0 & 0 & 1 \end{bmatrix} = [0\ \ 1\ \ 1]$$

查表得

$$E = \begin{bmatrix} 0 & 1 & 0 & 0 & 0 & 0 \end{bmatrix}$$

故正确的码组应为

$$C = B \oplus E = \begin{bmatrix} 1 & 0 & 1 & 0 & 1 & 1 \end{bmatrix}$$

13.3　汉　明　码

13.3.1　汉明码的编码

汉明码是一种特殊的线性分组码。它是汉明(Hamming)在 1950 年提出来的。汉明码能够纠正一个错码或检测两个错码。对于码长为 n、信息位为 k 位的线性分组码,监督位 $r = n - k$,若希望这 r 个监督位能构造出 r 个监督关系式来指示出第 n 个位置上的 1 位错码,则汉明码编码要满足如下条件:

规则 1:因为码长 $n \leqslant 2^r - 1$,所以监督位 r 应满足 $2^r - r \geqslant k + 1$。

规则 2:r 个监督位的插入位置如表 13-4 所示。

表 13-4　汉明码监督位插入位置

位数	⋯	13	12	11	10	9	8	7	6	5	4	3	2	1
二进制表示	⋯	1101	1100	1011	1010	1001	1000	0111	0110	0101	0100	0011	0010	0001
信息位	⋯	d_9	d_8	d_7	d_6	d_5		d_4	d_3	d_2		d_1		
监督位	⋯						r_4				r_3		r_2	r_1

监督位编码规则如下:

监督位 r_1 是所有信息位位置序号的二进制表示右数第一位是 1 的码元的异或结果:1,11,101,111,1001,1011,1101,⋯,($n_1 \oplus n_3 \oplus n_5 \oplus n_7 \oplus n_9 \oplus n_{11} \oplus n_{13} \cdots$)

监督位 r_2 是所有信息位位置序号的二进制表示右数第二位是 1 的码元的异或结果:10,11,110,111,1010,1011,⋯,($n_2 \oplus n_3 \oplus n_6 \oplus n_7 \oplus n_{10} \oplus n_{11} \cdots$)

监督位 r_3 是所有信息位位置序号的二进制表示右数第三位是 1 的码元的异或结果:100,101,110,111,1100,1101,⋯,($n_4 \oplus n_5 \oplus n_6 \oplus n_7 \oplus n_{12} \oplus n_{13} \cdots$)

监督位 r_4 是所有信息位位置序号的二进制表示右数第四位是 1 的码元的异或结果:1000,1001,1010,1011,1100,1101,⋯,($n_8 \oplus n_9 \oplus n_{10} \oplus n_{11} \oplus n_{12} \oplus n_{13} \cdots$)

以此类推。

[例 13-3]　以 10101 编码为例,创建其汉明码。

解　第一步,根据规则 1,确定监督码长 $r = 4$。

第二步,根据规则 2,生成 9 位的汉明码,依次填入信息码和监督码,监督码初始值全部设为 0。

9	8	7	6	5	4	3	2	1
1	0	0	1	0	0	1	0	0

第三步,计算监督码的第 1 位(汉明码第 1,3,5,7,9 位进行异或)结果为 0。

第四步,计算监督码的第 2 位(汉明码第 2,3,6,7 位进行异或)结果为 0。

第五步，计算监督码的第 3 位（汉明码第 4，5，6，7 位进行异或）结果为 1。

第六步，计算监督码的第 4 位（汉明码第 8，9 位进行异或）结果为 1。

	9	8	7	6	5	4	3	2	1
第三步结果	1	0	0	1	0	0	1	0	1
第四步结果	1	0	0	1	0	0	1	0	0
第五步结果	1	0	0	1	0	1	1	0	0
第六步结果	1	1	0	1	0	1	1	0	0

故汉明码为 110101100。

13.3.2　汉明码的译码与纠错

对传送得到的汉明码按照编码规则再求一遍，若结果全为 0，则传送正常；若非 0，则可根据计算结果直接找出传送错误的位置并纠正。

[**例 13-4**]　收到汉明码 110001100，找出其错误。

解　由题意可知：

第 1，3，5，7，9 位进行异或，得到 0。

第 2，3，6，7 位进行异或，得到 1。

第 4，5，6，7 位进行异或，得到 1。

第 8，9 位进行异或，得到 0。

上述结果逆向排列，得到 0110，即十进制的 6，根据汉明码的校验规则，编码出错的地方在第 6 位，把第 6 位的 0 换成 1，即可得正确编码为 110101100。

汉明码只能发现和纠正一位传输错误，若出现两位及两位以上的传输错误，汉明码则无能为力。

13.4　循　环　码

循环码是一种重要的线性分组码，它除了具有线性分组码的封闭性之外，还具有独特的循环性。所谓循环性，就是指码组中的任一码字经过循环移位以后仍然是这个许用码组中的码字。设 $C = [c_1 \quad c_2 \quad \cdots \quad c_n]$ 是一个循环码组，则经过一次循环移位以后得到的 $C^{(1)} = [c_2 \quad c_3 \quad \cdots \quad c_n \quad c_1]$ 和经过 i 次循环移位后得到的 $C^{(i)} = [c_{1+i} \quad c_{2+i} \quad \cdots \quad c_n \quad \cdots \quad c_i]$ 也是这个许用码组。不管是循环左移还是循环右移，不管循环移位多少位，其结果都是这个许用码组。

基于循环码的这一性质，可以借用代数中的多项式来描述循环码。将长度为 n 的循环码用 $n-1$ 次多项式来表示，称多项式 $c(x) = c_1 x^{n-1} + c_2 x^{n-2} + \cdots + c_n$ 为循环码组 $C = [c_1 \quad c_2 \quad \cdots \quad c_n]$ 的码多项式。在码多项式中，x 的幂次对应码元的位置，它的系数对应码元的取值。由于是二进制编码，码字的各位码元只有 1 和 0 两种值，因此，多项式的系数也只有 1 和 0 两种取值。按照多项式的表示习惯，系数为 0 的幂次项在多项式中不出现。例如，循环码字 11001101 表示成 $x^7 + x^6 + x^3 + x^2 + 1$；循环码字 01010010 表示成 $x^6 + x^4 + x$ 等。有了码多项式以后，码字的运算就可以采用码多项式的运算，其系数之间的加法和乘法均服从模 2 运算的规则。

13.4.1 二进制多项式模运算的基本规则

规则 1：模 2 加＝模 2 减，都可用 $\oplus$ 表示。

规则 2：乘法。

例如：

$$(x+1)(x^3+x+1) = x^4+x^2+x+x^3+x+1 = x^4+x^3+x^2+1$$

规则 3：除法。

例如

$$\frac{x^5+x^3+x}{x^2+x} = x^3+x^2+\frac{x}{x^2+x}$$

其中：x^5+x^3+x 为被除式，x^2+x 为除式，x^3+x^2 为商式，x 为余式。

多项式的除法也可以用长除式来表示，例如：

$$
\begin{array}{r}
x^3+x^2 \\
x^2+x\,\overline{\smash{)}\,x^5 x^3 x} \\
\underline{x^5+x^4 } \\
x^4+x^3+x \\
\underline{x^4+x^3 } \\
x
\end{array}
$$

规则 4：模 $N(x)$ 运算。

多项式的模运算也是下面经常要用到的一种运算，和数字的模运算一样，它的结果是除法取余，用"$\equiv$"来表示模运算的结果，如果多项式的除法通式可以表示成

$$\frac{F(x)}{N(x)} = Q(x) + \frac{R(x)}{N(x)}$$

则

$$F(x) \equiv R(x) \quad (\text{模 } N(x))$$

例如：

$$x^5+x^3+x \equiv x \quad (\text{模}(x^2+x))$$
$$x^7+1 \equiv 0 \quad (\text{模}(x^3+x^2+1))$$

规则 5：码字多项式的循环移位。

对一个 n 位的二进制码字进行循环移位 i 位，实际上是对应的码字多项式 $C(x)$ 乘以 x^i 后进行模 x^n+1 运算，即

$$x^i C(x) \equiv R(x) \quad (\text{模}(x^n+1))$$

13.4.2 循环码的编码

根据上一节线性分组码的构码方法，在已知信息矩阵的情况下，只要知道生成矩阵，就能用矩阵乘法求出所有的码组。循环码同样可以用这样的方法来实现编码。

由代数理论可知，一个 (n,k) 循环码必有一个常数项不为零的 $n-k$ 次多项式 $g(x)$，称为该循环码的生成多项式，若已知信息码多项式为 $d(x)$，则相应的循环码多项式为

$$c(x) = d(x) \cdot g(x) \tag{13-19}$$

如果已知生成多项式，就可以根据信息码求出相应的循环码。

循环码是线性分组码的一种，因此如果已知生成矩阵 G，那么就可以由信息矩阵求出整个循环码组矩阵。

生成矩阵可以由生成多项式构成，即

$$G(x) = \begin{bmatrix} x^{k-1}g(x) \\ x^{k-2}g(x) \\ \vdots \\ xg(x) \\ g(x) \end{bmatrix} \qquad (13-20)$$

然而，式(13-20)构成的生成矩阵并不符合 $G = [I_k \quad P]$ 的形式，因此它不是典型生成矩阵，但只要进行适当的线性变换就可以转化成典型生成矩阵。

代数理论已经证明，(n, k) 循环码的生成多项式 $g(x)$ 应该是多项式 $x^n + 1$ 的一个因式，可以通过因式分解去寻找多项式 $x^n + 1$ 的 $n-k$ 次因式，从而找到 $g(x)$。例如，对多项式 $x^7 + 1$ 进行因式分解，有

$$x^7 + 1 = (x+1)(x^3 + x^2 + 1)(x^3 + x + 1)$$

式中：含有 $n - k = 3$ 次的因式有 $x^3 + x^2 + 1$ 和 $x^3 + x + 1$，它们可以作为 $(7, 4)$ 循环码的生成多项式。同理，若要得到 $(7, 3)$ 循环码的生成多项式，需要从式 $x^7 + 1$ 中寻找 $n - k = 4$ 次因式，不难看出，这样的因子也有 2 个，即

$$(x+1)(x^3 + x^2 + 1) = x^4 + x^2 + x + 1$$
$$(x+1)(x^3 + x + 1) = x^4 + x^3 + x^2 + 1$$

这两个多项式都可以作为 $(7, 3)$ 循环码的生成多项式，不过由不同的生成多项式可产生不同的循环码组。现在已经有人将用计算机寻找到的不同位数的循环码的生成多项式编制成表，供实际使用时选用。

[例 13-5]　当信息码 $D = [1\ 0\ 1\ 0]$ 时，求 $(7, 4)$ 循环码的编码码组。

解　已知对于 $(7, 4)$ 循环码，$n = 7$，$k = 4$，$n - k = 3$，故该循环码的生成多项式 $g(x)$ 应为 $x^7 + 1$ 的 3 次因式，对 $x^7 + 1$ 分解因式，得到两个生成多项式如下：

$$g_1(x) = x^3 + x^2 + 1$$
$$g_2(x) = x^3 + x + 1$$

由信息码 $D = [1\ 0\ 1\ 0]$ 得知信息多项式为

$$d(x) = x^3 + x$$

由于有 2 个生成多项式，经计算可得两个循环码多项式：

$$c_1(x) = d(x)g_1(x) = (x^3 + x)(x^3 + x^2 + 1) = x^6 + x^5 + x^4 + x$$
$$c_2(x) = d(x)g_2(x) = (x^3 + x)(x^3 + x + 1) = x^6 + x^3 + x^2 + x$$

故对应的循环码组为

$$C_1 = [1\ 1\ 1\ 0\ 0\ 1\ 0]$$
$$C_2 = [1\ 0\ 0\ 1\ 1\ 1\ 0]$$

通常，由信息码组和生成多项式或生成矩阵直接求出的码组不是系统码，上例所求出的两个编码码组的前四位都不是信息码 $[1\ 0\ 1\ 0]$。为了得到系统循环码，必须按照系统码的规则表示编码，即前 k 位是信息码，后 $n-k$ 位是监督码，可以按照以下步骤进行：

步骤 1：用 x^{n-k} 乘以 $d(x)$。这一步实际上是在信息码后附加上 $n-k$ 个 0，让信息码成为前 k 位。

步骤 2：用 $g(x)$ 除 $x^{n-k}d(x)$，得到余式 $r(x)$。这一步是对 $x^{n-k}d(x)$ 进行模 $g(x)$ 运算，实现循环移位。

步骤 3：得到系统循环码 $T(x) = x^{n-k}d(x) + r(x)$。

[例 13 - 6]　用例 13 - 5 中的生成多项式求系统循环码码组，已知信息码 $\boldsymbol{D} = [1\,0\,1\,0]$。

解　(1) 由于

$$\boldsymbol{D} = [1 \quad 0 \quad 1 \quad 0]$$

故

$$d(x) = x^3 + x$$

$$x^{7-4}d(x) = x^3(x^3 + x) = x^6 + x^4$$

(2) 当 $g_1(x) = x^3 + x^2 + 1$ 时，$x^6 + x^4$ 除以 $x^3 + x^2 + 1$ 得余式 $r(x) = 1$，所以系统码多项式为

$$c_1(x) = (x^6 + x^4) + 1 = x^6 + x^4 + 1$$

系统循环码字为

$$\boldsymbol{C}_1 = [1 \quad 0 \quad 1 \quad 0 \quad 0 \quad 0 \quad 1]$$

(3) 当 $g_2(x) = x^3 + x + 1$ 时，$x^6 + x^4$ 除以 $x^3 + x + 1$ 得余式 $r(x) = x + 1$，所以系统码多项式为

$$c_2(x) = (x^6 + x^4) + (x + 1) = x^6 + x^4 + x + 1$$

系统循环码字为

$$\boldsymbol{C}_1 = [1 \quad 0 \quad 1 \quad 0 \quad 0 \quad 1 \quad 1]$$

13.4.3　循环码的译码与纠错

接收端在收到一个循环码以后，首先必须进行检错。由于任意一个码多项式都应该能够被生成的多项式整除，只要将接收到的码组除以已生成的多项式即可。如果传输过程中未发生错误，接收码组与发送码组相同，则必然能实现整除。如果发现不能整除，说明在传输中发生了误码，因此可以根据余项是否为 0 来进行检错。

需要说明的是，有错码的多项式也有可能被生成的多项式整除，这时就无法检出错码了。这种不可检出的错码数必定已经超出了循环码的检错能力范围。

接收端在检出错码以后若要求能自己纠错，则必须做到每个可纠正的错误图样与一个特定的余式有一一对应的关系，原则上，可以按照以下步骤进行纠错：

步骤 1：用接收码组除以生成多项式 $g(x)$，得到相应的余式 $s(x)$。

步骤 2：根据余式 $s(x)$，用计算的方法或查表得到对应的错误图样 $E(x)$，确定错误码元的位置。

步骤 3：从接收码组中减去 $E(x)$，得到已经纠正错误的原发送码组。

循环码的解码还有其他方法，判决对错的方法也有硬判决和软判决等。目前，由于数字信号处理器等集成电路发展迅速，这些解码算法软件都已烧写在电路中。

[例 13 - 7]　已知能纠正 1 个错误的 (7, 4) 系统循环码的生成多项式为 $g(x) = x^3 + x^2$

$+1$，试编制一个错误图样 $E(x)$ 与余式 $s(x)$ 的对照表，并据此求出接收码组为 $\boldsymbol{B}=\begin{bmatrix}1 & 0 & 0 & 0 & 1 & 0 & 1\end{bmatrix}$ 的正确的发送码组。

解　对于码重为 **1** 的错误图样多项式，通过除以生成多项式 $g(x)$，可以得到对应的余式 $s(x)$，将计算结果列表，如表 $13-5$ 所示。

表 13-5　错误图样 $E(x)$ 与余式 $s(x)$ 对照表

$E(x)$	x^6	x^5	x^4	x^3	x^2	x	1
$s(x)$	x^2+x	$x+1$	x^2+x+1	x^2+1	x^2	x	1

根据接收码组 $\boldsymbol{B}=\begin{bmatrix}1\,0\,0\,0\,1\,0\,1\end{bmatrix}$，写出相应的码多项式为

$$B(x)=x^6+x^2+1$$

用 $B(x)$ 除以 $g(x)=x^3+x^2+1$ 得到余式：

$$s(x)=x+1$$

查表，得错误图样：

$$E(x)=x^5$$

则原发送码组为

$$c(x)=B(x)+E(x)=(x^6+x^2+1)+x^5=x^6+x^5+x^2+1$$

正确的原发送码组为

$$\boldsymbol{C}=\begin{bmatrix}1\,1\,0\,0\,1\,0\,1\end{bmatrix}$$

习　　题

13-1　设某分组码组有 8 个码字：000000、001110、010101、011011、100011、101101、110110、111000。求它们的最小码距。

13-2　上题给出的码组，若用于检错，能检出几位错码？若用于纠错，能纠正几位错码？若同时用于检错和纠错，它的检错和纠错能力如何？

13-3　已知 (7,3) 线性分组码的生成矩阵为

$$\boldsymbol{G}=\begin{bmatrix}1 & 0 & 0 & 1 & 1 & 1 & 0\\ 0 & 1 & 0 & 0 & 1 & 1 & 1\\ 0 & 0 & 1 & 1 & 1 & 0 & 1\end{bmatrix}$$

(1) 列出编码表和各个码组的码重；

(2) 求最小码距，讨论该分组码的差错控制能力；

(3) 列出校正子 $\boldsymbol{S}$ 与错误图样 $\boldsymbol{E}$ 的对照表。

13-4　已知某线性分组码的监督矩阵为

$$\boldsymbol{H}=\begin{bmatrix}1 & 1 & 1 & 0 & 1 & 0 & 0\\ 1 & 1 & 0 & 1 & 0 & 1 & 0\\ 1 & 0 & 1 & 1 & 0 & 0 & 1\end{bmatrix}$$

试列出该码组所有可能的码字。

13-5 信息码为 $D=[1\ 0\ 0\ 1]$，求其汉明码。

13-6 若接收到的一个汉明码字为 $[1\ 0\ 1\ 0\ 1\ 1\ 0]$，请问这个码是否是错码？若是错码，正确的汉明码是什么？

13-7 已知(7，4)循环码的生成多项式为

$$g(x)=x^3+x^2+1$$

当信息码为 $D=[1\ 0\ 0\ 1]$时，求编码后的系统循环码。

13-8 已知(7，3)循环码的生成多项式为

$$g(x)=x^4+x^3+x^2+1$$

当信息码为 $D=[1\ 0\ 1]$时，求相应的系统循环码组。

13-9 设一个(15，7)循环码的生成多项式为 $g(x)=x^8+x^7+x^6+x^4+1$，若接收到的一个码字为 $[1\ 0\ 0\ 0\ 0\ 0\ 0\ 0\ 0\ 1\ 0\ 0\ 0\ 1\ 1]$，请问这个码是否是错码？为什么？

第 14 章　互 联 网

　　信息传输技术最初的应用是电话网，它采用有线信道，通过程控交换机实现端对端的语音通信；其次是广播电视网，它采用无线信道，通过广播方式实现一对多端的语音图像广播通信。随着数字技术的发展，采用无线信道的无线通信网和采用有限信道的有线数字广播网逐渐成为主流。同时，一种能够实现端对端的语音、图像、文本等混合信息通信的互联网（Internet）系统也应运而生。

　　互联网是泛指由多个计算机网络互连而成的网络。众所周知的因特网就是互联网的一种。20 世纪 90 年代以后，因特网得到了飞速发展。目前接入因特网的计算机已覆盖全球180 余个国家和地区，已把全球上亿台计算机连接成一个超大网络。

　　互联网是由网络硬件和网络软件组成的。网络硬件是计算机网络系统的物理实现，网络软件是网络系统中的技术支持。两者相互作用，共同完成互联网的功能。本章主要介绍互联网的结构、协议、应用以及如何接入互联网。

14.1　互 联 网 结 构

14.1.1　互联网的组成

　　从功能角度看，互联网是由服务器、网络工作站、网络终端、通信处理机（集线器、交换机、路由器）、通信线路（同轴电缆、双绞线、光纤）、信息交换设备（Modem，编码解码器）等构成的。

　　（1）服务器。在一般的局域网中，主机通常被称为服务器，是为客户提供各种服务的计算机，因此，对其有一定的技术指标要求，特别是主、辅存储容量及其处理速度要求较高。根据服务器在网络中所提供的服务的不同，可将其划分为文件服务器、打印服务器、通信服务器、域名服务器、数据库服务器等。

　　（2）网络工作站。除服务器外，网络上的其余计算机主要是通过执行应用程序来完成工作任务的，这种计算机称为网络工作站或网络客户机，它是网络数据主要的发生场所和使用场所，用户主要是通过使用工作站来利用网络资源并完成自己的作业的。

　　（3）网络终端。网络终端是用户访问网络的界面，它可以通过主机连入网内，也可以通过通信控制处理机连入网内。

　　（4）通信处理机。通信处理机一方面作为资源子网的主机、终端连接的接口，将主机和终端连入网内；另一方面，它又作为通信子网中分组存储转发的节点，完成分组的接收、校验、存储和转发等功能。

（5）通信线路。通信线路（链路）为通信处理机与通信处理机、通信处理机与主机之间提供通信信道。

（6）信息变换设备。信息变换设备对信号进行变换，包括调制解调器、无线通信接收和发送器、用于光纤通信的编码解码器等。互联网结构是指将设备连接到网络，实现物理实体互连。

从互连设备角度看，互联网是由网络接口卡、调制解调器、中继器、集线器、交换机、网桥、路由器、网关等设备组成的。

（1）网络接口卡。每块网络接口卡都有唯一的网络节点地址被固化在 ROM（只读存储芯片）中，称作 MAC 地址（物理地址）。网卡主要完成以下功能：读入由其他网络设备传输过来的数据包，经过拆包将其变成客户机或服务器可以识别的数据；将 PC 设备发送的数据打包后输送至其他网络设备中。

（2）调制解调器。调制解调器实现计算机中数字信号和模拟信号的相互转化，以便在电话线路上传输。

（3）中继器。中继器把所接收到的弱信号分离，并再生放大以保持与原数据相同。

（4）集线器。集线器相当于一个"共享"中继器，不管有多少个线路在进行通信，所有的线路都共用一个带宽。它采用的是分时处理的方式。集线器的优点是当网络系统中某条线路出现故障时，不会影响其他线路正常工作。

（5）交换机。交换机的功能与集线器一致，但它的每条线路都独占一个带宽，因此交换机工作时传输数据比 HUB 更流畅。

（6）网桥。网桥是一个局域网与另一个局域网之间建立连接的桥梁。网桥的作用是在各种传输介质中转发数据信号，扩展网络的距离，同时又有选择地将有地址的信号从一个传输介质发送到另一个传输介质，并能有效地限制两个介质系统中无关紧要的通信。

（7）路由器。路由器在网络中处于至关重要的位置。路由器用于连接多个逻辑上分开的网络，具有转发报文和路由选择两大功能，能在异种网络互联环境中建立灵活的连接，可用完全不同的数据分组和介质访问方法连接各种子网。

（8）网关。在互联网中，当连接不同类型而协议差别又较大的网络时，要选用网关设备。网关将协议进行转换，将数据重新分组，以便在两个不同类型的网络系统之间进行通信。

14.1.2　互联网的分类

可以从不同角度对互连的计算机网络进行分类。

1. 按照网络的拓扑结构分类

按照网络的拓扑结构可以将网络分为星型、树型、网状结构、总线结构、环型、复合结构等，如图 14-1 所示。

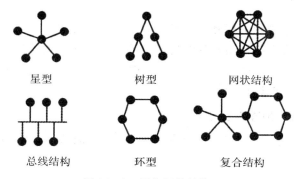

图 14-1　网络拓扑结构

1）星型

星型网也称辐射网，它将一个节点作为辐射点，该辐射点与其他节点均有线路相连，但其他节点间却没有连接，每一个终端均通过单一的传输链路与非辐射节点相连。星型网的辐射点就是转接交换中心，其余节点间的相互通信都要经过转接交换中心，因而该交换中心的交换能力和可靠性会影响网内的所有用户。星型网络结构的特点是：网络结构简单，很容易在网络中增加或删除节点，易实现网络监控，便于管理，网络延时较短，误码率较低，数据的安全性和优先级容易控制，但中心节点的故障会引起整个网络瘫痪。

2）树型

树型网可以看成是星型拓扑结构的扩展。在树型网中，节点按层次进行连接，信息交换主要在上、下节点之间进行。树型网这种分层结构使它适用于分级控制的系统，如用户接入网或用户线路网，以及数字同步网中主从结构的同步时钟分配网。

3）网状结构

网状结构内任何两个节点之间均有直达线路连接。网内节点数 N 与传输链路数 M 的关系为 $M=N(N-1)/2$，可见节点数越多，传输链路也就越多。因此这种网络结构的冗余度较大，安全性较高，但线路利用率不高，经济性较差，适用于局间业务量较大或分局量较少的情况。

4）总线结构

总线结构用一条通信总线把各节点串联起来，其中没有其他的连接设备，网络中所有的节点共享一条数据通道。总线结构网络安装简单方便，需要铺设的电缆最短，成本低，某个节点的故障一般不会影响整个网络。但介质的故障会导致网络瘫痪，总线结构安全性低，监控比较困难，增加新站点也不如星结构网容易。

5）环型

环型网由三个以上的节点以闭合环路的形式组成，信息依次通过节点，每个节点是否接收环型线缆中传递的信息取决于信息的目标地址。环型网的特点是结构简单，实现容易，而且因为可以采用自愈环对网络进行自动保护，所以其安全性比较高。但环型网的网络建成后，难以增加新的节点。

6）复合结构

复合型网由网状结构和星型复合而成。星型网较适合作连接用户的用户线路网，在业务量较大的转接交换中心区采用网状结构，可以使整个网络比较经济且稳定性较好。复合结构具有网状结构和星型网的优点，是通信网中经常采用的网络结构，但网络设计应以交换设备和传输链路的总费用最小为原则。

2. 按照网络覆盖的地理范围分类

按照网络覆盖的地理范围可以将网络分为个人网、局域网、城域网、广域网四种类型。

1）个人网

个人局域网的覆盖范围为 10 m 左右，由于距离有限，通常用无线技术取代实体传输线，使不同的系统能够近距离进行资料同步或连线。个人网的信息传输率最高，可达 1 Mb/s～10 Gb/s。

2）局域网

与个人局域网相比，局域网覆盖一幢楼或者一个小区，分布范围为 100～1000 m。局域网通常采用有线的方式连接。

3）城域网

城域网是一种可涵盖城市或郊区等较大地理区域的通信网络，分布范围为 1～100 km。城域网的信息传输率为 50 Kb/s～100 Mb/s。

4）广域网

广域网覆盖一个地理区域或一个国家，甚至全球范围。广域网的典型代表是因特网。广域网的信息传输率较低，为 9.6 Kb/s～155 Mb/s。

14.2 互联网协议

正如人们交谈时需要使用相同的语言一样，计算机与计算机之间的通信也需要使用一个共同遵守的规则和约定，称之为网络协议。它定义了设备间通信的标准，是一系列规则和约定的规范性描述，由它解释、协调和管理计算机之间的通信和相互间的操作。

一个网络有一系列的协议，每一个协议都规定了一个特定任务的操作。常见协议有 X.25、TCP/IP、PPP、SLIP、Frame Relay 等。因此，网络协议是一整套庞大且复杂的体系，为了方便描述、设计和实现，对协议采用分层结构，而相邻层间的界面则称为接口。分层的基本原则是，定义每一层向上一层提供服务，以保证每一层的功能相互独立，但不规定如何完成这些服务，这可为服务方法提供充分的灵活性。这种分层结构就称为网络体系结构。

14.2.1 网络的体系结构

1978 年，国际标准化组织 ISO 推出基于分层概念的网络协议模型，称为开放系统互联参考模型 OSI/RM（Open System Interconnection/Reference Mode）。模型分为七层，各层功能如下。

1. 物理层

物理层是 OSI 模型的最底层或第一层，定义信号格式、接口、线缆标准、传输距离等。物理层规范两个端点间二进制码流的传送，设定数据传输速率，提供建立、保持和释放物理连接的功能。

常用的物理传输介质有双绞线、同轴线、光缆、无线电等。物理层只是提供数据的发送和接收服务，不提供数据纠错服务，但能够监测数据出错。

2. 数据链路层

由于外界存在噪声与干扰，物理线路信号易受损坏而出差错，数据链路层就要保障物理层提供数据能正确传送。例如，数据链路层要将数据划分帧结构，进行差错控制编码，并进行流量控制等。

3. 网络层

网络层的主要任务是建立两个端系统，如两台计算机之间的联系，包括寻址、执行路由选择算法、选择最适当的路径（包括选择中继、激活和终止网络连接，以及数据的分段与合段、差错检测和恢复、排序、流量和拥塞控制等）。网络层是 OSI 参考模型中功能最复杂的一层。

4. 传输层

传输层主要解决主机到主机的数据匹配问题，它对高层屏蔽了下层数据通信的细节，可无视前三层的存在，认为是传输层在直接进行端到端的数据传输。当两个端点数据速率不一样时，传输层要为速率高的一方安排多条路径；当两个端是跨网通信，且协议不同时，传输层要完成协议转换等。传输层不涉及物理硬件，只通过协议来实现两个端系统之间的数据匹配传输。

5. 会话层

会话层的主要作用是协调两端用户（通信进程）之间及时沟通交换信息的功能，以处理在通信进程中发生的情况。例如，确定数据交换操作方式（全双工、半双工或单工），当一方传输中断时，确定故障中断后对话从何处开始恢复等。

6. 表示层

表示层主要解决不同开放实体系统互连时的信息表示问题，并描述对等实体共享的数据。在表示层，数据可按照网络能理解的格式进行转化，这种格式转化根据所使用网络类型的不同而不同。表示层还管理数据的解密与加密。除此之外，表示层协议还对图片和文件格式信息进行解码和编码。

7. 应用层

应用层是规范一个开放网络的应用环境接口，包括文件传输、访问、文件管理、电子邮件、信息目录服务和远程操作等。

如图 14 - 2 所示（图中虚线表示协议链接，实线表示物理连接），当网络计算机用户需要发送数据时，首先将这组数据送给应用层实体。应用层在数据上加上一个控制头，控制头中包括应用层同层协议所需的控制信息，然后应用层将控制头和数据一起送往表示层。表示层将控制头和数据一起看作是上一层的数据单元，然后加上本层的控制头，再交给会话层，以此类推。当数据到了第二层（数据链路层）后，控制信息会分成两部分，分别加到上层数据单元的头部和尾部，形成本层的数据单元，再将其送往物理层，物理层将数据转换成比特流传送，不再增加控制信息。

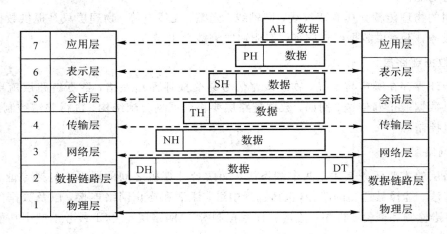

图 14 - 2   OSI/RM 体系结构

当这串比特流经通信网的物理介质传送到目的站时，就从物理层依次上升到应用层。每一层先将控制信息剥去，再将剩下的数据部分上交给更高的一层，最后把发送端发送的数据交到接收端。

在协议术语中，从上层接收到的数据体称为服务数据单元（Service Data Unit，SDU），加上本层字头后变成本层的协议数据单元（Protocol Data Unit，PDU）。在不同的协议栈和不同的协议层中，协议数据单元被赋予不同的名称，如帧、分组、段、报文等。

14.2.2　因特网协议

因特网采用的是传输控制/网际协议（Transfer Control Protocol/Internet Protocol，TCP/IP）。TCP/IP 协议是 20 世纪 70 年代中期美国国防部为 ARPANET 广域网开发的网络体系结构和协议标准，因为以它为基础组建的 Internet 是目前国际上规模最大的计算机网络，所以 TCP/IP 成了事实上的国际标准和工业标准。

TCP/IP 协议是唯一的一个异种网通信协议体系，它适用于连接多种机型，既可用于局域网，也可用于广域网，许多厂商的计算机操作系统和网络操作系统产品都采用或支持TCP/IP 协议。

TCP/IP 协议在硬件基础上分为四个层次，自下而上依次是：网络接口层、网际层、传输层和应用层。它与 OSI 参考模型有着很大的区别，表 14 - 1 所示为 TCP/IP 与 OSI 的对应关系。

TCP/IP 不是单一协议，而是一组用于计算机通信的协议族，其中 TCP 和 IP 是两个最重要的协议。

表 14 - 1　OSI 与 TCP/IP 的对应关系

OSI 结构	TCP/IP 结构	协 议
应用层	应用层	DNS、SMTP、FTP、TFTP、TELNET
表示层		
会话层		
传输层	传输层	TCP、UDP
网络层	网际层	IP、ICMP、ARP、RARP
数据链路层	网络接口层	Ethernet、Tokening Ring、ATM、FDDI
物理层		

TCP/IP 协议各层功能如下：

1. 网络接口层

网络接口层是 TCP/IP 与各种网络的接口，与 OSI 数据链路层和物理层相当，是最底层的网际协议软件。它负责接收数据，并把数据发送到指定网络上。实际上 TCP/IP 自身的体系结构中并没有这一部分的具体内容，只是规定主机必须使用何种已存在的协议与网络连接。

2. 网际层

网际层又称网间网层，与 OSI 网络层相当，是整个 TCP/IP 体系结构的关键部分，它解决两个不同计算机之间的通信问题。其功能包括三方面：其一，处理来自传输层的分组发送请求，收到请求后，首先将分组装入 IP 数据报，填充报头，选择去往信宿机的路径，然后将数据报发往适当的网络接口。其二，处理输入数据报。首先检查其合法性，然后进行寻径。若该数据报已到达信宿机，则去掉报头，将剩下的部分交给适当的传输协议；若该数据报尚未到达信宿机，则转发该数据报。其三，处理路径、流控、拥塞等问题。该层包含以下四个重要的协议：

1）网际协议（Internet Protocol，IP）

网际协议是 TCP/IP 协议组中最重要的一个协议，其主要功能包括 IP 数据报传送、IP 数据报的路由选择以及差错处理等三部分。

网络系统把数据分成小块单独发送，各个小块都到达目的地后再进行拼装，这种小块就称为"包"；人们通常用"帧"来定义特定网络类型中的包，帧是网络上数据传输的基本单位。在 Internet 中传输数据的基本单元是数据报，这是一种特殊的"包"类型。数据报沿着从源地址到目的地址的一条路径通过 Internet，中间通过若干个路由器。为了方便、高效地进行数据转发或路由选择，在每个路由器中都建有一个路由选择表。

2）互联网控制报文协议（Internet Control Message Protocol，ICMP）

IP 协议控制的传输中有可能出现种种差错和故障，如线路不通、主机断链、主机或路由器发生拥塞等。ICMP 则专门用来处理差错报告和控制，它由出错设备向源设备发送出错信息或控制信息，源设备接收到该信息后，由 ICMP 软件确定错误类型或决定重发数据的策略。

3）地址转换协议（Address Resolution Protocol，ARP）

网络中的节点通过 MAC 地址来确保自己的唯一性，但 IP 协议控制的传输是以 IP 地址表示结点的，ARP 的任务就是查找与给定 IP 地址相对应的主机的网络物理地址。

4）反向地址转换协议（Reverse Address Resolution Protocol，RARP）

反向地址转换协议主要解决网络物理地址 MAC 到 IP 地址的转换。

3. 传输层

位于网际层之上的一层通常被称为传输层，与 OSI 传输层相当，它的作用是使两端用户间进行会话，其功能包括格式化信息流、提供可靠传输。传送层有以下两个协议：

1）传输控制协议（Transmission Control Protocol，TCP）

传输控制协议是面向连接的子协议，提供可靠的数据传输服务。TCP 协议位于 IP 子协议的上层，通过各种方法弥补 IP 协议可靠性的缺陷。如果一个应用程序只依靠 IP 协议发送数据，IP 协议将杂乱地发送数据，例如，不检测目标结点是否脱机，或数据是否在发送过程中已被破坏。为保证数据可靠，协议规定接收端必须发回确认，假如分组丢失，必须重新发送。

2）用户数据报协议（User Datagram Protocol，UDP）

不同于 TCP 协议，UDP 是一种无连接的传输服务，该协议只负责向网络中发送数据包，而不保证数据包的接收。然而通过 Internet 进行实况录音或电视转播，要求迅速发送数据时，UDP 的不精确性使得它比 TCP 协议更有效。

4. 应用层

应用层协议与 OSI 参考模型的会话层、表示层和应用层对应，它们之间没有严格的层次划分。应用层的主要作用是向用户提供一组常用的应用程序，如电子邮件、文件传输访问、远程登录等。这一层常用的协议功能如下：

（1）Telnet 协议：提供远程登录（终端仿真）服务。

（2）SMTP 协议：电子邮件协议。

（3）FTP 协议：提供应用级的文件传输服务，简单地说就是远程文件访问等服务。

（4）TFTP 协议：提供小而简单的文件传输服务，实际上从某个角度来说是对 FTP 的一种替换（在文件特别小并且仅有传输需求时）。

（5）SNMP 协议：简单网络管理协议。

（6）DNS 协议：域名解析服务，也就是如何将域名映射成 IP 地址的协议。

（7）HTTP 协议：超文本传输协议，提供网上的图片、动画、音频等服务。

14.3 互联网应用

Internet 是迄今为止覆盖全球最庞大的一种互联网，要实现数以亿计设备间的通信，需要解决设备的标识和服务的分类。

14.3.1　Internet 地址

Internet 上进行信息交换的终端都要有唯一可标识的地址，就像人类社会，每个人都有唯一的身份证号码一样，所有连接到因特网上的每台计算机都必须要有自己的地址。地址的表示方式有两种：IP 地址和域名地址。

1. IP 地址

1）IP 地址的功能

IP 地址用来标识连入因特网上的每台主机，它是每台主机唯一的标识。网络中的每个结点(计算机或者网络设备)必须有一个唯一的称之为地址的标识号。网络可以识别两类地址：逻辑地址和物理(或 MAC)地址。MAC 地址被嵌入进一个设备的网卡中，是不可变更的。但逻辑地址依赖于协议标准所制定的规则。在 TCP/IP 协议中，IP 协议是负责逻辑编址的核心。因此，TCP/IP 网络中的逻辑地址有时也称为"IP 地址"，IP 地址依据特定的参数进行分配和使用。

在 IPv4 中，一个 IP 地址由 32 个二进制比特数字组成，通常被分割为 4 段，每段 8 比特，并用点分十进制表示。每个十进制数对应 8 位二进制数，所以对应的十进制数的取值范围从理论上说是 0～255(二进制数 0000 0000～1111 1111)。

IP 地址由两部分组成，即网络号(Network ID)和主机号(Host ID)。网络号标识的是 Internet 上的一个网络，而主机号标识的是该网络中的某台主机。

常用的 IP 地址又分为 A、B、C 三类：

A 类 IP 地址：用第一个字节来标识网络号，后三个字节标识主机号。该类 IP 地址二进制数的最前面一位为 0，即 A 类地址网络号十进制数的取值为 1～126。A 类地址通常为大型网络而提供，全世界总共只有 126 个 A 类网络，每个 A 类网络最多可以连接 16 777 214 台主机。网络号为 0 和 127 的网络为特殊网络地址。

B 类 IP 地址：用前两个字节来标识网络号，后两个字节标识主机号。该类 IP 地址最前面的两位是 10。B 类地址网络号第一段的取值为 128～191，适用于中等规模的网络，全世界大约有 16 000 个 B 类网络，每个 B 类网络最多可以连接 65 534 台主机。

C 类 IP 地址：用前三个字节来标识网络号，最后一个字节标识主机号，前面三位是 110。C 类地址网络号第一段的取值为 192～223。C 类地址适用于小型网络，每个 C 类网络最多可以连接 254 台主机。表 14-2 所示为在各类网络中有效主机 IP 地址的范围。

表 14-2　IP 地址分类类型

类型	最低地址	最高地址	保留地址
A	1.0.0.0	126.0.0.0	10.0.0.0
B	128.0.0.0	191.255.0.0	172.16.0.0 到 172.31.0.0
C	192.0.0.0	223.255.255.0	192.168.0.0 到 192.168.255.0

2）地址识别——掩码

由于在 Internet 中每台主机的 IP 地址包含网络地址和主机地址两部分，为了使计算机能自动地从 IP 地址中分离出相应的部分，以识别接入网络上的每台主机，需要专门定义一个网络掩码，也称子网掩码。通过掩码和 IP 地址进行逻辑运算就可以对 IP 地址进行分离和识别。

A 类、B 类和 C 类 IP 地址的默认子网掩码如表 14-3 所示。

表 14-3　A 类、B 类、C 类 IP 地址的默认子网掩码

类型	默认子网掩码
A	255.0.0.0
B	255.255.0.0
C	255.255.255.0

2. 特殊 IP 地址

并不是所有的 IP 地址都能分配给主机，有些 IP 地址具有特定的含义，因而不能分配给主机。

1）回送地址

回送地址指前 8 位为 01111111（十进制的 127）的 IP 地址，这个地址用于网络软件测试以及本机进程间通信。无论什么程序，如果它向回送地址发送数据，TCP/IP 协议软件立即将数据返回，不做任何网络传输。这个规定使得 IP 地址"127.0.0.0"不能分配给网络。

2）子网地址

末位机地址为 0 的 IP 地址为子网地址，代表当前所在的子网。例如，当提到网络 150.24.0.0 时，指的是整个子网，150.24.0.0 这个地址就不会分配给网络中的任何一台主机。

3）广播地址

地址全为 1 的 IP 地址为广播地址，向广播地址发送信息就是向子网中的每个成员发送信息。例如，在 A 类网络"16.0.0.0"中向地址 16.255.255.255 发出一条信息时，网络中的每台计算机都将接收到该信息。另外，如果需要在本网内广播，但又不知道子网地址，可以用地址 255.255.255.255 代替本网广播地址。

3. 域名地址

在 Internet 上，为了避免记忆数字表示的一长串 IP 地址，便引入了域名的概念。通过为主机起一个具有一定含义又便于记忆的名字（域名），就可以避开难以记忆的 IP 地址。域名和 IP 地址的关系就像是一个人的姓名和其身份证号码之间的关系，显然，记忆一个人的姓名要比记身份证号码容易得多。

域名常采用层次化的结构，每一层构成一个子域名，子域名间用圆点分隔。书写域名时，将最底层域名写在左边，最高层域名写在最右边。域名常见格式为：主机名.机构名.二级域名.顶级域名。例如,常熟理工学院的域名为:www. cslg. edu. cn(域名不区分大小写)。

域名由 INTERNIC(Internet Network Information Center)统一管理,表 14-4 所示为部分该机构所选的顶级域名。

表 14-4　顶级域名及其含义

域名	含义
COM	企业、商业组织
EDU	教育机构
GOV	政府机关
INT	国际组织
MIL	军队
NET	网络支持中心
ORG	其他组织机构

4. IP 地址和域名的关系

IP 地址和域名的关系如下:

(1) IP 地址是 Internet 上唯一可以直接使用的地址,网间计算机通信全部使用 IP 地址。

(2) 使用域名解决了记忆的难题,但是计算机并不认识域名,这就需要专门的 DNS 服务器来完成域名到 IP 地址的翻译。普通情况下,1 个 IP 地址可以对应多个域名,而 1 个域名只对应 1 个 IP 地址。

5. Internet 管理机构

Internet 的发展和正常运转需要一些管理机构的管理,如 IP 地址的分配需要有 IP 地址资源的管理机构,各种标准的形成需要有专门的技术管理机构。

1) Internet 管理机构

Internet 工作委员会(Internet Activities Board,IAB)成立于 1980 年,属于非营利机构,负责技术方针和策略的拟定,以及管理工作的导引协调。例如,有关 TCP/IP 的发展,决定哪些协议能成为 TCP/IP 的一员、在何时可以成为标准,以及因特网的演进、网络系统与通信技术的研发等工作。在 IAB 下,有研究小组及工作小组两个主要单位,并有一些小型指导群,共同进行设定标准及决定策略的工作。

2) Internet 域名与地址管理机构

Internet 域名与地址管理机构(ICANN)是为承担域名系统管理、IP 地址分配、协议参数配置以及主服务器系统管理等职能而设立的非营利机构,现由 IANA 和其他实体与美国政府约定进行管理。ICANN 理事会是 ICANN 的核心权力机构,共由 19 位董事组成。根据章程规定，ICANN 设立了地址支持组织、域名支持组织和协议支持组织，从 3 个不同的方面对 Internet 政策和构造进行协助、检查及建议。这些支持组织的工作促进了 Internet 政策的发展，并且在 Internet 技术管理上鼓励多样化和国际参与。

3）IP 地址管理机构

全世界国际性的 IP 地址管理机构有 4 个，即 ARIN、RIPE、APNIC 和 LACNIC，它们负责 IP 地址的地理区域如表 14-5 所示。

表 14-5　IP 地址管理机构覆盖范围表

	APNIC	RIPE	ARIN	LACNIC
覆盖范围	东亚、南亚、大洋洲 IP 地址注册信息	欧洲、北非、西亚地区 IP 地址注册信息	全世界早期网络及现在的美国、加拿大、撒哈拉沙漠以南非洲 IP 地址注册信息	拉丁美洲及加勒比海诸岛 IP 地址注册信息

其中，美国 Internet 号码注册中心 ARIN 提供的查询内容包括了全世界早期网络及现在的美国、加拿大、撒哈拉沙漠以南非洲 IP 地址注册信息；欧洲 IP 地址注册中心 RIPE 包括了欧洲、北非、西亚地区 IP 地址注册信息；亚太地区网络信息中心 APNIC 包括了东亚、南亚、大洋洲 IP 地址注册信息；拉丁美洲及加勒比互联网络信息中心 LACNIC 包括了拉丁美洲及加勒比海诸岛 IP 地址注册信息。

中国的 IP 地址管理机构称为中国互联网络信息中心（China Internet Network Information Center，CINNIC）。它成立于 1997 年 6 月，是非营利管理与服务机构，行使国家互联网络信息中心的职责。中国科学院计算机网络信息中心承担 CINNIC 的运行和管理工作。它的主要职责包括域名注册管理，IP 地址、AS 号分配与管理，以及目录数据库服务、互联网寻址技术研发、互联网调查与相关信息服务、国际交流与政策调研，承担中国互联网协会政策与资源工作委员会秘书处的工作。

14.3.2　Internet 服务

随着 Internet 的高速发展，目前 Internet 上的各种服务已多达几万种，其中 Internet 基本服务主要有以下几种：万维网（World Wide Web，WWW）、域名系统 DNS、电子邮件 E-mail、文件传输 FTP 等；此外，还有远程登录 Telnet、新闻小组 Usenet、电子公告栏 BBS、网络会议、IP 电话、电子商务等应用。

1. 万维网服务

1）万维网概述

万维网是一种基于超文本（Hypertext）方式的图形用户界面信息查询的 Internet 服务，它是目前 Internet 上最方便、最受用户欢迎的信息服务类型，其影响力已远远超出了计算机领域，进入了广告、新闻、销售、电子商务与信息服务等各个行业。Internet 的很多其他功能，如 E-mail、FTP、Usenet、BBS 等，都可通过 WWW 方便地实现。万维网的出现使

Internet 从仅有少数计算机专家使用变为普通大众也能利用的信息资源，它是 Internet 发展中一个非常重要的里程碑。

万维网由三部分组成：浏览器（Browser）、Web 服务器（Web Server）和超文本传送协议（Hyper Text Transfer Protocol，HTTP Protocol）。浏览器向 Web 服务器发出请求，Web 服务器向浏览器返回其所需的超文本文件，然后浏览器解释该文件并按照超文本标注语言（Hyper Text Markup Language，HTML）格式将其显示在屏幕上。超文本文件不仅含有文本和图像，还含有作为超链接的词、词组、句子、图像和图标等。这些超链接通过颜色和字体的改变与普通文本区别开来，它含有指向其他 Internet 信息的 URL（Uniform Resource Locators）地址。将鼠标移到超链接上点击，Web 就根据超链接所指向的 URL 地址跳到不同站点、不同文件，链接同样可以指向声音、影像等多媒体，超文本与多媒体一起构成了超媒体（Hypermedia），因而万维网是一个分布式的超媒体系统。

2）统一资源定位符（URL）

URL 是在一个计算机网络中用来标识、定位某个主页地址的文本。它描述了浏览器检索资源所用的协议、资源所在计算机的主机名，以及资源的路径与文件名。Web 中的每一页以及每页中的每个元素——图形、热字或是帧，也都有自己唯一的地址。

标准的 URL 如下：

　　　　http://www.cslg.edu.cn/index.html

这个例子表示：用户采用 http 方式，连接到名为 www.cslg.edu.cn 的主机上，读取名为 index.html 的超文本文件。

Internet 采用超文本和超媒体的信息组织方式，将信息的链接扩展到整个 Internet 上。目前，用户利用万维网不仅能访问 Web 服务器的信息，而且可以访问 Gopher、WAIS、FTP、E-mail 等服务。因此，万维网已经成为 Internet 上应用最广和最有前途的访问服务，在商业领域发挥着越来越重要的作用。

3）超文本传输协议（HTTP）

HTTP 是 Web 客户机与 Web 服务器之间的应用层传输协议。HTTP 是用于分布式协作超文本信息系统的、通用的、面向对象的协议，它可以用于域名服务或分布式面向对象系统。HTTP 协议是基于 TCP/IP 之上的协议。HTTP 会话过程包括以下四个步骤：连接（Connection）、请求（Request）、应答（Response）、关闭（Close）。当用户通过 URL 请求一个 Web 页面时，在域名服务器的帮助下获得要访问主机的 IP 地址，浏览器与 Web 服务器建立 TCP 连接，使用默认端口 80。

2. 域名系统服务

IP 地址是访问 Internet 网络上某一主机所必需的标识，它是用点分隔的 4 个十进制数。例如，204.71.200.68 代表 Yahoo 的 WWW 服务器，但是枯燥的数字是很难记忆的，因此需要使用容易记忆的名字代表主机域名（Domain Name）。例如，www.Yahoo.com 代表搜索引擎 Yahoo 上的 WWW 服务器的名字。Internet 使用域名系统 DNS（Domain Name System）进行主机名字与 IP 地址之间的转换。

如果要为 IP 地址取得英文名字，可以通过层次命名系统来实现，层次命名法亦称组织分层，组织分层的指导思想是：首先将 Internet 网络上的站点按其所属机构的性质，分为第一级域名，如表 14-4 所示。

在第一级域名的基础上，再依据该机构本身的名字(如美国雅虎公司，则用其公司缩写 yahoo)形成第二级域名。

第三级域名通常是该站点内某台主机或子域的名字，至于是否还需要有第四级，甚至第五级域名，则视具体情况而定。

一个站点的第一级、第二级域名是 Internet 域名管理机构提供的。如同 IP 地址一样，在 Internet 网上，域也必须是唯一的。一个 Internet 上的站点从 Internet 管理机构获得第一级、第二级域名之后，至于如何定义其站点内每台主机的第三级、第四级甚至第五级的域名，则由该站点自己决定。若某主机域名共有三级，则其排列如下：

第三级域名.第二级域名.第一级域名

例如，www.yahoo.com 表示雅虎公司的 WWW 服务器，也就是说域名的排列是按级别从左至右排列的。

当用户在使用域名而不是直接使用 IP 地址请求 WWW 等服务时，就需要先将域名转换为 IP 地址，在 TCP/IP 体系中有以下两种实现转换的方法：

(1) 对于小网络，可使用 TCP/IP 体系提供的 hosts 文件，实现从域名到 IP 地址的转换，hosts 文件上有许多域名到 IP 地址的映射供主叫主机使用。

(2) 对于大网络，则在网络中设置装有域名系统的域名服务器 DNS，主叫主机中的名字转换软件 resolver 自动找到网上的域名服务器 DNS，利用 DNS 上的 IP 地址映射表实现转换。

3. 电子邮件(E-mail)服务

电子邮件是一种通过 Internet 与其他用户进行快速、简便、廉价的现代化通信服务。电子邮件服务建立在 TCP/IP 的基础上，将数据在 Internet 上从一台计算机传送到另一台计算机。它可将文字、图像、语音等多种类型的信息集成在一个邮件中传送，因此它已经成为多媒体信息传送的重要手段。

一个电子邮件系统主要由用户代理、邮件服务器和电子邮件使用的协议三部分组成，如图 14-3 所示。

图 14-3　电子邮件客户机/服务器模型

用户代理是用户和电子邮件系统的接口，也叫邮件客户端软件，用户可通过一个接口来发送和接收邮件。如 UNIX 平台上的 Mail、Netscape Navigator，Windows 平台上的 Outlook Express、Foxmail 等。用户代理应具有编辑、发送、接收、阅读、打印、删除邮件的功能。

邮件服务器是电子邮件系统的核心构件,其功能是发送和接收邮件,还要向发信人报告邮件传送的情况。邮件服务器需要使用两个不同的协议:SMTP 协议用于发送邮件,POP3 协议用于接收邮件。SMTP 协议可以保证不同类型的计算机之间电子邮件的传送。SMTP 采用客户机/服务器结构,通过建立 SMTP 客户机与远程主机上 SMTP 服务器间的连接来传送电子邮件。POP3 协议用于从客户端邮件服务器取回电子邮件。当报文在 Internet 中传输时,各个主机使用标准 TCP/IP 邮件协议,但当报文从邮件服务器发往用户的 PC 机时,使用的是 POP 协议。基于 POP 的用户代理具有如下优点:

首先,邮件被直接发送到用户的计算机上,可以少占服务器的磁盘空间。

其次,用户可以完全控制自己的电子邮件,可以把邮件作为一般文件进行存储。

第三,可以利用用户计算机的特点,使用图形界面收发邮件软件,操作方便。

由于电子邮件采用存储转发的方式,因此用户可以不受时间、地点的限制来收发邮件。

4. 文件传输(FTP)服务

1)文件传输协议

一般而言,用户上 Internet 的首要目的是实现信息共享,文件传输是信息共享非常重要的内容之一。早期,在 Internet 上实现文件传输是很困难的。由于 Internet 是一个非常复杂的计算机环境,有 PC、工作站、大型机等。据统计,连接在 Internet 上的计算机已有上亿台,而这些计算机运行着不同的操作系统,如 UNIX、Windows、MacOS 等,且各种操作系统支持的文件结构又各不相同,要解决这种异种机和异种操作系统之间的文件传输问题,需要建立一个统一的文件传输协议,这就是 FTP 协议。基于不同的操作系统的应用程序都遵守 FTP 协议,这样用户就可以把自己的文件传送给别人,或者从其他用户环境中获得文件。

FTP 服务基于 TCP 的连接,端口号为 21,可实现两台远程计算机之间的文件传输。FTP 服务的优势如下:

首先,Internet 中无论两台计算机在地理位置上相距多远,只要它们都支持 FTP 协议,它们之间就可以随时相互传送文件,这可以节省实时联机的通信费用。

其次,Internet 上的许多公司、大学的主机中含有数量众多的公开发行的各种程序与文件,这是巨大和宝贵的信息资源,利用 FTP 服务,就可以方便地访问这些信息资源。

最后,采用 FTP 传输文件时,不需要对文件进行复杂的转换,具有较高的效率。

Internet 与 FTP 的结合,等于使每个联网的计算机都拥有了一个容量巨大的备份文件库。

2)FTP 文件传输功能和方式

FTP 可以实现文件传输的两种功能:第一,下载服务,即从远程主机向本地主机复制文件;第二,上传服务,即从本地主机向远程主机复制文件。

在进行文件传送服务时,首先要登录到对方的计算机上,登录后只可以进行与文件查询、文件传输相关的操作。

使用 FTP 可以传输多种类型的文件,如文本文件、二进制可执行程序、声音文件、图像文件与数据压缩文件等。

尽管计算机厂商采用了多种形式存储文件，但文件传输只有两种模式：文本模式和二进制模式。文本传输使用 ASCII 字符，并由回车键和换行符分开，而二进制不用转换或格式化就可传字符。因此，二进制模式比文本模式的速度更快，并且可以传输所有 ASCII 值，所以系统管理员一般将 FTP 设置成二进制模式。应注意在用 FTP 传输文件前，必须确保使用正确的传输模式，按文本模式传送二进制文件将导致传送错误。

为了减少存储与传输的代价，通常大型文件（如大型数据库文件、讨论组文档）都是按压缩格式保存的。由于压缩文件也是按二进制模式来传送的，因此接收方需要根据文件的后缀来判断它是用哪一种压缩程序进行压缩的，那么解压缩文件时就应选择相应的解压缩程序进行解压缩。

3）FTP 使用

使用 FTP 的条件是用户计算机和向用户提供 Internet 服务的计算机能够支持 FTP 命令。UNIX 系统与其他的支持 TCP/IP 协议的软件都包含有 FTP 实用程序。FTP 服务的使用方法很简单，启动 FTP 客户端程序，与远程主机建立链接，然后向远程主机发出传输命令，远程主机在接收到命令后，就会返回响应，并完成文件的传输。

FTP 提供的命令十分丰富，涉及文件传输、文件管理目录管理与连接管理等方面。根据所使用的用户账户不同，可将 FTP 服务分为以下两类：普通 FTP 服务和匿名 FTP 服务。

在使用普通 FTP 服务时，为了实现 FTP 连接，首先要给出目的计算机的名称或 IP 地址，当连接上目的计算机后，要进行登录，在检验用户 ID 和口令正确后连接才得以建立。因此用户需要在目的计算机上建立一个账户。对于同一目录或文件，不同的用户拥有不同的权限，所以在使用 FTP 的过程中，如果发现不能下载或上传某些文件，通常是因为用户的权限不够。但许多 FTP 服务器允许用户匿名登录，用户 ID 是 anonymous，口令一般为用户自己的电子邮件地址。若通过浏览器访问 FTP 服务器，则无须登录就可访问到提供给匿名用户的目录和文件。

14.3.3 Internet 接入

1. 主要接入技术

用户为了能够使用 Internet 上的信息，首先要使自己的计算机接入 Internet 骨干网，Internet 骨干网是国家批准的可以直接和国外连接的城市级高速互联网，它由所有用户共享，负责传输大范围（在城市之间和国家之间）的骨干数据流。骨干网基于光纤，通常采用高速传输网络传输数据和高速包交换设备提供网络路由。

建设、维护和运营骨干网的公司称为 Internet 供应商（Internet Service Provider，ISP），依服务的侧重点不同，ISP 可分为两种：Internet 接入提供商（Internet Access Provider，IAP）和 Internet 内容提供商（Internet Content Provider，ICP）。在我国，IAP 有电信、移动、联通、广电等，ICP 有百度、网易、腾讯等。

Internet 接入技术就是指用户接入 Internet 骨干网所采用的技术和接入方法，是网络中技术最复杂、实施最困难、影响面最广的一部分。表 14-6 列出了目前常用的接入技术。

表 14－6　目前常用的 Internet 接入技术

Internet 接入技术	客户端所需设备	主要传输媒介	传输速率/bps	特　　点
以太网接入	以太网卡、交换机	五类、超五类双绞线	10M、100M、1000M、1G、10G	结构简单，稳定性高，可扩充性好。成本适当，速度快，技术成熟。不能利用现有电信线路，需要重新铺设
ADSL接入	ADSL 调制解调器、路由器、集线器、网卡	电话线	上行 1M 下行 8M	利用现有电话线路，安装方便，操作简单。传输距离近，对线路质量要求高
HFC接入	调制解调器、机顶盒	同轴电缆	上行 320k～10M 下行 27M 和 36M	利用现有有线电视网，安装方便。由于信道带宽由整个社区用户共享，用户上网高峰时段，带宽拥挤。有安全隐患，易被窃听
光纤 FTTx 接入	调制解调器、光分配单元、交换机	光纤	10M、100M、1000M、1G	带宽大，速度快，通信质量高。网络升级性能好，用户接入简单。投资成本高，无源光节点损耗大

从表 14－6 可知，Internet 接入的方法有多种，各有优缺点。随着国家基础建设的不断完善，我国正从拨号上网为主转向以光纤入户上网为主。此外，智能手机的普及，通过无线接入互联网也正成为一种主流方式。

2. 网络故障的简单诊断命令

1）IPconfig 命令

IPconfig 命令主要用于查看本机网络配置信息，部分功能如下：

（1）IPconfig /a 显示所有参数。

（2）IPconfig /all 显示所有网络配置情况。

（3）IPconfig /renew 重新向 DHCP 服务器申请 IP 地址。

（4）IPconfig /release 释放本机 IP 地址。

（5）IPconfig 显示 IP 地址和子网掩码、默认网关。

2）Ping 命令

Ping 命令主要用于检查两个网络设备之间的线路是否畅通以及通信是否稳定，也可以用于自检（依赖目标主机软件环境），部分功能如下：

（1）Ping -t 校验与指定计算机的连接，直到用户中断，用于检查通信质量。

（2）Ping -a 将地址解析为计算机名。

（3）Ping -w 指定超时间隔，单位为 ms。

3）Nslookup 命令

Nslookup 命令主要用于检查域名和 IP 地址之间的对应关系。

在计算机上输入代码：Nslookup www.cslg.edu.cn，点击回车键后，可看到如下结果：

Server： ns2.ctcdma.com
Address： 218.4.4.4
Name： nginx-ext.cslg.edu.cn
Addresses：61.155.18.11

以上结果显示，正在工作的 DNS 服务器的主机名为 ns2.ctcdma.com，它的 IP 地址是 218.4.4.4，而域名 www.cslg.edu.cn 所对应的 IP 地址为 61.155.18.11。

14.4　互联网的发展

14.4.1　三网融合

三网融合是指电话网、广播电视网、互联网在向宽带通信网、数字电视网、下一代互联网演进过程中，三大网络通过技术改造，其技术功能趋于一致，业务范围趋于相同，网络互联互通、资源共享，能为用户提供语音、数据和广播电视等多种服务。三网融合并不意味着三大网络的物理合一，而主要是指高层业务应用的融合。

1. 三网融合的技术基础

1）基础数字技术

数字技术的迅速发展和全面采用，使电话、数据和图像信号都可以通过统一的编码进行传输和交换，所有业务在网络中都将成为统一的"0"或"1"的比特流。所有业务在数字网中获得的统一，使得语音、数据、声频和视频各种内容都可以通过不同的网络来传送、交换，并通过数字终端存储起来或以视觉、听觉的方式呈现在人们的面前。数字技术已经在电话网和互联网中得到了全面应用，并在广播电视网中迅速发展起来。数字技术的迅速发展和全面采用，使语音、数据和图像信号都可以通过统一的数字信号编码进行传输和交换，为各种信息的传输、交换、选路和处理奠定了基础。

2）宽带技术

宽带技术的主体就是光纤通信技术。网络融合的目的之一是通过一个网络提供统一的业务。若要提供统一业务就必须要有能够支持音视频等各种多媒体业务传送的网络平台。这些业务的特点是业务需求量大、数据量大，服务质量要求较高，因此在传输时一般都需要非常大的带宽。另外，从经济角度来讲，成本也不宜太高。这样，容量巨大且可持续发展的大容量光纤通信技术就成了传输介质的最佳选择。宽带技术特别是光通信技术的发展为传送各种业务信息提供了必要的带宽、传输质量和低成本。作为当代通信领域的支柱技术，光通信技术正以每10年增长100倍的速度发展，具有巨大容量的光纤传输是"三网"理想的传送平台和未来信息高速公路的主要物理载体。无论是电话网，还是互联网、广播电视网，大容量光纤通信技术都已经在其中得到了广泛的应用。

3）软件技术

软件技术是信息传播网络的神经系统，软件技术的发展使得三大网络及其终端都能通过软件变更，最终支持各种用户所需的特性、功能和业务。现代通信设备已成为高度智能化和软件化的产品。今天的软件技术已经具备三网业务和应用融合的实现手段。

4）IP 技术

内容数字化后，还不能直接承载在通信网络介质上，还需要通过 IP 技术在内容与传送介质之间搭起一座桥梁。IP 技术的产生，满足了在多种物理介质与多样的应用需求之间建立简单而统一的映射需求，可以顺利地对多种业务数据、多种软硬件环境、多种通信协议进行集成、综合、统一，对网络资源进行综合调度和管理，使得各种以 IP 为基础的业务都能在不同的网络上实现互通。

总之，光通信技术的发展，为综合传送各种业务信息提供了必要的带宽和传输高质量，成为三网业务的理想平台。统一的 TCP/IP 协议的普遍采用，使得各种以 IP 为基础的业务都能在不同的网上实现互通。人类首次具有统一的为三大网都能接受的通信协议，从技术上为三网融合奠定了最坚实的基础。

2. 三网融合的优势

1）降低成本

三网融合可以提升现有网络资源的使用效率，将网络从各自独立的专业网络向综合性网络转变，网络性能得以提升，资源利用水平进一步提高；有利于避免基础建设重复投入，简化网络管理，降低运营维护成本。

2）促进业务发展

三网融合是业务的整合，它不仅继承了原有的语音、数据和视频业务，而且通过网络的整合，衍生出更加丰富的增值业务类型，如图文电视、VOIP、视频邮件和网络游戏等，极大地拓展了业务提供的范围。三网融合将原先各网的单一业务转向文字、语音、数据、图像、视频等多媒体综合业务。

3）促进良性竞争、让利于民

三网融合打破了电信运营商和广电运营商在视频传输领域长期的恶性竞争状态，它不仅将现有网络资源进行有效整合，而且会形成新的服务和运营机制，并有利于信息产业结构的优化，以及政策法规的相应变革。融合以后，不仅信息传播、内容和通信服务的方式会发生变化，企业应用、个人信息消费的具体形态也将会有质的变化。通过市场良性竞争，使看电视、上网、打电话的资费不断下调，并使人与人之间的信息交流更加便捷、畅通。

实现三网融合后，每一台终端既是信息资源的享用者，也是信息资源的提供者。可以预见，今后的互联网将是一个多网合一、多业务综合的智能化平台，未来将是以互联网为主导的信息时代。

14.4.2 移动互联网

移动互联网是指移动通信终端与互联网相结合成为一体，是用户使用手机、PDA 或其他无线终端设备，通过移动网络，在移动状态下随时随地访问 Internet 以获取信息，使用商务、娱乐等各种网络服务。

通过移动互联网，人们可以使用手机、平板电脑等移动终端设备浏览新闻，还可以使用各种移动互联网应用，如在线搜索、在线聊天、移动网游、手机电视、在线阅读、网络社区、收听及下载音乐等。其中移动环境下的网页浏览、文件下载、位置服务、在线游戏、视频浏览和下载等是其主流应用。

目前，移动互联网正逐渐渗透到人们生活、工作的各个领域，微信、支付宝、定位服务等丰富多彩的移动互联网应用迅猛发展，正在深刻改变信息时代的社会生活。近几年，更是实现了 3G 经 4G 到 5G 的跨越式发展，全球覆盖的网络信号使得身处海上和沙漠中的用户仍可随时随地保持与世界的联系。

1. 移动互联网的技术

移动互联网技术总体上分成三大部分，分别是移动互联网终端技术、移动互联网通信技术和移动互联网应用技术。

1）移动互联网终端技术

移动互联网终端技术包括硬件设备的设计和智能操作系统的开发技术。无论对于智能手机还是平板电脑来说，都需要移动操作系统的支持。在移动互联网时代，用户体验已经逐渐成为终端操作系统发展的至高追求。

2）移动互联网通信技术

移动互联网通信技术包括通信标准与各种协议、移动通信网络技术和中段距离无线通信技术。在过去的十年中，全球移动通信发生了巨大的变化，移动通信特别是蜂窝网络技术的迅速发展，使用户彻底摆脱了终端设备的束缚，实现了完整的个人移动性、可靠的传输手段和接续方式。

3）移动互联网应用技术

移动互联网应用技术包括服务器端技术、浏览器技术和移动互联网安全技术。目前，支持不同平台、操作系统的移动互联网应用很多。

2. 移动互联网的应用

1）电子阅读

电子阅读是指利用移动智能终端阅读小说、电子书、报纸、期刊等的应用。电子阅读区别于传统的纸质阅读，真正实现了无纸化浏览。特别是热门的电子报纸、电子期刊、电子图书馆等功能如今已深入人们的现实生活中，同过去的阅读方式有了显著的不同。由于电子阅读无纸化可以方便用户随时随地浏览，因此移动阅读已成为继移动音乐之后最具潜力的增值业务。

2）移动搜索

移动搜索是指以移动设备为终端，对传统互联网进行的搜索，从而实现高速、准确地获取信息资源。移动搜索是移动互联网未来的发展趋势。随着移动互联网内容的充实，人们查找信息的难度会不断加大，内容搜索需求也会随之增加。相比传统互联网的搜索，移动搜索对技术的要求更高。移动搜索引擎需要整合现有的搜索理念实现多样化的搜索服务。智能搜索、语义关联、语音识别等多种技术都要融合到移动搜索技术中来。

3）移动商务

移动商务是指通过移动通信网络进行数据传输，并且利用移动信息终端参与各种商业经营活动的一种新型电子商务模式，它是新技术条件与新市场环境下的电子商务形态，也是电子商务的一条分支。移动商务是移动互联网的转折点，因为它突破了仅仅用于娱乐的限制而开始向企业用户渗透。随着移动互联网的发展成熟，企业用户也会越来越多地利用移动互联网开展商务活动。

4）移动支付

移动支付也称手机支付，是指允许用户使用其移动终端对所消费的商品或服务进行账务支付的一种服务方式。移动支付主要分为近场支付和远程支付两种。整个移动支付价值链包括移动运营商、支付服务商、应用提供商、设备提供商、系统集成商、商家和终端用户。通过支付宝、微信钱包，人们在不知不觉中已经习惯了无纸币交易化模式。

14.4.3　物联网

物联网（Internet of Things，IOT）即"万物相连的互联网"，是在互联网基础上延伸和扩展的网络。物联网是通过传感设备按照约定的协议，把物件和各种网络连接起来进行信息交换和通信，以实现在任何时间、任何地点，人、机、物互联互通的一种网络。

1. 物联网与互联网的区别

1）物联网是局部性的，互联网是全球性的

互联网是全球化的，只要计算机接入互联网就与全球相连。物联网可以建设在互联网之上，但是并不是任何人都能接入。例如，电力系统物联网只有电力系统才能进入，交通系统物联网只有交通系统才能接入。因此，互联网是公共网，物联网是行业网。物联网只是借用互联网传送信息，因此，与其说物联网是网络，不如说它是业务和应用。

2）物联网是专业的，互联网是公用的

不同物联网的传感器、采集的数据、数据接口都可以不同，但是互联网的地址、数据、接口协议必须符合国际规范而统一。物联网理论上是互联网向物的延伸，但实际上是根据现实需要及产业应用组成的局域网或专业网。智慧物流、智能交通、智能电网等专业网，以及智能小区等局域网应该是物联网的最大发展空间。

3）物联网与互联网在接入方式上不同

互联网用户通过端系统的计算机、手机、PDA接入互联网。而物联网中的物件需通过射频识别、红外感应器、激光扫描器等传感器设备，并需要通过无线传感器网络的信息汇聚节点才能接入互联网。传感器是物联网的重要组成部分，但它不是当前互联网的组成部分。此外，接入互联网是由人操作的，接入物联网的操作是通过植入物件上的微型感应芯片自动感知的。

4）物联网和互联网的业务功能不同

互联网服务于全社会，物联网主要服务于产业、行业的应用目标。

2. 物联网的构成

物联网主要由感知层、网络层、平台层以及应用层四层构成。

1）感知层

感知层是物联网整体架构的基础，是物理世界和信息世界融合的重要一环。在感知层，通过声、光、热、电、位置、化学的、物理的、气候的等参数传感设备感知物体本身以及周边的信息，让物体具备"开口说话，发布信息"的能力。感知层负责为物联网采集和获取信息。

2）网络层

网络层在整个物联网架构中起到承上启下的作用，它负责向上层传输感知信息和向下层传输命令。网络层把感知层采集而来的信息传输给物联网平台，也负责把物联网平台下达的指令传输给应用层，具有纽带作用。

3）平台层

平台层是物联网整体架构的核心，它主要解决数据如何存储、如何检索、如何使用以及数据安全与隐私保护等问题。平台管理层负责把感知层收集到的信息通过大数据、云计算等技术进行有效的整合和利用，为人们在各领域的生产实践活动提供科学有效的指导。

4）应用层

物联网最终要应用到各个行业中去，物体传输的信息经物联网云平台处理后，挖掘出来的有价值的信息会被应用到实际生活和工作中。

3. 物联网的应用

物联网的应用十分广泛，已经深入到社会的各个方面，它将大大推进我国的工业信息化、农业信息化和社会管理信息化进程，推进国民经济与社会发展。

1）智能交通

物联网技术在道路交通方面的应用比较成熟。随着社会车辆越来越普及，交通拥堵甚至瘫痪已成为城市的一大问题。对道路交通状况进行实时监控并将信息及时传递给驾驶人，可使驾驶人及时做出出行调整，有效缓解了交通压力；高速路口设置道路自动收费系统，免去进出口取卡、还卡的时间，提升了车辆的通行效率；公交车上安装定位系统，能及时了解公交车行驶路线及到站时间，乘客可以根据搭乘路线确定出行时间，免去不必要的等待。社会车辆增多，除了会带来交通压力，停车难也日益成为一个突出问题，不少城市推出了智慧路边停车管理系统，该系统基于云计算平台，结合物联网技术与移动支付技术，共享车位资源，提高了车位利用率和用户的方便程度。该系统可以兼容手机模式和射频识别模式，通过手机端 APP 软件可以实现及时了解车位信息、车位位置，提前做好预定并实现交费等操作，很大程度上解决了"停车难、难停车"的问题。

2）智能家居

智能家居就是物联网在家庭中的基础应用，随着宽带业务的普及，智能家居产品涉及方方面面。家中无人，可利用手机等产品客户端远程操作智能空调，调节室温，智能设备甚者还可以学习用户的使用习惯，从而实现全自动的温控操作，使用户在炎炎夏季回家就能享受到冰爽带来的惬意；通过客户端实现智能灯泡的开关、调控灯泡的亮度和颜色等；插座内置WiFi，可实现遥控插座定时通断电流，甚至可以监测设备用电情况，生成用电图表使用户对用电情况一目了然，安排资源使用及开支预算；智能体重秤内置可以监测血压、脂肪量的先进传感器，内定程序根据身体状态提出健康建议；智能牙刷与客户端相连，可提供刷牙时间、刷牙位置提醒，可根据刷牙的数据生成口腔健康状况的图表；智能摄像头、窗户传感器、智能门铃、烟雾探测器、智能报警器等都是家庭不可少的安全监控设备，即使出门在外，也可以在任意时间、任何地方查看家中任一角落的实时状况。

3）智慧农业

在传统农业中，人们获取农田信息的方式主要是通过人工测量。获取过程需要消耗大量的人力，而通过使用无线传感网络可以有效降低人力消耗和对农田环境的影响，获取精确的作物环境和作物信息。在现代农业中，大量的传感器节点构成了一张张功能各异的监控网络，通过各种传感器采集信息，可以帮助农民及时发现问题，并且准确地捕捉发生问题的位置。利用物联网能够摸索出植物生长对温湿、光、土壤的需求规律，提供精准的科研实验数据，通过智能分析与联动控制功能，能够及时精确地满足植物生长对环境各项指标的要求，达到大幅增产的目的。物联网正在使农业逐渐地从以人力为主要手段、依赖于孤立机械的生产模式转向以信息和计算机为中心的生产模式，变为大量使用各种自动化、智能化、远程控制生产设备的生产方式，这将促进农业发展方式的根本转变。

4）智慧医疗

医疗物联网正推动医疗信息化全面发展，称之为"智慧医疗"网。智慧医疗的重要环节之一是对药物安全的监管，通过物联网技术，可以将药品名称、品种、产地、批次及生产、加工、运输、存储、销售等环节的信息，都存于传感器标签中，当出现问题时，可以追溯全过程。同时还可以把信息传送到公共数据库中，患者或医院可以将标签的内容和数据库中的记录进行对比，从而有效地识别假冒药品。智慧医疗还包括病人护理，包括生成病人的电子身份标签、管理病人的诊疗体征、实现标本检验、管理医嘱医案数据、监督药品分发和护理流程等。还可以通过射频仪器等相关终端设备在家庭中进行体征信息的实时跟踪与监控，通过物联网运作过程，实现医院对患者或者是亚健康病人的实时诊断与健康提醒。

习　题

14-1　OSI/RM共分几层？简述各层的功能。

14-2　TCP/IP共分几层？简述各层的功能。

14-3　OSI/RM和TCP/IP的异同点有哪些，请简要说明。

14-4　互联网、因特网、万维网三者的区别是什么？

14-5　互联网的接入方式有哪些？

14-6　什么是三网融合？

14-7　物联网和互联网的区别是什么？

附录 A　常用词汇英汉对照表

3nd Order High Density Bipolar，HDB_3	三阶高密度双极性码
Absolute encoder	绝对式编码器
Acceleration	加速度
Accuracy	准确性
Active instrument	主动式测量仪器
Address Resolution Protocol，ARP	地址转换协议
Alternate Mark Inversion，AMI	信号交替反转码
Amplitude Modulation，AM	调幅
Amplitude-shift keying，ASK	幅移键控
Application Layer	应用层
Asynchronous	异步
Automatic Repeat request	检错重发
Band-pass filter	带通滤波器
Band-stop filter	带阻滤波器
Bandwidth	带宽
Base units	基本单位
Bridge	网桥
Browser	浏览器
Bus	总线结构
Calibration	校准
Calorie	卡路里
Cantilever load cell	悬臂式称重传感器
Capacitive type pressure transducer	电容式压力传感器
Channel Capacity	信道容量
Characteristic Impedance	特性阻抗
Chemical	化学量
Coaxial cable	同轴电缆
Coded Mark Inversion，CMI	传号反转码
Coding	编码
Conduction	热传导
Convection	热对流
Copper resistance	铜电阻

Core node	核心节点
Data	数据
Data Link Layer	数据链路层
Deflection-type instrument	偏转型测量仪器
Delta modulation，DM	增量调制
Demodulation	解调
Differential Manchester	差分曼彻斯特编码
Differential pulse code modulation，DPCM	差分脉冲编码调制
Displacement	位移
Display unit	显示单元
Distance	距离
Double Sideband，DSB	双边带调幅
Edge node	边缘节点
Electrical	电量
Electromagnetic Wave，EW	电磁波
Enhanced Mobile Broadband，eMBB	增强移动宽带
Force	力
Forward Error Correction	前向纠错
Frequency	频率
Frequency Division Multiple Access，FDMA	频分复用技术
Frequency domain	频域
Frequency Modulation，FM	调频
Frequency-shift keying，FSK	频移键控
Full duplex	全工
Full Scale Deflection，f. s. d	全尺寸
Fully connected	网状结构
Gain	电压增益
Gateway	网关
Gauge factor	应变系数
Graded-Index Fiber，GIF	渐变型光纤
Half duplex	半双工
Hamming Code	汉明码
Heat	热量
High-pass filter	高通滤波器
Hub	集线器
Hybrid	复合结构
Hybrid Error Correction	混合纠错
Hyper Transfer Protocol，HTTP Protocol	超文本传送协议

Hypermedia	超媒体
Hypertext	超文本
Hypertext Markup Language，HTML	超文本标注语言
Incremental encoder	增量式编码器
Internet Access Provider，IAP	Internet 接入提供商
Internet Content Provider，ICP	Internet 内容提供商
Internet Control Message Protocol，ICMP	互联网控制报文协议
Internet of things，IOT	物联网
Internet Protocol	网际协议
Internet Service Provider，ISP	Internet 供应商
Joule	焦耳
Kelvin	开（尔文）
Linear block codes	线性分组码
Linear potentiometer	滑线电位器
Linear Variable Differential Transformer，LVDT	线性可变差动变压器
Linearity	线性度
Link	链接
Lock-in Amplifies	锁相环
Loss	电压损益
Low-pass filter	低通滤波器
Manchester code	曼彻斯特编码
Massive Machine Type Communication，mMTC	大规模物联网
Maximum nonlinear error of f. s. d	归一化后的最大非线性误差
Mean	均值
Measuring range	测量范围
Mechanical	机械量
Median	中值
Message	信息
Microwave	微波
Minimum Shift Keying，MSK	最小频移键控
Modem	调制解调器
Modulation	调制
Modulation index	调幅度
Modulator	调制器
Modulator sensitivity	调幅灵敏度
Multi-Mode Fiber，MMF	多模光纤
Negative Temperature Coefficient of resistance，NTC	负温度系数电阻
Network Layer	网络层

NIC	网络接口卡
Node	节点
Noise factor	噪声因子
Noise figure	噪声系数
Non-linear error	非线性误差
Normal Distribution	正态分布
Null-type instrument	归零型测量仪器
Ohmic heating	欧姆热效应
Open System Interconnection，OSI	开放系统互联协议
Optical fiber	光纤
Optical fiber cladding	光纤包层
Optical fiber core	光纤纤芯
Organizational Hierarchy	组织分层
Passive instrument	被动式测量仪器
Phase Modulation，PM	调相
Phase-shift keying，PSK	相移键控
Physical Layer	物理层
Piezoelectric force sensor	压电式力传感器
Piezoelectric force sensor	霍尔式力传感器
Platinum resistance	铂电阻
Bipolar Non Return to Zero-Inverted，NRZ-I	双极性非归零反转
Bipolar Non Return to Zero	双极性非归零
Bipolar Return to Zero	双极性归零
Positive Temperature Coefficient of resistance，PTC	正温度系数电阻
Precision	精确性
Presentation Layer	表示层
Pressure	压力
Process	流量
Protocol Data Unit	协议数据单元
Pulse amplitude modulation，PAM	脉幅调制
Pulse code modulation，PCM	脉冲编码调制
Pulse position modulation，PPM	脉位调制
Pulse wave modulation	脉冲调制
Pulse width modulation，PWM	脉宽调制
Quadrature Amplitude Modulation，QAM	正交幅度调制
Quadrature Phase Shift Keying，QPSK	四相移相键控
Quantization	量化
Quantization error	量化误差

Random errors	随机误差
Recording unit	记录单元
Reference junctions	自由端
Repeater	中继器
Resistive Temperature Devices，RTDs	金属热电阻
Resolution	分辨率
Reverse Address Resolution Protocol，RARP	反向地址转换协议
Ring	环型网
Router	路由器
Sampling	采样
Scientific Notation	科学计数法
Sensitivity	灵敏度
Sensor	传感器
Service Data Unit	服务数据单元
Session Layer	会话层
Shielded Twisted Pair，STP	屏蔽双绞线
SI units	计量单位
Signal	信号
Signal conditioning unit	信号调理单元
Signal processing unit	信号处理单元
Signal to noise ratio，SNR	信噪比
Simplex	单工
Single Mode Fiber，SMF	单模光纤
Single Sideband，SSB	单边带调幅
Span	量程
Specific heat capacity	比热容
Stability	稳定度
Standard deviation	标准差
Star	星型
Static characteristics	静态特性
Step-Index Fiber，SIF	阶跃型光纤
Strain	应变
Stress	压强
Switch	交换机
Synchronous	同步
Systematic errors	系统误差
Thermal energy	热能
Thermal radiation	热辐射

Thermal resistance	热阻
Thermistor	半导体热电阻
Thermocouple	热电偶
Thermometer	温度计
Threshold	阈值
Throughput	吞吐率
Time domain	时域
Torque	扭矩
Transmission Control Protocol，TCP	传输控制协议
Transport Layer	传输层
Tree	树型
Twisted pair	双绞线
Ultra-reliable and Low Latency Communications，URLLC	超低时延通信
Uniform quantization	均匀量化
Unipolar Non Return to Zero	单极性非归零
Unipolar Return to Zero	单极性归零
Unshielded Twisted Pair，UTP	非屏蔽双绞线
User Datagram Protocol，UDP	用户数据报协议
Variance	方差
Wave filtering	滤波
Wavelength	波长
Web Server	Web 服务器
Wheatstone bridge circuits	惠斯顿电桥
Wire channel	有线信道
Wireless channel	无线信道
World Wide Web，WWW	万维网

附录 B 习题参考答案

1-3 $\dfrac{1}{2}+\dfrac{2}{\pi}\left(\sin2\pi ft+\dfrac{1}{3}\sin6\pi ft+\dfrac{1}{5}\sin10\pi ft+\cdots\right)$

1-4 $\dfrac{2}{3}\pi,\ 2\pi,\ \pi$

1-5 π

1-6 4050 kHz，171%

1-7 电源工频干扰，带阻滤波器

2-4 28.2，28.5，1.12

2-5 47.95，48.05，0.324

2-6 无

3-1 [0.0，15.0]cm，[0.00，10.20]V

　　 15 cm，10.20 V

　　 $y=0.68x$

　　 0.75 V

　　 7.35%

3-2 [0.0，3.0] mm，[0.6，91.4] mV

　　 3 mm，90.8 mV

　　 $y=30.27x+0.60$

　　 1.374 mV

　　 1.51%

3-3 0.29 mm，0.029%

3-4 0.0055°

3-6 $\left(1+\dfrac{R_{\mathrm f}}{R_1}\right)\left(\dfrac{R_3 /\!/ R_4}{R_2+R_3 /\!/ R_4}\right)u_{\mathrm{i1}}+\left(1+\dfrac{R_{\mathrm f}}{R_1}\right)\left(\dfrac{R_2 /\!/ R_4}{R_3+R_2 /\!/ R_4}\right)\dfrac{R_{\mathrm f}}{R_1}u_{\mathrm{i2}}$

4-1 832 J

4-2 3.8℃

4-3 6.4 kJ

4-4 34 s

4-5 115℃

4-6 18 cm，31 mm，75℃

4 - 7   140 ℉

4 - 8   119.40 Ω

4 - 9   49.85 Ω，−0.019/K

4 - 12 2^{48}

5 - 1   575 kg

5 - 2   13 kN

5 - 6   41.7 mV

5 - 7   12.3 mV

5 - 8   1.2 Ω，1%

5 - 9   0.375 Ω

6 - 1   1.25 V，6.9 V，8.45 V

1.025 V，4.83 V，6.7 V

0.225 V，2.07 V，1.75 V

18%，30%，20.7%

6 - 2   0.6 V，0.24 V，0.12 V

6 - 6   0.001 mm

6 - 8   绝对式编码器

8 - 1   3200 B，25 600 b/s

8 - 2   10 V，0.32 V，10.12 V

8 - 3   100 W，0.1 W，100 W

8 - 4   2.52

8 - 5   33 833 b/s

8 - 6   4.5 kHz

9 - 1 $2(1+0.5\cos 2000\pi t)\cos 10\ 000\pi t$

$\cos 2000\pi t\ \cos 10\ 000\pi t$

$0.5\cos 6000\pi t$

$0.5\cos 4000\pi t$

9 - 3   25 W，2.25 W

9 - 4 $4\cos\left[2\pi\times 10^{8}t+\dfrac{20}{3}\displaystyle\int_{0}^{t}(\cos 2\pi\times 10^{3}t+2\cos 2\pi\times 500t)\mathrm{d}t\right]$

9 - 5 $4\cos\left[2\pi\times 25\times 10^{6}t+25\sin\left(2\pi\times 400t\right)\right]$

$4\cos\left[2\pi\times 25\times 10^{6}t+25\cos\left(2\pi\times 400t\right)\right]$

$4\cos\left[2\pi\times 25\times 10^{6}t+5\sin\left(2\pi\times 2000t\right)\right]$

$4\cos\left[2\pi\times 25\times 10^{6}t+25\cos\left(2\pi\times 2000t\right)\right]$

9 - 6 $50\cos\Omega t$，$50\Omega\sin\Omega t$

9 – 7　0.5 MHz，8，4 kHz，20 sin $(10^3\pi t)$

9 – 8　1 W，3 kHz，8 kHz，3，不能

9 – 9　调频波，25 Hz/V

9 – 10　调频 80，调幅 128

9 – 11　1100 kHz，101 kHz，120 kHz

10 – 1　4 Hz

10 – 2　4324 Hz

10 – 3　19.91 kHz

10 – 4　6，0.5 V

10 – 5　11100011，11

10 – 6　－328

10 – 7　00110111，1

10 – 8　54.4 kb/s，20.4 kb/s，6.8 kb/s

12 – 5　1111011001，0000π00ππ0

12 – 7　2 kHz，1.5 kHz

13 – 1　3

13 – 2　具有纠 1 个错，或检 2 个错，或纠 1 个错同时检 1 个错的能力。

13 – 3

$$\begin{bmatrix} 0 & 0 & 0 & 0 & 0 & 0 & 0 \\ 0 & 0 & 1 & 1 & 1 & 0 & 1 \\ 0 & 1 & 0 & 0 & 1 & 1 & 1 \\ 0 & 1 & 1 & 1 & 0 & 1 & 0 \\ 1 & 0 & 0 & 1 & 1 & 1 & 0 \\ 1 & 0 & 1 & 0 & 0 & 1 & 1 \\ 1 & 1 & 0 & 1 & 0 & 0 & 1 \\ 1 & 1 & 1 & 0 & 1 & 0 & 0 \end{bmatrix}$$

4，具有纠 1 个错，或检 3 个错，或纠 1 个错同时检 2 个错的能力。

$$\begin{bmatrix} 0 & 0 & 0 & 0 \\ 1 & 1 & 1 & 0 \\ 0 & 1 & 1 & 1 \\ 1 & 1 & 0 & 1 \\ 1 & 0 & 0 & 0 \\ 0 & 1 & 0 & 0 \\ 0 & 0 & 1 & 0 \\ 0 & 0 & 0 & 1 \end{bmatrix}$$

13 - 4   0000000，0001011，0010101，0011110，0100110，0101101，0110011，0111000，
          1000111，1001100，1010010，1011001，1100001，1101010，1110100，1111111

13 - 5   1001100

13 - 6   1010010

13 - 7   1001011

13 - 8   1010011

13 - 9   有错误

参 考 文 献

[1]　樊昌信，曹丽娜. 通信原理[M]. 6 版. 北京：国防工业出版社，2006.

[2]　南利平，李学华，张晨燕，等. 通信原理简明教程[M]. 2 版. 北京：清华大学出版社，2007.

[3]　黄小虎. 现代通信原理[M]. 北京：北京理工大学出版社，2008.

[4]　郑君里. 信号与系统[M]. 2 版. 北京：高等教育出版社，2000.

[5]　PROKIS. J G. 数字通信[M]. 4 版. 张力军，等译. 北京：电子工业出版社，2008.

[6]　GLOVER I A, GRANT P M. Digital Communications [M]. 3rd ed. Pearson Prentice Hall，2010.

[7]　OTUNG I. Communication Engineering Principles [M]. Palgrave，2001.

[8]　张肃文. 高频电子线路[M]. 5 版. 北京：高等教育出版社，2009.

[9]　康华光. 电子技术基础：数字部分[M]. 6 版. 北京：高等教育出版社，2014.

[10]　康华光. 电子技术基础：模拟部分[M]. 6 版. 北京：高等教育出版社，2013.

[11]　李瀚荪. 电路分析基础[M]. 5 版. 北京：高等教育出版社，2017.

[12]　车荣强. 概率论与数理统计[M]. 2 版. 上海：复旦大学出版社，2012.

[13]　邬正义. 通信原理简明教程[M]. 2 版. 北京：机械工业出版社，2015.

[14]　叶树江. 电子信息工程概论[M]. 2 版. 北京：中国电力出版社，2008.

[15]　黄载禄. 电子信息科学与技术导论[M]. 北京：高等教育出版社，2011.

[16]　张尧学. 计算机网络与 Internet 教程[M]. 北京：清华大学出版社，1999.

[17]　谢希仁. 计算机网络[M]. 4 版. 北京：电子工业出版社，2003.

[18]　陈杰. 传感器与检测技术[M]. 2 版. 北京：高等教育出版社，2010.

[19]　张建奇. 检测技术与传感器应用[M]. 北京：清华大学出版社，2019.

[20]　徐科军. 传感器与检测技术[M]. 4 版. 北京：电子工业出版社，2016.

[21]　MORRIS A S, LANGARI R. Measurement and Instrumentation [M]. Academic Press，2012.

[22]　BIRD J O, ROSS，C T F. Mechanical Engineering Principles [M]. 3rd ed. Routledge，2015.